乏信息理论与滚动轴承性能评估系列图书

滚动轴承性能变异的
近代统计学分析

夏新涛　徐永智　著

本书相关内容得到国家自然科学基金(51475144、51075123)资助

科　学　出　版　社

北　京

内 容 简 介

本书是研究滚动轴承性能变异的近代统计学分析问题的学术专著。在介绍有关理论基础知识后，提出了滚动轴承性能数据的稳健化判断方法、稳健化处理方法、参数与非参数融合分析方法、混沌动力学分析方法、振动性能变异评估以及性能参数的贝叶斯区间评估方法，从而构建出滚动轴承性能变异过程近代统计学融合评估的体系雏形，为深入揭示滚动轴承性能变异的新特性与新机制提供了一些新思路。

本书可供从事滚动轴承设计、制造、测试、应用的理论研究与生产实践的科技人员阅读，也可作为高等院校机械类师生的参考书。

图书在版编目（CIP）数据

滚动轴承性能变异的近代统计学分析 / 夏新涛，徐永智著. —北京：科学出版社，2016

（乏信息理论与滚动轴承性能评估系列图书）

ISBN 978-7-03-049767-3

Ⅰ. ①滚⋯ Ⅱ. ①夏⋯ ②徐⋯ Ⅲ. ①滚动轴承-性能-变异-统计分析 Ⅳ. ①TH133.33

中国版本图书馆 CIP 数据核字（2016）第 209963 号

责任编辑：裴　育 / 责任校对：桂伟利
责任印制：吴兆东 / 封面设计：蓝　正

斜 学 出 版 社 出版

北京东黄城根北街 16 号
邮政编码：100717
http://www.sciencep.com

北京建宏印刷有限公司 印刷

科学出版社发行　各地新华书店经销

*

2016 年 8 月第 一 版　开本：720×1000　B5
2022 年 4 月第四次印刷　印张：19 1/2
字数：391 000

定价：138.00 元
（如有印装质量问题，我社负责调换）

作 者 简 介

　　夏新涛，男，1957 年 1 月出生于河南省新乡县。1981 年 12 月于原洛阳农机学院（即洛阳工学院，现为河南科技大学）本科毕业后留校；1985 年 9 月至 1987 年 1 月于哈尔滨工程大学学习硕士研究生主要课程；2007 年 12 月于上海大学博士毕业。现任河南科技大学教授，教学名师，博士生导师（河南科技大学和西北工业大学机械设计及理论学科），中国轴承工业科技专家，洛阳市优秀教师和劳动模范。兼任 *Measurement* 等多个国内外杂志的评论员以及《轴承》杂志编委等职。主要从事滚动轴承设计与制造理论、精密制造中的测量理论以及乏信息系统理论等教学与研究工作。主持和参与完成国家与省部级科研项目 21 项，获得省部级教育教学、自然科学与科学技术奖 7 项；著书 15 部，授权发明专利 8 项，发表学术论文 200 余篇。

　　E-mail: xiaxt1957@163.com; xiaxt@haust.edu.cn。

　　徐永智，男，1974 年 4 月出生于河南省洛阳市孟津县。1997 年 7 月于洛阳工学院（现为河南科技大学）专科毕业后在中国一拖集团从事技术开发工作；2008 年 7 月于河南科技大学硕士毕业；2008 年 9 月开始在三门峡职业技术学院机电系机电一体化专业从事教学工作；2012 年 3 月至今在西北工业大学攻读博士学位。发表学术论文 9 篇。

　　E-mail: xxyyzhzh@163.com。

前　　言

　　基于近代统计学理论，本书研究滚动轴承性能变异问题。在介绍有关理论基础知识后，提出滚动轴承性能数据的稳健化判断方法、稳健化处理方法、参数与非参数融合分析方法、混沌动力学分析方法、振动性能变异评估以及性能参数的贝叶斯区间评估方法，从而构建出滚动轴承性能变异过程近代统计学融合评估的体系雏形，为深入揭示滚动轴承性能变异的新特性与新机制提供一些新思路。

　　基于近代统计学理论，在稳健统计学极小极大化原则下，用中位数和 Huber M 估计相融合的方法对性能实验数据进行稳健化处理，该方法不需要阈值与分布函数的先验信息，在 0～0.1 的显著性水平下对实验数据进行稳健化处理，可以有效分离出不稳健数据，对这些数据进行处理，进而得到稳健化实验数据，发现随着显著性水平的提高，数据稳健性明显改善。

　　基于近代统计学理论，依据参数与非参数可以不受数据的矩、极大似然函数以及分布函数影响的特点，提出参数与非参数融合方法，以评估滚动轴承静态性能。对小批量轴承，提出参数与非参数融合方法，通过性能参数的分析以及非参数的评估，可以鉴别轴承性能的优劣性。

　　基于混沌理论，用混沌方法分析滚动轴承动态性能。该方法利用相空间重构计算出时间延迟、嵌入维数、最大 Lyapunov 指数、奇怪吸引子、关联盒维数，可以计算滚动轴承性能预测周期，发现物理空间的中位数与相空间的估计关联维数之间具有非线性与非单调性的复杂关系。

　　依据实际工况，模拟性能退化状态并设置滚动轴承性能退化实验，基于近代统计学理论，利用稳健化统计学原理，找出滚动轴承性能本征区间，建立本征区间、变异率以及稳健化处理数据的中位数和平均值的性能退化评估体系，根据数据特征判断滚动轴承性能退化过程。

　　基于近代统计学理论，用滚动轴承稳健数据构建贝叶斯方法的先验密度函数，推导出贝叶斯后验密度函数，利用贝叶斯后验密度函数评估滚动轴承参数的区间；与统计学方法相比，该方法可提高滚动轴承性能参数的评估精度。

　　通过上述近代统计学理论与混沌理论研究，可以揭示滚动轴承性能演变过程的一些新特性，为滚动轴承的应用选择与服役质量评估奠定了一定的理论基础。

　　本书相关内容得到了国家自然科学基金(51475144 和 51075123)的资助。

　　本书由河南科技大学夏新涛(负责第 2 章、第 4 章、第 7 章与附表)和三门峡职业技术学院徐永智(负责第 1 章、第 3 章、第 5 章、第 6 章与第 8 章)撰写，由夏新涛统稿。河南科技大学的硕士研究生白阳、陈士忠、朱文换、叶亮、常振、李云飞、刘斌等参与了本书出版过程中的部分辅助工作。

作　者

2016 年夏

目 录

第1章 绪 论

本章论述滚动轴承的类型与用途，主要内容包括滚动轴承的失效机理，滚动轴承的性能特征，滚动轴承性能研究的现状与进展，滚动轴承性能变异研究的基本思路等。

1.1 滚动轴承概述

滚动轴承主要由外圈、内圈、滚动体、保持架等多个元件组成，特殊情况下可以无内圈或外圈，由相配的轴或轴套代替。滚动体在套圈滚道上滚动，实现轴与机座的相对旋转、摆动或往复直线运动。分离型轴承的保持架把滚动体结合成一个组件，既便于安装，又防止严格分组的滚动体互相混淆。滚动轴承的种类繁多，每种类型又有许多不同的结构形式，以满足不同的需要。

1.1.1 滚动轴承的类型与用途

1. 向心球轴承

向心球轴承是用途最广、生产批量最大的一类滚动轴承。向心球轴承主要承受径向载荷，也可承受少量轴向载荷，径向游隙较大时轴向承载能力增加。摩擦系数小，适于高速运转。向心球轴承广泛用于变速器、电机、仪器仪表、家用电器、内燃机、燃气轮机、交通车辆、农业机械、建筑机械和工程机械等。

2. 双列向心球面球轴承

双列向心球面球轴承的外圈滚道是球面的一部分，曲率中心和轴承中心一致，轴承具有调心性，调整偏斜角可在3°以内。接触角小，所以轴向承载能力小。双列向心球面球轴承主要应用于轴易弯曲或加工安装误差较大的部位，如木工机械和纺织机械的传动轴。

3. 向心推力球轴承

向心推力球轴承可以同时承受径向载荷和轴向载荷，也可承受纯轴向载荷。名义接触角有15°、25°和40°等三种，高精度和高速轴承通常取15°接触角。此类轴承有 70 多种不同结构，单列的常成对使用。各种结构的此类轴承广泛用于磨削主轴、高频电动机、燃气轮机、高速离心机、仪器仪表、小轿车前轮等。

4. 推力向心球轴承

推力向心球轴承能承受较重的双向轴向载荷和少量的径向载荷，轴向刚性好，适于较高的转速，主要用于车床、镗床、摇臂钻床等机床主轴。

5. 推力球轴承

推力球轴承的接触角为 90°，结构是可分离型的，只能承受轴向载荷。带球面座圈的推力球轴承具有调心性，可消除安装误差的影响。钢球因离心力挤向滚道外侧，易于擦伤，所以不适于高速运转。这类轴承主要用于机床主轴、立式车床旋转工作台、汽车转向运动等。

6. 微型球轴承

内径小于 10mm 或外径小于 26mm 的轴承称为微型轴承。微型球轴承主要用于各种仪器仪表、微型电机、陀螺仪、自动控制机构和医疗器械等。

7. 直线运动球轴承

直线运动球轴承由外圈、保持架(又称钢球循环架)和 3～5 列钢球组成。摩擦因数比滑动轴承低很多，一般为 0.001～0.003。这类轴承径向游隙小，直线运动精度高，主要用于数控机床的往复机构、仪表自动记录装置、自动跟踪机构以及冲压模具的导柱等。

8. 圆锥滚子轴承

圆锥滚子轴承的滚子与滚道为线接触或修形线接触，可承受较重的径向和轴向联合载荷，也可承受纯轴向载荷，主要用于汽车的前轮和后轮、机床、机车车辆、轧钢机、建筑机械、起重机械、印刷机械和各种减速装置等。双列圆锥滚子轴承主要用于机床主轴和机车车辆等，四列圆锥滚子轴承用于轧辊支撑等。

9. 向心短圆柱滚子轴承

向心短圆柱滚子轴承的滚子与滚道接触为线接触，径向承载能力及径向刚度都比球轴承高。这类轴承摩擦因数小，适合高速运转，但对与轴承相配合的轴和机座孔的加工精度要求较高，安装后内外圈轴线相对偏斜要严加控制，以免造成接触应力集中。向心短圆柱滚子轴承广泛用于大中型电动机、机车车辆、机床主轴、内燃机、燃气涡轮机、减速箱、轧钢机、振动筛以及起重运输机械等。

10. 双列向心球面滚子轴承

双列向心球面滚子轴承的外圈滚道是球面的一部分，轴承具有内部调心性，以适应轴与机座孔的相对偏斜，可承受径向重载荷和冲击载荷，也可承受一定的双向轴向载荷。这类轴承主要用于轧钢机、造纸机械、工程机械、破碎机、印刷机械以及各种减速装置等。

11. 滚针轴承

滚针轴承的径向尺寸小但径向承载能力很高，不可承受轴向载荷，仅作为轴自由端的支撑使用。滚针轴承的摩擦因数大，特别是没有保持架的满装滚针轴承，摩擦因数更大，因而不适合较高的转速。这类轴承主要用于汽车变速箱、万向接头、小型发动机的曲轴和连杆、液压机械等。

12. 推力滚子轴承

推力滚子轴承可承受轴向重载荷，轴向刚度大，承载能力比同尺寸的推力球轴承高很多，主要用于立式电动机、船用螺旋桨轴、旋臂吊车、机床旋转工作台及加压丝杠等。

13. 转盘轴承

转盘轴承是承受重载荷、工作速度很低地转动或摆动的一类特大型轴承，可承受很大的轴向力，还可以承受很大的径向力和倾覆力矩。在此类轴承的设计与选用中，一般不考虑疲劳寿命，而以额定静载荷作为选择的准则。转盘轴承主要用于矿山机械、工程机械、冶金设备、重型机床、大型仪器与风力发电等重型设备中。

1.1.2 滚动轴承的失效机理

滚动轴承失效机理主要有磨粒磨损、微动磨损、腐蚀磨损、刮伤、胶合、疲劳剥落等。

1. 磨粒磨损

由于轴承的工作状况不同，轴承的磨损情况也不尽相同。在正常工作环境下，也会有磨粒(如灰尘、沙粒等坚硬的微粒)进入到轴承的表面；轴承工作时，磨粒会将轴承表面当作研磨的平面，使表面受到损害，这样会出现轴承性能在预期寿命前就急剧恶化的情况，主要是在启动、停车或轴颈与轴承发生边缘接触时，导致几何形状改变、精度丧失、轴承游隙加大。

2. 微动磨损

滚动轴承处于非工作状态时，由于外界振动载荷的作用，或者处于微幅摆动工况时，滚动体在滚道接触区附近会发生微小的相对运动，因为运动幅度很小，润滑油无法在接触区表面重新分布，而使金属表面直接接触，并在氧气的参与下相互作用，造成金属表面的腐蚀，同时产生金属氧化磨屑，这种现象称为滚动轴承的微动磨损，这种磨损是由外界环境引起的不可避免的磨损。

3. 腐蚀磨损

滚动轴承在运行过程中，不可避免接触水、水气以及腐蚀性介质，这些物质会引起滚动轴承的生锈和腐蚀；另外，在滚动轴承运行过程中，还会受到微电流和静电作用，造成滚动轴承的电流腐蚀；滚动轴承的生锈和腐蚀会造成套圈、滚动体表面的坑状锈、梨皮状锈，最终造成轴承的失效。

4. 刮伤

在滚动轴承运行过程中，较大的坚硬杂质进入到轴承间隙中，当发生相对运动时，杂质不会以同等速度进行运动，产生的速度差会使表面划出浅痕或者深沟，导致轴承工作性能丧失。

5. 胶合

轴承长时间连续工作或者保养不当，以及承受载荷过重都会使轴承整体温度急剧升高，导致润滑油膜破裂；在缺少润滑和重载的情况下，轴承表面就会出现黏接在一起的现象，在发生相对运动时，会使轴承表面破裂或者轴承不能运转。

6. 疲劳剥落

长时间重载工作，会使轴承表面金属达到其疲劳极限，表面会出现裂纹，一般疲劳裂纹与运动方向垂直，严重后逐渐扩大，最后金属出现疲劳剥落，造成轴承工作性能丧失。

由于滚动轴承使用场合复杂、环境多变等，滚动轴承工作性能丧失往往是多种失效形式的综合表现。

1.1.3　滚动轴承的性能指标

作为现代机械设备中广泛应用的关键性部件之一，滚动轴承性能对设备的运行质量、可靠性、寿命有重要的影响，滚动轴承的性能主要有摩擦、磨损、润滑、温升等，体现为滚动轴承摩擦力矩、振动、噪声等指标。下面阐述滚动轴承摩擦力矩、振动、噪声及温升的形成过程。

1. 滚动轴承摩擦力矩的形成过程

滚动轴承摩擦力矩是指在滚动轴承运转与启动时，内圈、外圈、保持架、滚动体、密封装置等元件之间产生相对运动，以及润滑剂溅射与拖拽等，产生了各种各样的摩擦阻力矩，即滚动摩擦、滑动摩擦和润滑剂摩擦的总和产生的阻滞轴承运转与启动的阻力矩。它表示轴承运转与启动过程中轻快、灵活的程度，对于灵敏度要求高的轴承，要以摩擦力矩来衡量其旋转灵活性，摩擦力矩越小，灵活性越好。

2. 滚动轴承振动的形成过程

滚动轴承在运转过程中，除轴承各元件间一些固有的、由功能所要求的运动以外的其他一切偏离理想位置的运动均称为轴承振动。轴承运动时产生的振动是很复杂的，目前还不可能完全用某种具体的运动方程加以描述。影响轴承振动的因素也很复杂，如套圈滚道波纹度、粗糙度、表面质量、滚动体尺寸相互差、轴承本身的结构类型、组装游隙、安装条件、润滑条件与工作条件等都会影响轴承工作时的振动。

3. 滚动轴承噪声的形成过程

滚动轴承在运转过程中，由于滚道和滚动体之间相互接触、碰撞而产生振动，当滚动轴承的振动传播到辐射表面时，振动能量转换成压力波，经空气介质再传播出去即为声辐射，其中 20Hz～20kHz 部分为人耳听阈可接收到的声辐射，即为滚动轴承噪声。由振动产生的机械波向空间辐射，引起空气的振动，从而产生声响，这种声响习惯上被称为轴承的噪声。即使轴承零部件表面加工十分理想，清洁度和润滑油或油脂也无可挑剔，在轴承运转时，仍会因滚道和滚动体间弹性接触构成的振动，而产生一种连续轻柔的声响，这种声响被称为轴承的基础噪声。基础噪声是轴承固有的，不能消除。

4. 滚动轴承温升的形成过程

滚动轴承的温升是在运行过程中，由于外圈、内圈、滚动体、保持架等各元件之间的摩擦与变形产生的热量来不及散发，使轴承温度升高。温升是衡量滚动轴承运行质量的重要性能指标，与滚动体的形状与数量及保持架形状与材料有重要关系。

根据上述滚动轴承的失效形式及性能指标，可以看出，滚动轴承性能与内部元件、制造精度、安装工艺、调试技术及使用环境有很大关系，具有多样性和复杂性。因此，如何研究与评估滚动轴承的性能一直是困扰轴承工业的重要问题[1-9]。

1.2　滚动轴承性能研究的现状与进展

长期以来，国内外很多学者一直关注与致力于轴承性能的研究，并取得了许多成果。例如，Nataraj[5]、Sinou[7]、Ahmad[10]和Harsha[11]分别用时间序列、频率响应和相轨迹等概念进行非线性分析，探讨轴承系统的稳定性，发现轴承性能的多变性；Lioulios[12]用频谱分析、相空间、高阶Poincare映射和Lyapunov指数方法研究速度波动对轴承动态性能的影响，认为速度的微量变化会导致系统动态行为的重大变化；蔡云龙[13]提出了用Duffing混沌振子检测轴承早期故障的相轨迹图法和Lyapunov指数法；姜维[14]用拟动力学理论分析角接触球轴承的接触力、接触角、旋滚比的变化状态，认为轴承各性能参数呈现出显著的非线性变化特征，并发现钢球轴承和陶瓷轴承的动态特性参数具有不同的稳定性；王黎钦[15]、赵春江[16]和何芝仙[17]分别研究了轴承零件相互作用的力学模型和轴承系统的动力学行为；夏新涛等[1-4,8]对轴承摩擦力矩及振动进行了动态分析；徐志栋[18]探讨了不同轴向载荷和温度条件下轴承摩擦力矩的波动特性；Douglas[19]提出了某种聚乙烯材料轴承滚动滑动磨损的分层机理，以描述磨损碎片的生物活性；林冠宇[20]阐明了氯苯基硅油润滑球轴承的润滑机理，并研究了不同真空度和转速下的轴承摩擦力矩行为；Saad[21]用声发射技术探讨了滚动轴承表面缺陷的几何尺寸鉴别方法；黄敦新[22]由干摩擦高速运转实验发现了陶瓷球以表面裂纹和表层剥离为主的破坏机制，滚道破坏呈现疲劳裂纹、点蚀和犁痕等多种形式；Abbasion[23]用小波和支持向量机理论推荐了轴承系统的多故障诊断方法；杨将新[24]考虑轴承运行状况下载荷分布、故障冲击脉冲序列组成、损伤部位的位置变化和环境噪声等参数对振动特性的影响，建立了内圈局部损伤状态的振动模型；Antoni[25]对轴承振动信号进行谐波分析，使用了频谱概率密度和标准差概率密度等统计学概念；Ueda[26]提出了增强寿命概念并进行因素分析，以提高污染润滑条件下的轴承寿命；郭磊[27]和 Guo[28]分别对轴承缺陷进行了多尺度分析、小波支持向量机分类和混沌识别；贾民平[29]分析了轴承故障信号的循环平稳性；于江林[30]用声学和现代信号分析理论研究了非接触多传感器声学诊断方法，以评估轴承的早期故障；汪久根[31]用群论将影响轴承噪声的参数分为几何、材料、力学、运动学、动力学、摩擦学与声特性等参数群；Sujeet[32]介绍了一种用于相对运动硅表面的微型球轴承，以减小微机械和纳米机械的磨损，并探讨了轴承寿命的影响因素。这些研究发现轴承性能具有非线性、多变性[5-17]、混沌性[8,33]、多样性[18-22]以及影响因素复杂性[23-32]，如何评估滚动轴承的性能已经成为轴承工业及相关产业迫切需要解决的问题。

　　基于上述滚动轴承性能的非线性、多变性、混沌性、多样性及复杂性的特性，滚动轴承性能分析大都采用经典的统计学方法。根据经典统计学方法的根本要求，需要大量的轴承做实验，采集大量的实验数据对滚动轴承的寿命及其可靠度进行分析，并以威布尔分布函数作为数学模型来解决滚动轴承寿命预测问题。这种方法对解决部分大批量使用的通用轴承寿命预测问题，效果很好。然而，随着航天、航空、新能源、新材料、静音设备、高速与重载交通运输等领域的快速发展，对轴承摩擦、磨损、振动、温升等指标及其寿命与可靠度提出新要求。在使用中发现，这些轴承在疲劳破坏前经常出现内部卡死、烧结、磨损、塑性变形、裂纹或断裂等。这些新的特征使传统的轴承性能评估理论遭遇难以解决问题的困境。其主要原因有两个，第一个是这些轴承性能、寿命及其可靠性和传统的有区别，导致失效概念与传统的不同，即将性能丧失而非仅仅疲劳作为失效判据；第二个是这些轴承的使用数量远远小于通用轴承数量，且生产代价昂贵，一般没有大量的轴承做实验。

　　尤其在新产品轴承研发过程中，如直升机轴承、大飞机轴承、歼击机轴承、核反应堆轴承、新型主战坦克轴承、高速铁路轴承、新型风力发电机轴承以及极端工况轴承等，几乎没有相关性能的概率分布与变化趋势的先验资料。这些轴承的实验数据少，相关信息缺乏，如何利用有限的信息对轴承性能进行有效分析，准确评估与预测未来轴承性能的非线性动力学特征、趋势、概率分布及数字特征的变异历程，是目前亟待解决的重要问题，也是目前国内轴承行业的瓶颈。

　　将滚动轴承作为研究对象，抽象出时间序列过程，是站在更高的立足点面对新问题，而有效解决该问题的关键是理论上的突破。将近代统计学理论及混沌理论引入轴承性能、寿命特征的实验评估中，研究轴承性能实验分析的新理论和新方法，发现时空域中滚动轴承各种性能的非线性动力学变异新特征，突破数据分析领域长期沿用的经典统计理论体系，不断深化轴承设计理论的应用科学问题研究，形成轴承实验评估的新格局，对现代轴承系统的动态设计与性能分析具有重大的学术价值和科学意义，对提高滚动轴承实验评估、机械计量和测试理论水平具有积极的推进作用和广阔的应用前景。

1.3 滚动轴承性能变异的研究思路

目前，一些学者对解决现有问题的方法进行了研究，研究方法可分为非统计方法[33-41]和统计方法两大类型，主要有信息熵方法[42]、灰方法[43]、模糊方法[44]、经典统计学方法、贝叶斯方法[45]、自助法[46]等。

传统的统计方法一般是指以经典统计学和概率论为基础的研究方法，重要的理论基础为大数定理和中心极限定理，要求实验数据多、随机变量个数多且对总体的影响是微小的，具有相互独立性；信息熵方法要求系统概率分布或频率已知，同时要求数据个数有限，在概率分布未知、数据少时，其推断误差很大；灰色系统理论预报的置信度无法事先确定，因而预测结果是不确定的，同时对原始数据序列有太严格的要求，即灰色预报有禁区，在动态预报中会出现一些难以解决的问题；模糊集合理论的主要问题是对概率分布未知的系统其隶属函数的建立及隶属度的选取是很困难的；贝叶斯方法要求概率分布函数或频率值已知，没有这些信息则无法准确获取经验值，其推断结果误差可能很大；自助法完全依赖初始样本对分布总体的代表性，模拟的抽样结果不会比初始值得出更可信的更多信息，尤其是在小样本的乏信息条件下，其推断结果的可靠性是很低的。

上述研究表明，单一的方法很难有效解决乏信息问题，每种方法有优点也有局限性，如果能够有效融合多种方法，充分发挥单一方法的长处、摒弃单一方法的短处，合理运用融合方法，就可以得到不同侧面、角度的信息。夏新涛等[47-50]在这一方面对轴承性能的分析做了许多工作，也为滚动轴承性能评估问题的解决提供了很好的思路。

变异是自然界的一种普遍现象，由于生存环境产生巨大变化，物种基因发生变异以适应环境，导致物种外形发生变化。唯物论认为，基因变异是物种外表变化的内因，外表变化是内因的集中体现。因此，这个问题反过来考虑，若某物种外表发生变化暗示内因变化，则通过外表变化评估其内因变异特征，可以预测物种的演变。

基于此，可以用多种方法，从多个侧面、角度挖掘滚动轴承遗传因子及变异因子特征信息，以期解决滚动轴承的性能评估问题。

对分析数据的方法进行研究，找出现行各方法的优点和缺点，并进行融合，从不同侧面、角度分析挖掘出更多的信息，以期得到轴承更可靠的性能信息，为轴承性能变异的判断与预测提供有力的证据。基于此，本书提出滚动轴承稳健化性能评估方法研究。在数据处理过程中，数据的稳健性是数据分析的前提，然而在轴承运行过程中，其性能会逐渐变异，可能朝好的方向过渡也可能朝性能退化的方向发展。其原因是性能数据不稳健，产生变异数据。变异数据越多，轴承性能异化越严重；在稳健统计学中，数据的稳健化处理可以得到可靠的稳健数据，反过来考虑数据稳健化处理，可以分离出不稳健数据，也就是可以分离出变异因子，从而可以找出轴承性能的遗传因子和变异因子。

在本书中，滚动轴承性能的研究主要涉及静态与动态性能、性能参数估计与预测、性能退化等问题。研究方法主要依赖近代统计学理论及混沌理论，目的在于揭示滚动轴承性能变异的某些未知特性。解决问题的思路为利用近代统计学理论、方法对滚动轴承性能数据进行稳健化处理，以鉴别出稳健数据和不稳健数据；然后对能够反映数据特征的稳健数据进行静态与动态分析；在对数据进行分析时，用参数与非参数融合方法分析滚动轴承静态性能，用混沌理论分析滚动轴承动态性能，用贝叶斯方法分析滚动轴承性能参数可靠性，用稳健化融合方法分析滚动轴承性能退化问题，以期实现滚动轴承性能变异过程的近代统计学融合分析与评估。

1.4　本书的研究内容

本书的主要研究内容如下。

1. 理论基础

介绍本书涉及的一些理论基础知识，主要内容包括近代统计学的常用统计量，数据序列的稳健性原理、判断方法及稳健化处理方法，数据序列的参数估计与非参数估计，贝叶斯估计，以及混沌理论等，并对这些基本概念与方法进行讨论分析，提出滚动轴承性能变异的近代统计学融合分析方法。

2. 滚动轴承性能数据的稳健性分析方法

论述滚动轴承性能数据稳健性判断问题，主要内容包括数据直方图与正态密度函数的对比，数据的正态性检验，数据的稳健性判断方法，滚动轴承摩擦力矩、振动性能数据的稳健性判断及分析。

3. 滚动轴承性能数据的稳健化处理

研究滚动轴承性能数据的稳健化处理方法，主要内容包括数据稳健化处理的思路、方法及数学模型，并利用该方法对滚动轴承摩擦力矩、振动数据进行稳健化处理，分析滚动轴承性能数据稳健化处理的结果。

4. 滚动轴承摩擦力矩的参数与非参数融合分析

阐述参数估计及非参数估计的特点；根据二者特点提出参数与非参数融合评估与分析方法，并建立有关数学模型；用参数与非参数融合评估与分析方法构建滚动轴承摩擦性能评估体系，分析滚动轴承摩擦力矩的参数与非参数特征，研究滚动轴承性能数据的静态特征。

5. 滚动轴承性能稳健数据的动态分析

研究滚动轴承性能稳健数据的动态分析问题，主要内容包括滚动轴承性能的动态研究方法，建立动态分析模型，分析滚动轴承振动与摩擦力矩的动态特征，研究滚动轴承性能预测及物理参数与相空间参数评估问题。

6. 滚动轴承振动性能变异评估

根据近代统计学理论，采用数据稳健化处理方法分离出变异数据，获取变异率、中位数、平均值、本征区间等参数，以描述滚动轴承振动性能变异特征，并揭示服役期间滚动轴承运行性能的内在变异机制。

7. 滚动轴承性能参数贝叶斯区间评估

提出滚动轴承性能参数评估的贝叶斯方法，用稳健化实验数据构建先验密度函数，进而计算后验密度函数；根据后验密度函数，实现滚动轴承性能参数区间的贝叶斯评估。

上述研究内容构建出滚动轴承性能变异的近代统计学融合分析与评估的体系雏形，可以为深入揭示滚动轴承性能变异的新特性与新机制提供一些新思路。

第 2 章 理 论 基 础

本章介绍后续章节中将涉及的一些理论基础知识，主要内容包括近代统计学的常用统计量，数据序列的稳健性原理、判断方法及稳健化处理方法，数据序列的参数估计与非参数估计，贝叶斯估计，以及混沌理论等，并对这些基本概念与方法进行讨论分析，提出滚动轴承性能变异的近代统计学融合分析方法。

2.1 常用统计量

1. 统计量的定义

假设$(X_1, X_2, \cdots, X_n)$为总体 X 的一个简单随机样本，$f(X_1, X_2, \cdots, X_n)$是样本的函数。如果 $f(X_1, X_2, \cdots, X_n)$中不包括任何未知参数，则称 $f(X_1, X_2, \cdots, X_n)$为一个统计量。

如果$(x_1, x_2, \cdots, x_n)$是样本$(X_1, X_2, \cdots, X_n)$的一个观测值，则称$f(x_1, x_2, \cdots, x_n)$是统计量$f(X_1, X_2, \cdots, X_n)$的一个观测值。

2. 常用统计量

假设$(X_1, X_2, \cdots, X_n)$为总体 X 的一个简单随机样本，那么样本均值统计量为

$$A = \frac{1}{n} \sum_{i=1}^{n} X_i \tag{2-1}$$

式中，A 为样本均值，X_i 为第 i 个样本，n 为样本容量。

假设$(X_1, X_2, \cdots, X_n)$为总体 X 的一个简单随机样本，那么样本方差统计量为

$$S_n^2 = \frac{1}{n} \sum_{i=1}^{n} (X_i - A)^2 = \frac{1}{n} \sum_{i=1}^{n} X_i^2 - A^2 \tag{2-2}$$

式中，S_n^2 为样本方差，A 为样本均值，X_i 为第 i 个样本，n 为样本容量。

假设$(X_1, X_2, \cdots, X_n)$为总体 X 的一个简单随机样本，那么样本标准差统计量为

$$S_n = \sqrt{\frac{1}{n} \sum_{i=1}^{n} (X_i - A)^2} = \sqrt{S_n^2} \tag{2-3}$$

式中，S_n 为样本标准差，A 为样本均值，X_i 为第 i 个样本，n 为样本容量。

假设$(X_1, X_2, \cdots, X_n)$为总体 X 的一个简单随机样本，那么样本 k 阶原点矩统计量为

$$A_k = \frac{1}{n} \sum_{i=1}^{n} X_i^k, \quad k = 1, 2, \cdots \tag{2-4}$$

式中，A_k 为样本 k 阶原点矩，k 为原点矩阶数，X_i 为第 i 个样本，n 为样本容量。

假设$(X_1, X_2, \cdots, X_n)$为总体 X 的一个简单随机样本，那么样本 k 阶中心矩统计量为

$$B_k = \frac{1}{n} \sum_{i=1}^{n} (X_i - A)^k, \quad k = 1, 2, \cdots \tag{2-5}$$

式中，B_k 为样本 k 阶中心矩，k 为中心矩阶数，A 为样本均值，X_i 为第 i 个样本，n 为样本容量。

3. 次序统计量

1) 数据序列

假设通过实验获得 N 个数据，可以构成一个数据序列 X_i：

$$X_i = \left\{ x_i(n) \right\}, \quad i = 1, 2, \cdots, m \,;\, n = 1, 2, \cdots, N \tag{2-6}$$

式中，X_i 为数据序列，$x_i(n)$ 为第 i 次实验的第 n 个数据，i 为实验序号，m 为实验次数，n 为数据序号，N 为数据个数。

2) 数据序列次序统计量

在近代统计学中，次序统计量是一种很常用并且很重要的统计量，可以为数据的直方图、正态性检验以及秩的判断奠定基础。

将 X_i 中的数据按照从小到大的顺序进行排列，得到关于 X_i 的次序统计量 Y_i：

$$Y_i = \left\{ y_i(n) \right\}, \quad i = 1, 2, \cdots, m \,;\, n = 1, 2, \cdots, N \tag{2-7}$$

式中，Y_i 为 X_i 时间序列的次序统计量，$y_i(n)$ 为 $x_i(n)$ 按照从小到大排列的第 n 个数据，i 为实验序号，m 为实验次数，n 为数据序号，N 为数据个数。

2.2　数据的稳健性

近代统计学认为，实验数据的稳健性是数据分析的前提，然而在实验过程中，由于实验仪器、温度、湿度、人为等因素的影响，实验数据中会出现异常值，也就是离散值，为了便于研究，在书中用离散值表述。

平均数是统计学中的一个重要概念，在日常生活及工作中经常用这个参数作为阐述某种思想与看法的依据。根据平均数的概念可以从"某家庭人均月收入增加了 500 元"得出"这个家庭的生活水平得到很大的提高"这一结论。如果将"人

均月收入增加了 500 元"应用于某社区，想得出同样结论就需要慎重考虑。假设有两个社区 A 和 B，A 社区是某企业职工住宅区；B 社区居住人员复杂、职业多样；假设这两个社区人均月收入都增加了 500 元，但 A 社区每人每月都增加了 500 元，而 B 社区仅有一个家庭的收入增加了，其余家庭的收入均无增加。这样，"B 社区生活水平得到很大提高"这一结论就值得怀疑了。这个简单例子说明平均数很容易受离散数据(离群值或野值)的影响。在经典统计学中，平均数对离散数据具有很大的敏感性或者说采集到的数据不稳健。这就涉及数据的稳健性问题。

经典统计学过重地依赖实验数据对假设模型的符合程度，表示在一定的假设模型条件下按照一定的准则是最优的。然而，任何随机现象都很难用一种数学模型准确描述，只是实验数据的一种近似。当假设模型与实验数据有误差时，该模型就不是最优的，误差越大，离最优就越远。为此，在对数据进行分析之前，需要判断数据是否稳健，或者说数据中是否存在离散数据。下面以数据平均值为例说明数据的稳健性。

样本均值即平均值是统计学中使用最多的一个统计量，当数据来自正态分布的独立同分布样本时，样本均值在多种准则下是总体期望的最优估计。如果数据偏离正态分布时，样本均值则不一定是最优估计。

例如，10 头小猪在出生后第 1 周的体重增加量为(单位：kg)：

$$1.70, 1.60, 1.45, 1.50, 1.90, 1.20, 18.0, 1.40, 1.75, 1.50$$

一般认为称重问题属于正态分布，应采用平均值估计。为此，用平均值估计小猪在出生后第 1 周的体重增加量，得到平均值为 3.2kg。不难发现，这个均值估计结果比大多数数据都大很多，原因来自离散数据 18.0kg。

又如，某学生通过物理实验确定当地的重力加速度，测得数据(单位：m/s^2)：

$$9.80, 9.79, 9.78, 7.81, 7.80$$

经计算，样本均值为 $8.996m/s^2$。将这个结果作为当地的重力加速度估计值，存在较大的误差，因为样本数据中存在两个离散数据，即 $7.80m/s^2$ 和 $7.81m/s^2$。

由上述例子可以发现，不稳健的数据会降低分析结果的精度，甚至导致错误的分析结果，因此在数据分析之前，应对数据进行稳健性处理。

2.3　数据的稳健性判断

1. 数据的频率直方图

数据的频率直方图可以反映数据的分布特点，在统计学中，当样本容量即数据个数超过一定个数时，可以认为数据分布为正态分布或者渐近正态分布，也就是数据直方图为中间高两边低对称或者接近对称的图形；如果数据直方图符合正态分布或渐近正态分布，可以认为数据合理，不存在离散值；如果数据直方图不符合正态分布或渐近正态分布，可以认为数据中存在离散值。利用数据直方图与正态分布或渐近正态分布的特点可以初步判断数据的合理性。

2. 数据的正态性检验

利用数据直方图与正态分布或渐近正态分布的相似性，可以初步判断数据是否有离散值；然后进一步检验性能数据的正态性，偏离正态分布的数据即为离散值。利用该方法可以判断数据的离散值，为后续数据的稳健化处理奠定基础。下面以上海某单位收入为例说明收入数据直方图及正态性检验。

例如，上海某单位收入如下(单位：万元)：

122.2, 111.4, 110.8, 107.6, 100.0, 96.1, 96.0, 95.7, 93.7, 89.1, 87.4, 85.5, 84.5, 82.1, 81.2, 80.4, 79.6, 78.2, 77.3, 77.0, 74.0, 73.4, 72.7, 70.5, 69.5, 68.8, 66.6, 64.3, 59.9, 57.8, 49.7, 48.6, 48.2, 43.3, 38.9, 38.6, 37.3, 36.6, 34.9, 29.0, 28.3, 25.9, 25.8, 25.4, 24.3, 22.1, 21.2, 20.0, 18.7, 18.7, 18.4, 18.0, 15.8, 17.7, 15.4, 15.3, 13.2, 13.1, 13.0, 11.6, 11.1, 10.9, 10.9, 10.2, 8.7, 8.2, 7.8, 7.5

利用上述数据，根据统计学数据的直方图及正态性检验方法做出该数据的直方图及正态性检验图，见图 2-1 及图 2-2。从图 2-1 中可以看出，该单位收入不属于中间高、两边低对称的分布，明显不服从正态分布，说明该单位收入分配不合理，

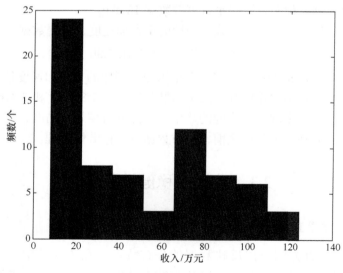

图 2-1　收入直方图

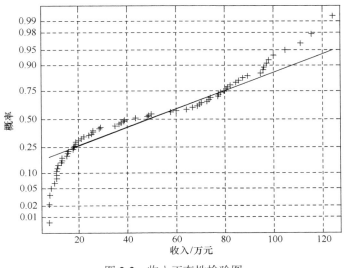

图 2-2　收入正态性检验图

需要调整；从图 2-2 中可以看出，低于 20 万元收入和高于 100 万元收入的人群明显偏离正态分布，是需要调整的主要对象。

3. 滚动轴承性能数据的频率直方图

滚动轴承性能数据的频率直方图可以反映滚动轴承性能数据分布的特点。在统计学中，当样本容量即数据个数超过 800 时，可以认为数据分布为正态分布或渐近正态分布，也就是数据直方图为中间高两边低对称或者接近对称的图形；如果滚动轴承性能数据直方图符合正态分布或者渐近正态分布，可以认为滚动轴承性能数据不存在离散值；如果滚动轴承性能数据不符合正态分布或者渐近正态分布，可以认为滚动轴承性能数据中存在离散值，利用数据直方图与正态分布或渐近正态分布的特点可以初步判断滚动轴承性能数据的稳健性。

4. 滚动轴承性能数据的正态性检验

利用滚动轴承性能数据直方图与正态分布或渐近正态分布的相似性初步判断滚动轴承性能数据是否有离散值，然后进一步检验滚动轴承性能数据的正态性，偏离正态分布的值即为离散值。利用该方法可以判断滚动轴承性能数据的离散值范围，为后续滚动轴承性能数据的稳健化处理奠定基础。

下面以某种型号滚动轴承振动数据来说明滚动轴承性能数据的直方图及正态性检验，其直方图及正态性检验图见图 2-3 及图 2-4。

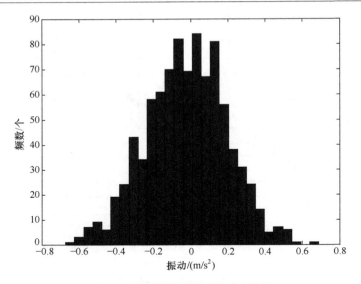

图 2-3　某型号滚动轴承振动直方图

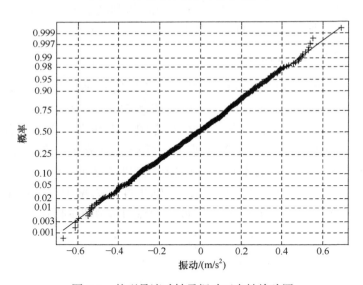

图 2-4　某型号滚动轴承振动正态性检验图

从图 2-3 中可以看出,滚动轴承的振动分布属于中间高两边低的对称形状,和正态分布很相近,属于正态分布或渐近正态分布;从图 2-4 中可以看出,该振动数据除较小和较大的少数数据,整体上服从正态分布或渐近正态分布,说明该振动数据比较稳健,离散数据较少。

通过上述对数据的直方图分析,可以初步判定数据中是否存在离散值;通过对数据的正态性检验分析，可以判断数据之中离散值的范围，为数据的进一步分析处理奠定基础。

2.4 稳健化统计准则

根据稳健统计学，稳健化统计要符合极小极大化准则和 Hampel 准则。

1. 极小极大化准则

极小极大化准则是通过将数据稳健性与统计方法的平均值基本性质结合，寻找一种使统计量在假定分布附近的一个分布函数集合上的最差性质达到最好的准则。

2. Hampel 准则

Hampel 准则是以影响函数有界作为稳健性的要求，将影响函数与统计方法在假定模型的基本性质结合，在过失敏感度不超过给定常数的统计方法中寻找在假定分布下基本性质最优的方法。

一般情况下，找到满足上述两个准则的最优解是很困难的。因此，目前稳健化统计的研究不能拘泥于某种准则，而是应根据实际问题的需要，选择合适的统计方法，构造实际需要的稳健性。

2.5 稳健化估计及性质

在稳健化统计学中，稳健化估计主要有 M 估计、W 估计及 L 估计。

2.5.1 M 估计及性质

假设某实验随机变量时间序列为

$$X_i = \left\{ x_i(n) \right\}, \quad i = 1, 2, \cdots, m; n = 1, 2, \cdots, N \tag{2-8}$$

式中，X_i 为随机变量时间序列，$x_i(n)$ 为第 i 次实验的第 n 个数据，i 为实验序号，m 为实验次数，n 为数据序号，N 为数据个数。

随机变量时间序列 X_i 的平均值为

$$A_i = \frac{1}{N} \sum_{n=1}^{N} x_i(n), \quad i = 1, 2, \cdots, m; n = 1, 2, \cdots, N \tag{2-9}$$

式中，A_i 为第 i 次实验随机变量时间序列 X_i 的平均值，$x_i(n)$ 为第 i 次实验的第 n 个数据，i 为实验序号，m 为实验次数，n 为数据序号，N 为数据个数。

样本均值 A_i 是最小二乘估计，目标函数为残差平方和。目标函数为

$$Q_i(t) = \frac{\sum_{n=1}^{N}(x_i(n)-t)^2}{N}, \quad i = 1, 2, \cdots, m \, ; n = 1, 2, \cdots, N \tag{2-10}$$

式中，$Q_i(t)$ 为 t 的目标函数，t 为目标函数自变量，$x_i(n)$ 为第 i 次实验的第 n 个数据，i 为实验序号，m 为实验次数，n 为数据序号，N 为数据个数。

可以知道，目标函数 $Q_i(t)$ 的极值为 0，得出自变量 $t=A_i$。

把目标函数写为

$$Q_i(t) = \frac{\sum_{n=1}^{N}\rho_i(x_i(n)-t)}{N}, \quad i = 1, 2, \cdots, m \, ; n = 1, 2, \cdots, N \tag{2-11}$$

式中，$Q_i(t)$ 为 t 的目标函数，$\rho_i(x_i(n)-t)$ 为目标函数估计函数，t 为目标函数自变量，$x_i(n)$ 为第 i 次实验的第 n 个数据，i 为实验序号，m 为实验次数，n 为数据序号，N 为数据个数。

根据式(2-10)和式(2-11)，可以得出最小二乘法估计的估计函数为

$$\rho_i(t) = t^2, \quad i = 1, 2, \cdots, m \tag{2-12}$$

式中，$\rho_i(t)$ 为第 i 次实验估计函数，t 为目标函数自变量，i 为实验序号，m 为实验次数。

由式(2-12)可知，当 t 绝对值很大时，估计函数 $\rho_i(t)$ 增加得很快；如果估计值靠近数据的中心，就会与离散值很远，那么估计函数 $\rho_i(t)$ 值会很大；为了降低估计函数 $\rho_i(t)$ 值，应使估计值接近离散值，因此样本均值就得出不合理的结果。

基于此，提出 M 估计，使用目标函数 $S_i(t)$：

$$S_i(t) = \frac{\sum_{n=1}^{N}(x_i(n)-t)}{N}, \quad i = 1, 2, \cdots, m \, ; n = 1, 2, \cdots, N \tag{2-13}$$

式中，$S_i(t)$ 为目标函数，t 为目标函数自变量，$x_i(n)$ 为第 i 次实验的第 n 个数据，i 为实验序号，m 为实验次数，n 为数据序号，N 为数据个数。

这样，实验评估函数为

$$\rho_i(t) = t, \quad i = 1, 2, \cdots, m \tag{2-14}$$

式中，$\rho_i(t)$ 为第 i 次实验的估计函数，m 为实验次数，t 为目标函数自变量。

与式(2-10)相比，降低了离散数据的影响。下面给出 M 估计。

假设 $\rho_i(t)$ 是 **R** 的实值函数，X_i 为一维样本随机变量，M 估计为

$$S_i(t) = \min \sum_{n=1}^{N} \rho(x_i(n)-t_n), \quad i = 1, 2, \cdots, m \, ; n = 1, 2, \cdots, N \tag{2-15}$$

式中，$S_i(t)$ 为目标函数，t 为目标函数自变量，t_n 为 $x_i(n)$ 数据的估计值，$x_i(n)$ 为第 i 次

实验的第 n 个数据，i 为实验序号，m 为实验次数，n 为数据序号，N 为数据个数。

M 估计也可以用另外一种形式表示：

$$J_i(t) = \sum_{n=1}^{N} J_i\left(x_i(n) - t_n\right) = 0 , \quad i = 1, 2, \cdots, m ; n = 1, 2, \cdots, N \tag{2-16}$$

式中，$J_i(t)$ 为目标函数，t 为目标函数自变量，t_n 为 $x_i(n)$ 数据的估计值，$x_i(n)$ 为第 i 次实验的第 n 个数据，i 为实验序号，m 为实验次数，n 为数据序号，N 为数据个数。

上述内容为 M 估计的基本定义。M 估计的具体方法有很多种，如 Huber M 估计、中位数估计、图格伊 M 估计等，下面仅介绍本书中将用到的 Huber M 估计和中位数估计。

1）Huber M 估计

Huber M 估计是在极小极大化以及 Hampel 这两个数据稳健化准则下的一种最优估计，其中 Huber M 的分布函数为 $P(t)$（图 2-5）：

$$P(t) = \begin{cases} t , & |t| \leqslant K \\ K\,\mathrm{sgn}(t) , & |t| > K \end{cases} \tag{2-17}$$

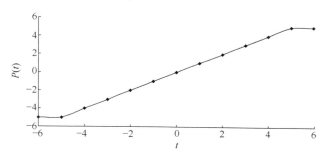

图 2-5　Huber M 分布函数图

根据式(2-17)和图 2-5，可以看出 Huber M 分布函数是连续、非递减、有界的奇函数，可以反映总体数据的特点，具有很大的优越性；然而，该分布是以零为中心，边界有限制，二者对于数据分析有很大的局限性，原因有两个：

(1) 实验数据中很多数据不是以零为中心；

(2) 数据的边界值选择缺少理论支撑。

2）中位数估计

根据式(2-7)次序统计量，得到中位数 β_i：

$$\beta_i = y_i\left(\frac{N+1}{2}\right), \quad i = 1, 2, \cdots, m \tag{2-18}$$

式中，β_i 为第 i 次实验数据中位数，$y_i(n)$ 为第 i 次实验数据次序统计量的第 n 个数据，见式(2-7)，i 为实验序号，m 为实验次数，n 为数据序号，N 为数据个数，

N 为奇数。

$$\beta_i = \frac{1}{2}\left[y_i\left(\frac{N}{2}\right) + y_i\left(\frac{N}{2}+1\right)\right], \quad i = 1,2,\cdots,m \tag{2-19}$$

式中，β_i 为第 i 次实验数据中位数，$y_i(n)$ 为第 i 次实验数据次序统计量的第 n 个数据，见式(2-7)，i 为实验序号，m 为实验次数，n 为数据序号，N 为数据个数，N 为偶数。

中位数是在极小极大化以及 Hampel 这两个数据稳健化准则下的一种最优位置估计，该数据两端数据对称，是很稳健的数据，可以很好地反映数据的位置特征。然而，该数据不能反映数据的总体特征，在一些可靠性要求高的条件下，很难满足要求。

M 估计在相当弱的条件下就具有相合性和渐进正态性，同时还具有稳健性，是数据稳健化处理中一种很有效的估计。

2.5.2　W 估计

W 估计记作 $W_i(t)$：

$$W_i(t) = \frac{J_i(t)}{t}, \quad i = 1,2,\cdots,m \tag{2-20}$$

式中，$W_i(t)$ 为 W 估计量，$J_i(t)$ 为第 i 次实验的目标函数，t 为目标函数自变量，i 为实验序号，m 为实验次数。

2.5.3　L 估计

在讨论数据稳健化处理时，用次序统计量的函数而不用未排序的样本，次序统计量的线性组合就是 L 估计量。其实，中位数可以认为是中间的 1 个数(或 2 个数)权重是 1(或 0.5)，其余权重为 0 的 L 估计。

假设 $a_{i1}, a_{i2}, \cdots, a_{in}$ 是第 i 次实验数据序列系数，满足

$$\sum_{n=1}^{N} a_{in} = 1, \quad 0 \leqslant a_{in} \leqslant 1, \quad i = 1,2,\cdots,m; n = 1,2,\cdots,N \tag{2-21}$$

式中，a_{in} 为第 i 次实验数据序列的第 n 个数据的系数，i 为实验序号，m 为实验次数，n 为数据序号，N 为数据个数。

那么，L 估计量 T_i 为

$$T_i = \sum_{n=1}^{N} a_{in} x_i(n), \quad i = 1,2,\cdots,m; n = 1,2,\cdots,N \tag{2-22}$$

式中，T_i 为 L 估计量，a_{in} 为第 i 次实验数据序列的第 n 个数据的系数，i 为实验序号，m 为实验次数，n 为数据序号，N 为数据个数。

设显著性水平为 $\alpha \in [0,1]$。L 估计可以由原样本上下两端各去掉 $100\alpha\%$ 数目的观测值，将剩余的 $100(1-2\alpha)\%$ 观测值进行平均，其平均值不受个别异常值的影响，性能也是稳健的。

2.6　参数估计与非参数估计

在近代统计学中，参数估计及非参数估计是常用的数据分析方法。

2.6.1　参数估计

在很多工程问题中，经常遇到随机变量 X_i 的分布函数问题 $F_i(x_i(n); \theta_{i1}, \theta_{i2}, \cdots, \theta_{ik})$ 的形式已知，参数 $(\theta_{i1}, \theta_{i2}, \cdots, \theta_{ik})$ 未知，k 为估计值个数；根据 X_i 样本值 $(x_i(1), x_i(2), \cdots, x_i(N))$ 来估计参数 $(\theta_{i1}, \theta_{i2}, \cdots, \theta_{ik})$，达到对随机变量 X_i 的评估，这类问题是参数估计。简单地说，参数估计就是研究总体的分布类型已知，其中的参数未知，利用样本对这些参数进行评估的问题，如考虑某种电子元件的寿命，样本总体为 X_i，即使不知道 X_i 的分布类型，也可利用样本总体 X_i 的均值 $E(X_i)$、方差 $\mathrm{Var}(X_i)$ 估计电子元件的平均寿命和寿命的波动情况。

参数 θ_i 的点估计量如下：

$$\hat{\theta}_i = \hat{\theta}\left(x_i(n)\right), \quad i = 1, 2, \cdots, m; n = 1, 2, \cdots, N \tag{2-23}$$

式中，θ_i 为被估计量，$x_i(n)$ 为第 i 个样本的第 n 个数据，i 为样本序号，m 为样本个数，n 为数据序号，N 为数据个数。

在某种优良意义下对 θ_i 做出估计，即点估计就是寻找未知参数 θ_i 估计量的方法，要求给定的方法能够在一定优良准则下达到或者接近最优的估计。参数的点估计主要有矩估计和极大似然估计，下面分别进行介绍。

1. 矩估计

英国统计学家皮尔逊在 1894 年提出矩估计的点估计方法，矩估计是根据样本矩是相应总体矩的相合估计，即样本矩依概率收敛于相应的总体矩，简单地说，就是只要样本容量充分大，样本矩作为相应总体矩的估计可以达到任意精确的程度。

根据这个原理，矩估计的 k 阶原点矩为

$$A_{ik} = \frac{1}{N} \sum_{n=1}^{N} x_i(n)^k, \quad i = 1, 2, \cdots, m; n = 1, 2, \cdots, N \tag{2-24}$$

式中，A_{ik} 为第 i 个样本的 k 阶原点矩，$x_i(n)$ 为第 i 个样本的第 n 个数据，i 为样本序号，m 为样本个数，n 为数据序号，N 为数据个数。

矩估计的 k 阶中心矩为

$$B_{ik} = \frac{1}{N}\sum_{n=1}^{N}\left(x_i(n) - A_i\right)^k , \quad i = 1,2,\cdots,m\,;n = 1,2,\cdots,N \tag{2-25}$$

式中，B_{ik} 为第 i 个样本的 k 阶中心矩，$x_i(n)$ 为第 i 个样本的第 n 个数据，A_i 为第 i 个样本的平均值，i 为样本序号，m 为样本个数，n 为数据序号，N 为数据个数。

利用式(2-24)估计样本 X_i 的 k 阶原点矩 $\mathrm{E}(X_i^k)$；用式(2-25)估计总体 X_i 的 k 阶中心矩 $\mathrm{E}(X_i-\mathrm{E}(X_i))^k$，由此得到样本的估计量。

无论样本总体服从何种分布，样本均值 A_i、样本标准差 S_i 分别是样本均值 μ_i、方差 σ_i 的矩估计量，分布见式(2-26)和式(2-27)：

$$\hat{\mu}_i = A_i = \frac{1}{N}\sum_{n=1}^{N}x_i(n), \quad i = 1,2,\cdots,m\,;n = 1,2,\cdots,N \tag{2-26}$$

式中，$\hat{\mu}_i$ 为第 i 个样本的均值估计量，A_i 为第 i 个样本均值，$x_i(n)$ 为第 i 个样本的第 n 个数据，i 为样本序号，m 为样本个数，n 为数据序号，N 为数据个数。

$$\hat{\sigma}_i = S_i = \sqrt{\frac{1}{N}\sum_{n=1}^{N}\left(x_i(n) - \frac{1}{N}\sum_{n=1}^{N}x_i(n)\right)^2}, \quad i = 1,2,\cdots,m\,;n = 1,2,\cdots,N \tag{2-27}$$

式中，$\hat{\sigma}_i$ 为第 i 个样本的方差估计量，S_i 为第 i 个样本标准差，$x_i(n)$ 为第 i 个样本的第 n 个数据，i 为样本序号，m 为样本个数，n 为数据序号，N 为数据个数。

例如，已知某水文最高水位 X_i 服从 $\Gamma(\alpha_i,\beta_i)$ 分布，密度函数为

$$f_i\left(x_i(n);\alpha_i,\beta_i\right) = \begin{cases} \dfrac{\beta_i^{\alpha_i}}{\Gamma(\alpha_i)}x_i^{\alpha_i-1}(n)\mathrm{e}^{-\beta_i x_i(n)}, & x_i(n) > 0 \\ 0, & x_i(n) \leqslant 0 \end{cases},$$

$$i = 1,2,\cdots,m;n = 1,2,\cdots,N \tag{2-28}$$

式中，α_i 与 β_i 为第 i 个样本密度函数参数，且 $\alpha_i>0$，$\beta_i>0$，$x_i(n)$ 为第 i 个样本的第 n 个数据，i 为样本序号，m 为样本个数，n 为数据序号，N 为数据个数。

下面求 α_i 与 β_i 参数估计量。

首先计算总体 X_i 的 1 阶原点矩和 2 阶原点矩：

$$\mathrm{E}(X_i) = \int_0^{+\infty} x_i(n)\frac{\beta_i^{\alpha_i}}{\Gamma(\alpha_i)}x_i^{\alpha_i-1}(n)\mathrm{e}^{-\beta_i x_i(n)}\mathrm{d}x_i(n) = \frac{\alpha_i}{\beta_i},$$

$$i = 1,2,\cdots,m;n = 1,2,\cdots,N \tag{2-29}$$

式中，α_i 与 β_i 为第 i 个样本密度函数参数，且 $\alpha_i>0$，$\beta_i>0$，$x_i(n)$ 为第 i 个样本的第 n 个数据，i 为样本序号，m 为样本个数，n 为数据序号，N 为数据个数。

$$\mathrm{E}(X_i^2) = \int_0^{+\infty} x_i^2(n)\frac{\beta_i^{\alpha_i}}{\Gamma(\alpha_i)}x_i^{\alpha_i-1}(n)\mathrm{e}^{-\beta_i x_i(n)}\mathrm{d}x_i(n) = \frac{\alpha_i(\alpha_i+1)}{\beta_i^2},$$

$$i = 1,2,\cdots,m;n = 1,2,\cdots,N \tag{2-30}$$

式中，α_i 与 β_i 为第 i 个样本密度函数参数，且 $\alpha_i>0$，$\beta_i>0$，$x_i(n)$ 为第 i 个样本的第 n 个数据，i 为样本序号，m 为样本个数，n 为数据序号，N 为数据个数。

根据总体 X_i 的 k 阶原点矩定义，式(2-24)和式(2-25)分别转化为式(2-31)和式(2-32)：

$$A_i = \frac{\hat{\alpha}_i}{\hat{\beta}_i}, \quad i=1,2,\cdots,m \tag{2-31}$$

式中，A_i 为第 i 个样本均值，$\hat{\alpha}_i$ 与 $\hat{\beta}_i$ 为第 i 个样本密度函数参数的估计量，且 $\hat{\alpha}_i>0$，$\hat{\beta}_i>0$，i 为样本序号，m 为样本个数。

$$S_i = \sqrt{\frac{1}{N}\sum_{n=1}^{N} x_i^2(n)} = \sqrt{\frac{\hat{\alpha}_i(\hat{\alpha}_i+1)}{\hat{\beta}_i^2}}, \quad i=1,2,\cdots,m; n=1,2,\cdots,N \tag{2-32}$$

式中，S_i 为第 i 个样本标准差，$\hat{\alpha}_i$ 与 $\hat{\beta}_i$ 为第 i 个样本密度函数参数的估计量，且 $\hat{\alpha}_i>0$，$\hat{\beta}_i>0$，$x_i(n)$ 为第 i 个样本的第 n 个数据，i 为样本序号，m 为样本个数，n 为数据序号，N 为数据个数。

将式(2-31)和式(2-32)联合求解，可以得到 α_i 与 β_i 的矩估计量，分别用式(2-33)和式(2-34)表示：

$$\hat{\alpha}_i = \frac{A_i^2}{S_i^2}, \quad i=1,2,\cdots,m \tag{2-33}$$

式中，A_i 为第 i 个样本均值，S_i 为第 i 个样本标准差，$\hat{\alpha}_i$ 为第 i 个样本密度函数参数 α_i 的估计量，i 为样本序号，m 为样本个数。

$$\hat{\beta}_i = \frac{A_i}{S_i^2}, \quad i=1,2,\cdots,m \tag{2-34}$$

式中，A_i 为第 i 个样本均值，S_i 为第 i 个样本标准差，$\hat{\beta}_i$ 为第 i 个样本密度函数参数 β_i 的估计量，i 为样本序号，m 为样本个数。

例如，假设 X_i 服从区间$[\theta_{i1}, \theta_{i2}]$上的均匀分布，$(x_i(1), x_i(2), \cdots, x_i(N))$ 为 X_i 的样本，求 θ_{i1} 和 θ_{i2} 的矩估计量。

根据样本原点矩 $E(X_i)$ 定义得

$$E(X_i) = \frac{\theta_{i1}+\theta_{i2}}{2}, \quad i=1,2,\cdots,m \tag{2-35}$$

式中，$E(X_i)$ 为第 i 个样本原点矩，样本 θ_{i1} 和 θ_{i2} 为估计参数，i 为样本序号，m 为样本个数。

$$\mathrm{Var}(X_i) = \frac{(\theta_{i1}-\theta_{i2})^2}{12}, \quad i=1,2,\cdots,m \tag{2-36}$$

式中，$\mathrm{Var}(X_i)$ 为第 i 个样本方差，θ_{i1} 和 θ_{i2} 为估计参数，i 为样本序号，m 为样本个数。

用式(2-35)和式(2-36)联合求解，可以得到 θ_{i1} 和 θ_{i2} 的矩估计量，分别用式(2-37)和式(2-38)表示：

$$\hat{\theta}_{i1} = A_i - \sqrt{3}S_i, \quad i = 1, 2, \cdots, m \tag{2-37}$$

式中，$\hat{\theta}_{i1}$ 为估计参数 θ_{i1} 的估计量，A_i 为第 i 个样本均值，S_i 为第 i 个样本标准差，i 为样本序号，m 为样本个数。

$$\hat{\theta}_{i2} = A_i + \sqrt{3}S_i, \quad i = 1, 2, \cdots, m \tag{2-38}$$

式中，$\hat{\theta}_{i2}$ 为估计参数 θ_{i2} 的估计量，A_i 为第 i 个样本均值，S_i 为第 i 个样本标准差，i 为样本序号，m 为样本个数。

2. 极大似然估计

极大似然估计法是 1912 年英国统计学家费歇尔提出的一种点估计方法，这种估计方法是将"概率最大的事件是最有可能发生的"作为实际推断的原理。下面通过例子说明这种思想。

假设某产品的废品率为 $P_i(0 < P_i \leqslant 1)$，现在从产品中取出 100 件产品，经检验有 10 件产品是废品，试估计参数 p_i 的值。

如果取到正品用"0"表示，取到废品用"1"表示，则总体 X_i 的分布律为

$$P_i(x_i(n) = 1) = p_i, \quad i = 1, 2, \cdots, m; n = 1, 2, \cdots, N \tag{2-39}$$

式中，P_i 为第 i 个样本概率分布，p_i 为第 i 个样本概率，$x_i(n)$ 为第 i 个样本中第 n 个数据，i 为样本序号，m 为样本个数，n 为数据序号，N 为数据个数。

$$P_i(x_i(n) = 0) = 1 - p_i, \quad i = 1, 2, \cdots, m; n = 1, 2, \cdots, N \tag{2-40}$$

式中，P_i 为第 i 个样本概率分布，p_i 为第 i 个样本概率，$x_i(n)$ 为第 i 个样本的第 n 个数据，i 为样本序号，m 为样本个数，n 为数据序号，N 为数据个数。

分布函数为

$$P_i(x_i(n) = x) = p_i^{x}(1 - p_i)^{1-x}, \quad x = 0, 1; i = 1, 2, \cdots, m; n = 1, 2, \cdots, N \tag{2-41}$$

式中，P_i 为第 i 个样本概率分布，p_i 为第 i 个样本概率，$x_i(n)$ 为第 i 个样本的第 n 个数据，i 为样本序号，m 为样本个数，n 为数据序号，N 为数据个数。

取得的样本记为 $(x_i(1), x_i(2), \cdots, x_i(n))$，其中，10 个是 1，90 个是 0，$n = 100$，出现该样本的概率为

$$P(x_i(n) = x) = p_i^{\sum_{n=1}^{N} x_i(n)}(1 - p_i)^{N - \sum_{n=1}^{N} x_i(n)} = p^{10}(1 - p)^{90},$$
$$i = 1, 2, \cdots, m; n = 1, 2, \cdots, N \tag{2-42}$$

式中，P_i 为第 i 个样本概率分布，p_i 为第 i 个样本概率，$x_i(n)$ 为第 i 个样本的第 n

个数据，i 为样本序号，m 为样本个数，n 为数据序号，N 为数据个数。

通过求极限，得到

$$\hat{p}_i = \frac{10}{100}, \quad i = 1, 2, \cdots, m \tag{2-43}$$

式中，$\hat{p}_i$ 为第 i 个样本概率，i 为样本序号，m 为样本个数。

如果在例子中第 i 次取 N 个产品，其中有 v 个废品，则废品率为

$$\hat{p}_i = \frac{v}{N}, \quad i = 1, 2, \cdots, m \tag{2-44}$$

式中，$\hat{p}_i$ 为第 i 个样本废品率，i 为样本序号，m 为样本个数，N 为样本产品个数，v 为废品个数。

可以看出，根据事件概率越大越容易发生原理，就应该选取概率达到最大的参数值作为参数的估计，即极大函数达到最大的参数值的估计值。极大似然法利用总体分布的表达式提供参数的信息，具有很多优良的性质，也是实际中常用的方法之一。

然而，任何点估计都不是完美的，有优点也有缺点。如果样本不是简单样本或者总体的原点矩不存在，矩估计方法是不能使用的，而且，矩估计有时不能充分利用分布函数的信息，如泊松分布；极大似然估计方法在求极大值时，很多时候微分方法是不可行的，需要采用其他的方法处理，增加了该方法的难度。

2.6.2　非参数估计

1. 非参数估计的概念

在进行样本分析时，很多情况都是假设样本服从某种分布，如身高、体重测量服从正态分布；机械寿命服从威布尔分布；电子产品寿命服从指数分布等。但是，在实际实验中，这些假设不能随便做出。有时样本数据和分布有明显的不同，若刻意忽略参数估计方法的前提，强行使用参数方法，将会产生错误的甚至是灾难性的结果。这时可以考虑放弃对总体分布的依赖，寻求更多的纯粹数据自身的信息，建立与总体分布无关的统计量，实现对所研究问题的推断。这种和实验数据所属的总体分布无关的统计方法为非参数统计方法或者不依赖总体分布的方法。

非参数统计方法需要建立统计量，进而判断这个统计量的样本在一定假设下是否属于小概率事件。这种方法通过独辟蹊径和巧妙的构造，最大限度地摆脱总体分布的束缚，比传统的参数统计方法安全得多；尤其在总体分布未知时，非参数统计方法比随意假定总体分布的参数统计的效率要高；另外，非参数统计的应用范围比参数统计范围广泛，不仅适用于小样本、无分布样本，还适用于污染样

本、混杂样本。下面介绍两种常用非参数统计方法，即符号法和秩和法。

2. 符号法

符号法是一种简单的非参数统计分析方法，也是最古典的非参数检验。对于单样本，符号法可以检验样本总体的中心位置；对于两个样本或者多样本，符号法可以判断两个样本或者多个样本之间的关系，如产品质量的优劣。

设$(x_i(1), x_i(2), \cdots, x_i(N))$是来自总体样本 X_i 的样本容量为 N 的样本，例如，70个大城市的工资水平指数按递减顺序排列：

124.2, 115.4, 110.8, 104.6, 100.0, 98.1, 97.0, 95.7, 94.7, 89.1, 87.4, 85.5, 84.5,

82.1, 81.2, 80.4, 79.6, 78.2, 77.3, 77.0, 74.0, 73.4, 72.7, 70.5, 69.5, 68.8, 66.6,

64.3, 59.9, 57.8, 49.7, 48.6, 48.2, 43.3, 38.9, 38.6, 37.3, 36.6, 34.9, 29.0, 28.3,

25.9, 25.8, 25.4, 24.3, 22.1, 21.2, 20.0, 18.7, 18.7, 18.4, 18.0, 15.8, 17.7, 15.4,

15.3, 13.2, 13.1, 13.0, 11.6, 11.1, 10.9, 10.9, 10.2, 8.7, 8.2, 7.8, 7.8

分析上述大城市的中间水平指数是否为 50。

首先对世界大城市收入指数的分布进行分析，样本分布的直方图见图 2-6，图中横坐标为大城市收入指数，纵坐标为收入指数的频数。

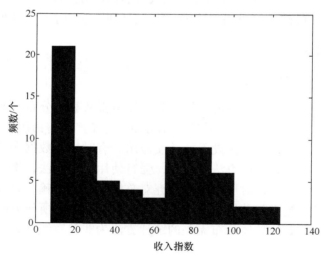

图 2-6　收入指数直方图

从图 2.6 中可以看出，收入指数较低的大城市很多，收入指数较高的大城市很少，收入指数直方图不是对称分布的，很明显不服从正态分布。下面分析大城市收入指数的正态性检验，见图 2-7，图中横坐标为收入指数，纵坐标为概率。

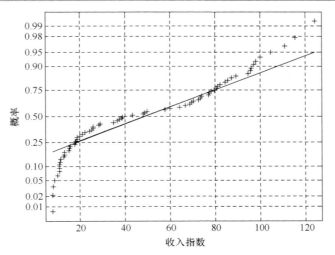

图 2-7　收入指数正态性检验

从图 2-7 可以看出，样本总体不服从正态分布，下面以该样本为例对符号非参数评估方法进行说明。

该样本数据为 70，样本为 X_i：

$$X_i = \left\{ x_i(1), x_i(2), \cdots, x_i(n) \right\}, \quad i = 1, 2, \cdots, m \, ; n = 1, 2, \cdots, N \tag{2-45}$$

式中，$x_i(n)$ 为第 i 个样本的第 n 个数据，i 为样本序号，m 为样本个数，n 为数据序号，N 为数据个数。

在本例中，$m=1$ 和 $N=70$。

构造统计量为

$$Z_i(n) = \begin{cases} 1, & x_i(n) < 50 \\ 0.5, & x_i(n) = 50 \\ 0, & x_i(n) > 50 \end{cases}, \quad i = 1, 2, \cdots, m \, ; n = 1, 2, \cdots, N \tag{2-46}$$

式中，$Z_i(n)$ 为统计量，$x_i(n)$ 为第 i 个样本的第 n 个数据，i 为样本序号，m 为样本个数，n 为数据序号，N 为数据个数。

设 Z 为统计量之和，计算 Z 值：

$$Z = \sum_{n=1}^{N} Z_i(n), \quad i = 1, 2, \cdots, m \, ; n = 1, 2, \cdots, N \tag{2-47}$$

式中，Z 为统计量之和，$Z_i(n)$ 为统计量，i 为样本序号，m 为样本个数，n 为数据序号，N 为数据个数。

Z 服从二项分布 $B(N, p)$，这里 $N=70$，$p=0.5$。

令 K 为 Z 临界值：

$$K = \min(Z) \tag{2-48}$$

在一定的显著性水平 α 下，K 由式(2-49)确定：

$$B_{1-\frac{\alpha}{2}}(N, p) < K < B_{\frac{\alpha}{2}}(N, p) \tag{2-49}$$

当 α=5%时，查二项分布表得

$$B_{0.025}(70, 0.5) = 27 , \quad B_{0.975}(70, 0.5) = 43$$

经过式(2-46)和式(2-47)计算，得

$$Z=31$$

结果 31 在区间[27, 43]内，所以可以认为大城市工资水平指数为 50。

根据上述例子，可以看出符号法能分析单个数据在数据中的位置，也可以对比不同样本的质量。

3. 秩和法

1) 秩

秩是将一组数据按照从小到大的顺序排序之后，每个数据所在的位置。

例如，有一组数据：

$$12, 6, 15, 2, 14, 5, 3, 10, 4, 16$$

按照从小到大的顺序进行排列：

$$2, 3, 4, 5, 6, 10, 12, 14, 15, 16$$

各个数据对应的秩见表 2-1。

表 2-1　数据对应秩表

序号	原数据	秩
1	12	7
2	6	5
3	15	9
4	2	1
5	14	8
6	5	4
7	3	2
8	10	6
9	4	3
10	16	10

2) 结

在数据按照从小到大顺序排列过程中，会出现"结"，也就是两个数据相同，

结的处理方法如下。

例如，有一组数据：

$$3, 3, 6, 8, 8, 8, 10$$

可以看出，这组数据有两个结，即有 2 个"3"，3 个"8"；对应的秩分别为

$$\underline{1, 2,}\ 3,\ \underline{4, 5, 6,}\ 7$$

处理方法是将数据均分秩和，结果秩为

$$1.5, 1.5, 2, 5, 5, 5, 7$$

3) 秩和方法

设$(x_i(1), x_i(2), \cdots, x_i(N))$是来自样本总体 X_i 的一个样本，$(y_i(1), y_i(2), \cdots, y_i(N))$是来自样本总体 Y_i 的一个样本；把样本$(x_i(1), x_i(2), \cdots, x_i(N))$和$(y_i(1), y_i(2), \cdots, y_i(N))$的观测值混合在一起，按照从小到大的顺序进行排列，$X_i$ 的秩就是观测值 $x_i(N)$ 的所在位置的次序号数，Y_i 的秩就是观测值 $y_i(N)$ 的次序号数；样本$(x_i(1), x_i(2), \cdots, x_i(N))$的秩和记作 $R(X_i)$，样本$(y_i(1), y_i(2), \cdots, y_i(N))$的秩和记作 $R(Y_i)$。

例如，两个样本容量分别为 $m=3$ 和 $n=2$，样本的观测值分别为

$$x_1=97, \quad x_2=86, \quad x_3=92; \quad y_1=110, \quad y_2=90$$

把样本$(x_i(1), x_i(2), \cdots, x_i(N))$和样本$(y_i(1), y_i(2), \cdots, y_i(N))$的数据混合在一起，按照从小到大的顺序进行排列，得到

$$86, 90, 92, 97, 110$$

样本$(X_1, X_2, \cdots, X_m)$和样本$(Y_1, Y_2, \cdots, Y_n)$的秩分别为

$$4, 1, 3$$

和

$$5, 2$$

因此，样本 X_i 的秩和为 8，样本 Y_i 的秩和为 7。

可以看出，秩和法可以鉴别两个样本是否来自相同的分布，也可以分析不同产品的质量优劣。

例如，考察盆栽自交与杂交玉米高度的差异，获得数据(其中 X_1 表示杂交，X_2 表示自交)：

X_1: 188, 96, 168, 176, 153, 172, 177, 163, 146, 173, 186, 168, 177, 184, 96

X_2: 139, 163, 160, 160, 147, 149, 149, 122, 132, 144, 130, 144, 102, 124, 144

下面用参数估计和非参数估计两种方法分别分析数据。

对于参数估计，结果为

$$A_1 = 161.5, \quad S_1 = 5.38; \quad A_2 = 140.6, \quad S_2 = 4.05$$

其中，A_1，A_2 及 S_1，S_2 为 X_1，X_2 的均值及标准差，可以看出 X_1 比 X_2 高。

对于非参数估计，有符号法和秩和法两个结果。

对于符号法，根据式(2-46)和式(2-47)，符号法的结果为

$$Z = \sum_{i=1}^{15} z_i = 2$$

在显著性水平 $\alpha=0.05$ 下，当正态分布样本容量为 15 时，参数 $C=3.703$。因为 $Z<C$，杂交玉米比自交玉米高。

对于秩和法，把 X_1 和 X_2 按照大小顺序排序，得到各自的秩和：

$$R(X_1) = 1 + 2 + 12 + 16 + 19.5 + 21 + 22 + 23 + 24 + 25 + 26 + 27 + 28 + 29 + 30$$
$$= 305.5$$

$$R(X_2) = 3 + 4 + 5 + 6 + 7 + 8 + 9 + 10 + 11 + 13 + 14 + 15 + 17 + 18 + 19.5$$
$$= 159.5$$

因为 $R(X_1)>R(X_2)$，可以认为 X_1 比 X_2 高。

根据上述分析，可以得出结论：X_1 比 X_2 高。

2.6.3 参数估计与非参数估计的特点

参数估计可以清晰、准确评估数据特征，在数据静态评估方面有很大的优越性。常用的参数估计主要有矩估计和极大似然估计。然而，参数估计要求数据无污染数据，也就是没有离散值。如果出现离散值，即使很少，参数估计的效果也会大大降低，甚至出现错误。矩估计评估需要知道数据分布类型、原点矩或者中心矩收敛，但有些情况下，数据的矩是不存在的；极大似然法要求数据分布类型已知并求出极小值，但在一些情况下无法直接求出极小值，需要借助其他方法，增加计算的难度。

非参数估计是近代统计学中重要的分析方法之一，适用于小样本、分布未知样本、污染样本、混杂样本，在数据评估中占有很重要的位置。常用的非参数估计主要有符号估计、秩估计、柯尔莫哥洛夫估计和斯米尔诺夫估计等。例如，符号估计法可以估计两个总体的差异性与一个总体的时序差异性等问题；秩估计法可以估计两个总体的位置分布，以反映总体差异的特点；柯尔莫哥洛夫估计法可以分析一个总体数据与标准分布的差异性。虽然非参数估计对数据要求不高，但其评估结果很模糊、粗糙，且数据本身的特点难以体现。

结合参数估计与非参数估计的特点可以看出，在参数估计与非参数评估方法中，仅采用其中任何一种评估方法，都很难对数据做出有效、正确的评估。从数据评估的角度看，参数估计无论是矩估计还是极大似然估计，每个数据对评估结果贡献大小不同，大数据对评估结果影响较大，小数据对评估结果影响较小。例如，在矩估计中，数据平均值是数据线性组合，可以看出离散数据比其他数据对评估结果的影响要大得多；数据方差值是数据与平均值差的平方，是数据二次方

线性组合，可以看出离散值比其他数据对评估结果的影响更大。而非参数估计把每个数据对总体的影响看作是一样的，可以弱化离散数据对评估结果的影响。为此，本书提出融合参数估计与非参数估计优点的参数与非参数融合方法对数据进行分析，以挖掘更多的数据信息，实施更有效的数据评估。

2.7　贝叶斯估计

贝叶斯估计是现代统计学研究的重要内容之一，贝叶斯估计认为，在进行实验得到样本之前，应对估计量有一些认识。这种认识可以是某种理论、以往对同类问题的研究时积累的经验，这种经验是在实验前得到的，称为验前知识或者先验信息。从常识上看，贝叶斯考虑估计量的先验信息无疑是正确的，重视先验信息的收集、挖掘和加工，使之量化参与统计推断中，可以提高统计推断的质量。

贝叶斯估计认为，待估参数 θ 为随机变量，且具有一定的概率分布，这种分布为先验知识或先验信息，合理利用待估参数 θ 的先验知识或先验信息，可以提高参数 θ 的推断质量。把 θ 看作参数空间的随机变量，有两种理解：第一种是在某一范围内，参数 θ 是随机的；第二种是参数 θ 可能是某一常数，但是无法准确认识它，只可能通过观测值认识它。通过经验或者观测值，可以获得参数 θ 的先验知识或先验信息。这在实际估计中很有用，可以利用参数 θ 的先验知识或先验信息对参数做出更准确的估计。

设总体 X 的密度函数为 $f(x; \theta)$，θ 的先验密度函数为 $\pi(\theta)$，由于 θ 为随机变量且具有先验密度函数，所以总体的密度函数 $f(x; \theta)$ 可以看作是给定 θ 时 X 的条件分布。于是，总体 X 的分布需改用 $f(x|\theta)$ 来表示。设 $X=(X_1,\cdots,X_n)$ 是总体的一个样本，当给定样本值 $x=(x_1,\cdots,x_n)$ 时，样本 $X=(X_1,\cdots,X_n)$ 的联合密度为

$$q(x|\theta) = q(x_1,\cdots,x_n|\theta) = \prod_{i=1}^{n} f(x_i|\theta) \tag{2-50}$$

式中，$q(x|\theta)$ 为样本的联合密度函数，θ 为估计参数，$(x_1,\cdots,x_n)$ 为给定样本，x_i 为样本的第 i 个观测值，n 为观测值个数。

样本 X 与 θ 的联合密度函数为

$$f(x,\theta) = q(x|\theta)\pi(\theta) \tag{2-51}$$

式中，$f(x,\theta)$ 为 X 与 θ 的联合概率密度函数，$q(x|\theta)$ 为样本的联合密度函数，$\pi(\theta)$ 为 θ 的先验密度函数。

由联合概率分布的乘法公式得

$$f(x,\theta) = q(x \mid \theta)\pi(\theta) = m(x)h(\theta \mid x) \tag{2-52}$$

式中，$f(x,\theta)$为X与θ的联合密度函数，$q(x|\theta)$为样本的联合密度函数，$\pi(\theta)$为θ的先验密度函数，$m(x)$为$q(x|\theta)$关于x的边缘分布，式(2-53)中θ为连续型随机变量，式(2-54)中θ为离散型随机变量，$h(\theta|x)$为样本$X=x$时θ的后验密度函数。

$$m(x) = \int_{-\infty}^{+\infty} q(x \mid \theta)\pi(\theta)\mathrm{d}\theta \tag{2-53}$$

式中，$m(x)$为$q(x|\theta)$关于x的边缘分布，$q(x|\theta)$为样本的联合密度函数，$\pi(\theta)$为θ的先验密度函数。

$$m(x) = \sum_{\theta} q(x \mid \theta)\pi(\theta) \tag{2-54}$$

式中，$m(x)$为$q(x|\theta)$关于x的边缘分布，$q(x|\theta)$为样本的联合密度函数，$\pi(\theta)$为θ的先验密度函数。

由式(2-52)得到θ的后验密度函数：

$$h(\theta \mid x) = \frac{\pi(\theta)q(x \mid \theta)}{m(x)} \tag{2-55}$$

式中，$h(\theta|x)$为样本$X=x$时θ的后验密度函数，$\pi(\theta)$为θ的先验密度函数，$q(x|\theta)$为样本的联合密度函数，$m(x)$为$q(x|\theta)$关于x的边缘分布。

贝叶斯估计认为，后验密度函数集中体现了样本和先验密度函数二者所提供的关于总体信息的总和，因而估计应建立在后验密度函数的基础上进行。

在参数的点估计中，假设估计参数为θ，未知参数θ的一个估计量可以记为

$$\hat{\Theta} = \hat{\theta}(X_1, X_2, \cdots, X_n) \tag{2-56}$$

式中，$\hat{\Theta}$为估计参数θ的估计量，$(X_1, X_2, \cdots, X_n)$为样本总体。

对应于一个样本的观测值$(x_1, x_2, \cdots, x_n)$，就有一个点估计值，记为

$$\hat{\Theta} = \hat{\theta}(x_1, x_2, \cdots, x_n) \tag{2-57}$$

式中，$\hat{\Theta}$为估计参数θ的估计量，$(x_1, x_2, \cdots, x_n)$为样本总体的一个观测值。

假设总体的分布函数为$F(x; \theta)$，θ为待估计量，$X_1, X_2, \cdots, X_n$为总体的一个样本，存在两个统计量：

$$\hat{\Theta}_1 = \hat{\theta}_1(X_1, X_2, \cdots, X_n) \tag{2-58}$$

和

$$\hat{\Theta}_2 = \hat{\theta}_2(X_1, X_2, \cdots, X_n) \tag{2-59}$$

对于给定的显著性水平$\alpha(0<\alpha<1)$，使得

$$P\left(\hat{\Theta}_1 < \theta < \hat{\Theta}_2\right) = 1 - \alpha \tag{2-60}$$

如果区间估计是基于贝叶斯后验密度函数，那么就得到参数的贝叶斯评估区间。

2.8 混沌理论简介

本节主要介绍相空间重构、互信息方法、Cao 方法、最大 Lyapunov 指数、奇怪吸引子、关联维数等内容。

1. 相空间重构

根据相空间重构理论，获得一个相轨迹序列 $Z(n)$：

$$\begin{aligned} Z(n) &= (z(n), z(n+\tau), \cdots, z(n+(k-1)\tau), \cdots, z(n+(m-1)\tau)), \\ & n = 1, 2, \cdots, M; k = 1, 2, \cdots, m \end{aligned} \tag{2-61}$$

其中

$$M = N - (m-1)\tau \tag{2-62}$$

式中，$Z(n)$ 为相轨迹序列，n 为相轨迹序号，$z(n+(m-1)\tau)$ 表示延迟值，m 表示嵌入维数，τ 表示时间延迟，N 为原始时间序列的数据个数，M 为相轨迹个数。

2. 互信息方法

用互信息方法可以求出时间延迟 τ。

令系统

$$S = Z_i(t) \tag{2-63}$$

和

$$Q = Z_i(t+\tau) \tag{2-64}$$

信息熵分别为 $H(S)$ 和 $H(Q)$：

$$H(S) = \sum_{i=1}^{m} p_s(s_i) \log_2 p_s(s_i) \tag{2-65}$$

$$H(Q) = -\sum_{i=1}^{m} p_q(q_i) \log_2 p_q(q_i) \tag{2-66}$$

式中，$p_s(s_i)$ 和 $p_q(q_i)$ 分别为系统 S 和 Q 的密度函数，i 为信息量。

在给定 S 的情况下，可得到相关系统 Q 的信息，称系统 S 和 Q 的互信息。

$$I(\tau) = I(Q, S) = \sum_i \sum_j p_{sq}(s_i, q_j) \log_2 \left[\frac{p_{sq}(s_i, q_j)}{p_s(s_i) p_q(q_j)} \right] \tag{2-67}$$

式中，$p_{sq}(s_i, q_j)$ 为事件 s_i 和事件 q_j 的联合分布率。

定义 $[s,q]=[z_i(t),z_i(t+\tau)]$，则互信息是与延迟事件有关的函数，$I(\tau)$ 的大小代表了在已知系统 S 的情况下，系统 Q 的确定性大小，取 $I(\tau)$ 的第一个极小值作为最优延迟时间。

3. Cao 方法

用 Cao 方法可以求出嵌入维数 m。

在式(2-61)中，第 n 个相轨迹 $X_m(n)$ 为

$$X_m(n)=\left\{x(n),x(n+\tau),\cdots,x(n+(k-1)\tau),\cdots,x(n+(m-1)\tau)\right\},$$
$$n=1,2,\cdots,M;k=1,2,\cdots,m \tag{2-68}$$
$$M=N-(m-1)\tau \tag{2-69}$$

式中，n 为相轨迹序号，$x(n+(m-1)\tau)$ 为延迟值，m 为嵌入维数，τ 为时间延迟，N 为原始时间序列的数据个数，M 为相轨迹个数。

在某一距离内，设 $X_m(n)$ 与其最近邻近点 $X_m^{NN}(n)$ 的距离 $R_m(n)$ 为

$$R_m(n)=\left\|X_m(n)-X_m^{NN}(n)\right\| \tag{2-70}$$

当相空间维数从 m 增加到 $m+1$ 时，这两点的距离会变成 $R_{m+1}(n)$。若距离变化很大，则说明该序列是随机的，不稳定的；如果距离变化不大，认为该序列是确定的，可以预报。

设

$$a(n,m)=\frac{\left\|X_{m+1}(n)-X_{m+1}^{NN}(n)\right\|}{\left\|X_m(n)-X_m^{NN}(n)\right\|} \tag{2-71}$$

$$E(m)=\frac{1}{N-m\tau}\sum_{i=1}^{N-m\tau}a(n,m) \tag{2-72}$$

$$E_1=\frac{E(m+1)}{E(m)} \tag{2-73}$$

若 $m\geqslant m_0$ 后，E_1 不再发生变化，则取 $m=m_0$ 为嵌入维数。

4. 最大 Lyapunov 指数

最大 Lyapunov 指数 λ_1 是描述时间数据序列混沌特征的参数。一般来说，混沌系统对初始条件很敏感，不同的初始条件会导致不同的结果。有时候具有相同初始条件的两个相轨迹，也会以指数递增率彼此分离，形成不同的状况。Lyapunov 指数是鉴别时间序列混沌特征的数量测度。

在实际的时间序列分析中，通常要估计最大 Lyapunov 指数 λ_1，以鉴别时间序列混沌特征。如果 $\lambda_1>0$，则所研究的时间序列为混沌时间序列，否则所研究的

时间序列不属于混沌时间序列。

最大 Lyapunov 指数 λ_1 的求解可以采用基于相轨迹演化的 Wolf 方法，其中，平均周期可以用 FFT 算法求出。

通常，最长的可预测时间定义为 T_m：

$$T_m = \frac{1}{\lambda_1} \tag{2-74}$$

式中，T_m 为可预测时间，λ_1 为最大 Lyapunov 指数。

按此时间预测，两个时间序列的状态差异将增加 2 倍，可预测时间 T_m 也称为短期预测的可靠性指标。

5. 奇怪吸引子

奇怪吸引子是描述混沌特征的第二个参数，奇怪吸引子是相轨迹的一种形态，可以在相空间中图解混沌时间序列的动力学特征。

6. 关联维数

关联维数是描述混沌特征的第三个参数，用来研究混沌时间序列的非线性动力学特征。

用 $r(i, l)$ 定义任意两个相轨迹之间的距离：

$$r(i,l) = \sqrt{\sum_{k=1}^{m} (z(i + (k-1)\tau) - z(l + (k-1)\tau))^2} \tag{2-75}$$

对于给定的 m 和 τ，关联维数可以表达为

$$D_2(r,m) = \lim_{r \to 0} \frac{\ln C(r,m)}{\ln r} \tag{2-76}$$

式中，$C(r, m)$ 为 $r(i, l) < r$ 的概率，即累加距离概率函数。

累加距离概率函数 $C(r, m)$ 的定义为

$$C(r,m) = \frac{2}{N(N-1)} \sum_{i=1}^{N} \sum_{l=i+1}^{N} \theta(r - r(i,l)) \tag{2-77}$$

式中，$\theta(r - r(i, l))$ 为 Heaviside 函数。

Heaviside 函数的定义为

$$\theta(r - r(i,l)) = \begin{cases} 1, & r \geq r(i,l) \\ 0, & r < r(i,l) \end{cases} \tag{2-78}$$

在实际计算中，极限 $r \to 0$ 难以满足，通常需要绘出 $\ln r$-$\ln C(r, m)$ 曲线，以关联维数 $D_2(r, m)$ 的估计值 D_2，当 $m \geq m_0$ 时，$\ln r$-$\ln C(r, m)$ 曲线彼此趋于平行且更密集地分布，这时对应于 $m=m_0$ 时曲线上直线部分的斜率就是估计关联维数 D_2。

2.9　近代统计学融合分析方法的内容构成

近代统计学是现代主要研究方法之一，在数据分析中起着重要的作用，然而单一统计方法具有局限性，不能反映数据的潜在特征。基于此，本书提出近代统计学融合方法。

基于统计学的正态分布理论，利用频数直方图的方法与正态分布的对比，以判断实验数据是否存在离散数据。对存在离散数据的数据进行正态性检验，找出离散数据的范围。利用频数直方图对比与分布性检验相融合的方法，对数据进行分析，以判断是否存在离散数据，并寻找离散数据范围，对数据分析结果的改进具有很大的作用。但是，也存在一些问题。依据统计学理论，当样本容量达到一定数量时，即认为服从正态分布或渐近正态分布，可以对数据采用正态分布进行分析与判断；如果数据达到一定数量，但不服从正态分布，分析结果就会出现误差。

数据的稳健化是进行数据分析的前提，作为近代统计学研究的重要内容之一的数据稳健化处理，是数据分析的重要内容。数据的稳健化处理有很多方法，如 M 估计、L 估计以及 W 估计等。这些方法对数据有很多限制，而且对稳健性没有标准，很难满足实际数据处理的需要。本书结合其中一些方法的特点，提出一种数据稳健化处理方法。所提出的方法不需要知道数据分布类型、阈值、分布函数，在一定显著性水平下，对数据进行稳健化处理。当然，这种方法也有缺点。例如，显著性水平的确定问题，目前还没有定论，只能参考近代统计学理论取值。

参数估计与非参数估计是近代统计学数据分析的重要内容。二者分析数据理论有差异，参数估计认为单个数据对结果的贡献不同，非参数估计认为单个数据对结果的贡献相同。参数估计与非参数估计这两种方法各有优缺点。基于此，提出参数与非参数融合分析方法，对数据进行分析，以挖掘更多的数据信息。这种方法可以清晰表达数据的特征及样本之间的联系。然而任何方法都有缺点，该方法也不例外。由于参数估计与非参数估计这两种方法侧重点不同，有时会出现相悖的结果，这时候如何进行融合分析、如何下结论是尚未解决的问题。

混沌理论是目前研究非线性问题的重要方法。该方法通过对数据进行相空间重构，计算数据序列的时间延迟、嵌入维数以及 Lyapunov 指数；分析数据序列的吸引子；最后得出数据序列的物理空间与相空间的关系，对数据序列的动态分析有很大的作用。然而，该方法对起始数据很敏感，尤其是起始数据中含有离散值时。数据稳健化处理可以找到离散值，弱化离散值的影响。因此，从理论上讲，将近代统计学概念与混沌理论进行融合，可以提高数据分析的质量。基于此，本书将这两种方法融合，以有效分析数据序列的动态特性。

数据序列可以反映事物的变化过程，数据序列中出现的离散数据是事物变化的具体体现。离散数据越多，说明事物变化越严重。数据的稳健化处理可以分离出数据序列中的离散数据，说明该方法可以反映事物的变化。将时间序列分成若干时间段，就可以得出不同时间段的变化，从中找出共同特征；根据共同特征，可以找出事物单个时间段的变化。这表明，利用数据的稳健化处理，可以对事物性能退化进行评估。基于数据稳健化处理，本书提出一种性能退化研究理论以分析滚动轴承性能的退化。

贝叶斯估计注重信息的挖掘、加工，是近代统计学中的重要估计方法。然而，这种方法中反映先验信息的先验密度函数很难获得，目前没有成熟的方法。数据的稳健化处理可以弱化离散数据的影响，真实可靠地反映数据特征，理论上可以作为贝叶斯估计的先验密度函数。因此，提出用稳健数据构建贝叶斯估计的先验密度函数，以进行数据序列参数区间的评估。目前存在的不足是数据序列的分布问题，因为后验密度函数依赖于数据序列分布与先验密度函数，而数据序列受到多种因素的影响。

上述所提出的方法，构成了滚动轴承性能近代统计学融合分析的基本内容。

2.10　本 章 小 结

本章基于近代统计学理论及混沌理论的基本知识，提出数据直方图与分布性检验相结合的方法，以判断数据序列中是否存在离散数据；用近代统计学的稳健统计理论对数据序列进行稳健化处理，得到数据序列稳健数据；提出参数与非参数估计方法，以分析数据序列的静态特征；提出稳健化理论与混沌理论相融合的方法，以分析数据序列的动态特征；提出用稳健化理论分析不同数据序列的性能退化问题；提出用稳健数据构建贝叶斯估计的先验密度函数，以进行数据序列参数区间的评估。

本章提出的上述许多方法，构成了滚动轴承性能近代统计学融合分析的基本内容。这些内容将在后续章节中，结合滚动轴承性能变异的具体问题，陆续进行详细介绍。

第3章　滚动轴承性能数据的稳健性分析方法

本章论述滚动轴承性能数据稳健性判断问题，主要内容包括数据直方图与正态密度函数的对比及正态性检验的数据稳健性判断方法，滚动轴承摩擦力矩与振动性能数据的稳健性判断及分析。

3.1　滚动轴承性能数据的稳健性判断原理

1. 滚动轴承性能数据直方图

滚动轴承性能数据的直方图可以反映滚动轴承性能数据分布的特点。在统计学中，当样本容量也就是数据个数超过 800 时，可以认为数据分布为正态分布或渐近正态分布，也就是数据直方图为中间高两边低的对称或者接近对称的图形。如果滚动轴承性能数据直方图符合正态分布或渐近正态分布，可以认为滚动轴承性能数据不存在离散值；否则，可以认为滚动轴承性能数据中存在离散值。利用数据频率直方图与正态分布或渐近正态分布的特点，可以初步判断滚动轴承性能数据的稳健性。

2. 滚动轴承性能正态性检验

利用滚动轴承性能数据直方图与正态分布或渐近正态分布的相似性，可以初步判断滚动轴承性能数据是否有离散值，然后进一步检验滚动轴承性能数据的正态性，偏离正态分布的值即为离散值。利用该方法可以判断滚动轴承性能数据的离散值范围，为后续滚动轴承性能数据的稳健化处理奠定基础。

3.2　滚动轴承性能数据的稳健性判断方法

3.2.1　数据稳健性判断步骤

数据是否稳健是数据分析的前提，稳健的数据可以得出合理与正确的估计结果，不稳健的数据会导致错误甚至灾难性的估计结果。滚动轴承性能数据稳健化是滚动轴承性能研究的前提，然而在实验过程中，由于受环境、仪器、温度等因素的影响会产生波动，偏离真值，造成数据污染或者产生离散数据，使数据的分布产生变化。因此，如何判断滚动轴承性能实验数据是否稳健是滚动轴承性能分析的重要内容。

粗大误差是离散数据的一部分，其判断准则有莱以特准则、肖维涅准则、罗曼诺夫斯基准则、奈尔准则、格拉布斯准则与狄克逊准则等。这些准则是依据实验数据服从某一分布，而且判断方法计算繁琐，同时粗大误差只是离散数据的一部分。本节提出一种基于统计学的滚动轴承性能数据稳健化判断方法，步骤如下：

(1) 通过实验获得大量滚动轴承性能数据，由于滚动轴承性能数据较大，可以假设数据服从正态分布；

(2) 根据统计学原理，对数据进行分组，做出数据频率直方图，并与正态分布图进行对比，可以粗略判断出实验数据与正态分布的差异；

(3) 建立滚动轴承性能数据的概率分布，并与正态分布对比，分析实验数据的概率与正态分布概率的符合情况；

(4) 如果滚动轴承性能数据累积频率与正态分布概率在一条直线上，则滚动轴承性能数据稳健，否则滚动轴承性能数据不稳健；

(5) 根据数据偏离正态分布的情况，分析滚动轴承性能离散数据分布的范围。

3.2.2　滚动轴承性能数据稳健化判断的数学模型

1. 基本定义

对滚动轴承某性能进行连续测量并间隔均匀地采样，获得 N 个实验数据，构成滚动轴承性能数据时间序列 X_i：

$$X_i = \{x_i(n)\}, \quad i = 1, 2, \cdots, m; n = 1, 2, \cdots, N \tag{3-1}$$

式中，X_i 为滚动轴承性能数据序列，$x_i(n)$ 为第 i 套轴承的第 n 个性能数据，i 为轴承序号，m 为轴承套数，n 为数据序号，N 为数据个数。

将滚动轴承实验数据按照从小到大的顺序进行排列，得到滚动轴承性能数据的次序统计量 Y_i：

$$Y_i = \{y_i(n)\}, \quad i = 1, 2, \cdots, m; n = 1, 2, \cdots, N \tag{3-2}$$

式中，Y_i 为滚动轴承性能数据序列的次序统计量，$y_i(n)$ 为第 i 套轴承按照从小到大的顺序进行排列的第 n 个数据，i 为轴承序号，m 为轴承套数，n 为数据序号，N 为数据个数。

2. 数据频数计算

(1) 计算极差。

根据滚动轴承性能数据时间序列次序统计量 Y_i，计算该统计量的极差 d_i：

$$d_i = y_i(N) - y_i(1), \quad i = 1, 2, \cdots, m \tag{3-3}$$

式中，d_i 为第 i 套轴承性能数据的极差，$y_i(N)$ 为第 i 套轴承性能数据次序统计量最大值，$y_i(1)$ 为第 i 套轴承性能数据次序统计量的最小值，i 为轴承序号，m 为轴承套数，N 为数据个数。

(2) 进行分组。

按照滚动轴承性能数据个数 N 的大小，对滚动轴承性能数据的次序统计量 Y_i 进行分组，组数为 k，k 值的选择参考表 3-1。

表 3-1　滚动轴承性能数据频率直方图组数选择标准

滚动轴承性能数据个数	分组组数 k
40~60	6~8
100	7~9
150	10~15
200	16
400	20
600	24
>800	>27

(3) 确定滚动轴承性能数据组距。

滚动轴承性能数据组距为

$$p_i = \frac{d_i}{k} = \frac{y_i(N) - y_i(1)}{k}, \quad i = 1, 2, \cdots, m \tag{3-4}$$

式中，p_i 为滚动轴承性能数据组距，d_i 为滚动轴承性能数据极差值，k 为滚动轴承性能组数，$y_i(N)$ 为滚动轴承性能数据次序统计量中最大值，$y_i(1)$ 为滚动轴承性能数据次序统计量中最小值，i 为轴承序号，m 为轴承套数。

(4) 确定滚动轴承性能数据区间。

设 a 为区间最小临界值，b 为区间最大临界值，则滚动轴承性能数据区间记为 $[a, b]$。其中，a 略小于 $y_i(1)$，b 略大于 $y_i(N)$。这里，$y_i(N)$ 为滚动轴承性能数据次序统计量中的最大值；$y_i(1)$ 为滚动轴承性能数据次序统计量中的最小值；i 为轴承序号；m 为轴承套数。

(5) 确定滚动轴承性能数据频数区间。

根据统计学理论，滚动轴承频数区间为 $(a, a+p_i]$，$(a+p_i, a+2p_i]$，$\cdots$，$(a+(k-1)p_i, b]$。其中，p_i 为滚动轴承性能数据组距数值；k 为滚动轴承性能组数，从表 3-1 中得到；a 和 b 为滚动轴承性能数据区间临界值；i 为轴承序号；m 为轴承套数。

(6) 计算滚动轴承性能数据频数 ω_i：

$$\omega_i = \{\omega_i(t)\}, \quad t = 1, 2, \cdots, k; i = 1, 2, \cdots, m \tag{3-5}$$

式中，ω_i 为第 i 套滚动轴承性能数据的频数，$\omega_i(t)$ 为第 i 套轴承性能数据在第 t

个区间的频数，i 为轴承序号，m 为轴承套数，t 为滚动轴承性能数据频数区间序号，k 为区间个数。

(7) 绘制滚动轴承性能数据的直方图。

根据滚动轴承性能数据区间及数据频数 $\omega_i(t)$ 绘制滚动轴承性能数据的频数直方图，对比滚动轴承性能直方图形状与正态密度函数形状。如果二者一致，说明滚动轴承性能数据稳健，不存在离散数据，可以进行数据分析；否则，说明滚动轴承性能数据不稳健，存在离散数据，需要进一步进行滚动轴承性能数据的正态性检验，确定离散数据的范围。

(8) 计算滚动轴承性能数据的频率。

滚动轴承性能数据的频率为

$$\varsigma_i = \left\{ \varsigma_i(t) \right\} = \left\{ \frac{\omega_i(t)}{N} \right\}, \quad t = 1, 2, \cdots, k \, ; i = 1, 2, \cdots, m \quad (3\text{-}6)$$

式中，ς_i 为第 i 套轴承性能数据的频率，$\varsigma_i(t)$ 为第 i 套轴承性能数据在第 t 个区间的频率，$\omega_i(t)$ 为第 i 套轴承性能数据在第 t 个区间的频数，i 为轴承序号，m 为轴承套数，t 为滚动轴承性能数据频数区间序号，k 为区间个数，N 为滚动轴承性能数据个数。

(9) 滚动轴承性能数据的正态性检验。

根据滚动轴承性能数据在各个区间的频率，计算累积频率。由于正态分布概率在检验图中为直线，所以将该累积频率与正态分布概率进行对比，不在该直线上的累积频率所对应的滚动轴承性能数据范围为离散数据的范围。

3.3 滚动轴承性能数据的稳健化分析案例

滚动轴承性能指标有摩擦力矩、振动、温升、噪声等，其中摩擦力矩是轴承制造、装配、环境等综合因素的体现，主要用来反映轴承在工作中的摩擦与润滑状态，是用来评价轴承运转灵活性的重要指标。在很多重要系统如航空航天系统中，轴承摩擦力矩直接影响到系统动力信号传递的准确性以及系统工作的稳定性与可靠性。因此，对轴承摩擦力矩的合理正确评估一直受到相关工程与学术界的关注。滚动轴承的振动综合反映了轴承的制造、安装、润滑等因素，影响到轴承的噪声、动态特性、寿命与可靠性，是反映滚动轴承摩擦、磨损及润滑等综合性能的指标，对滚动轴承的性能评估有重要的作用。

在滚动轴承摩擦力矩及振动测试过程中，由于受到温度、湿度、仪器及其操作者等多种因素的影响，会有离散数据的出现，使数据不稳健。基于此，本节研究滚动轴承摩擦力矩及振动数据的稳健性问题。

以代号为 A 和 B 的滚动轴承的摩擦力矩为对象，研究滚动轴承的摩擦性能；以代号为 C 的滚动轴承的振动为对象，研究滚动轴承的振动性能。在对滚动轴承摩擦力矩及振动测试时，A 和 B 滚动轴承摩擦力矩的实验数据均为 2048 个，即 $i=10$，$N=2048$；C 滚动轴承振动的实验数据为 901 个，即 $i=4$，$N=901$。这些数据明显大于表 3-1 给出的数据容量，因此可以假设滚动轴承摩擦力矩及振动的分布为正态分布或渐近正态分布。下面用正态分布判断实验数据中是否有离散数据以及离散数据所在的范围。

3.3.1　滚动轴承摩擦力矩实验数据的稳健化分析

随机抽出 A 和 B 滚动轴承各 10 套，测量摩擦力矩数据。实验目的是通过测量轴承的摩擦力矩，分析滚动轴承摩擦性能，从中选出摩擦性能更好的轴承。

1. A 滚动轴承摩擦力矩数据稳健性分析

随机抽取 10 套 A 滚动轴承进行实验，对每套轴承进行连续测量和间隔均匀采样，记录 2048 个摩擦力矩数据，即 m 为 10，N 为 2048，实验数据如图 3-1 所示。

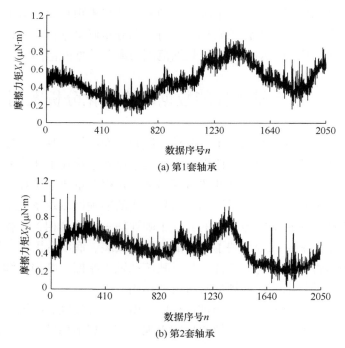

(a) 第1套轴承

(b) 第2套轴承

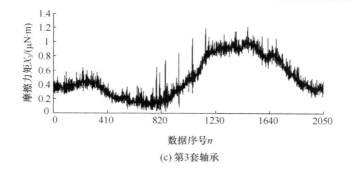

(c) 第3套轴承

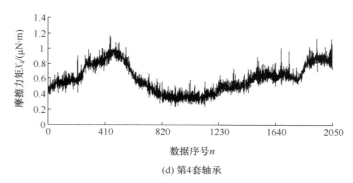

(d) 第4套轴承

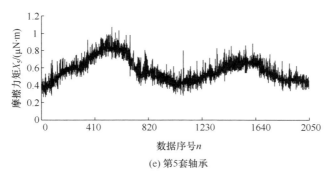

(e) 第5套轴承

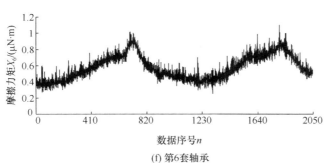

(f) 第6套轴承

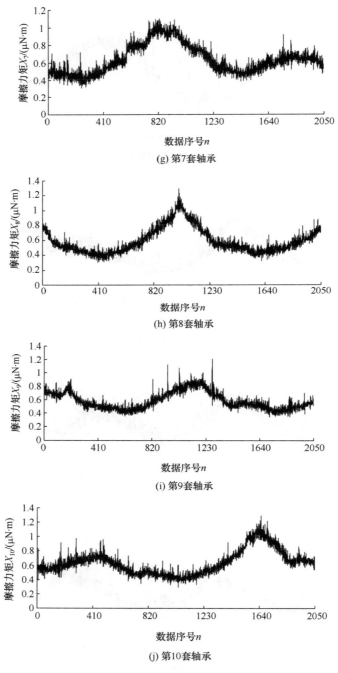

(g) 第7套轴承

(h) 第8套轴承

(i) 第9套轴承

(j) 第10套轴承

图 3-1　A 滚动轴承摩擦力矩数据

图 3-1 反映出 10 套 A 滚动轴承摩擦力矩与时间的关系。可以看出，A 滚动轴承摩擦力矩的数值在 0.2～1.2μN·m 范围内变化；每套轴承摩擦力矩的变化范围不同，其中第 7、9 套轴承摩擦力矩数值变化范围较小，小于 0.8μN·m，其余轴承摩擦力矩数值变化范围较大，超过 1μN·m。另外，可以看出，A 滚动轴承摩擦力矩变化趋势不确定，其中第 1、3、4、6、10 套轴承摩擦力矩的变化趋势是增加的；第 2、5、7、8、9 套轴承摩擦力矩的变化趋势基本保持不变。这说明 A 滚动轴承摩擦力矩具有多样性与复杂性特征。

　　稳健的数据是进行数据分析的前提，稳健的滚动轴承摩擦力矩数据是进行滚动轴承摩擦性能分析的前提。为了分析滚动轴承摩擦力矩数据的稳健性，先分析滚动轴承摩擦力矩的直方图与其分布密度函数的一致性。由于 A 滚动轴承摩擦力矩实验数据 2048 个，依据统计学，可以认为服从正态分布。根据表 3-1 可以将每套滚动轴承摩擦力矩数据分成 28 组，做出每套轴承摩擦力矩的直方图如图 3-2 所示。

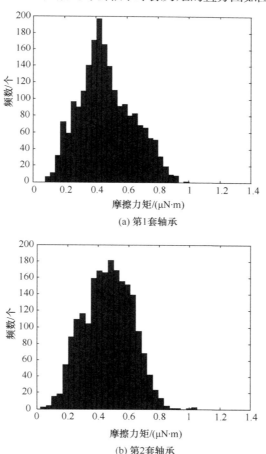

(a) 第1套轴承

(b) 第2套轴承

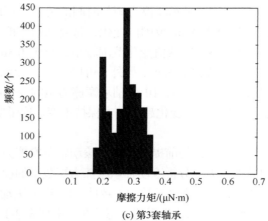

(c) 第3套轴承

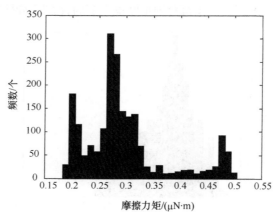

(d) 第4套轴承

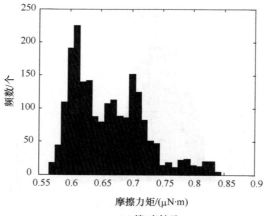

(e) 第5套轴承

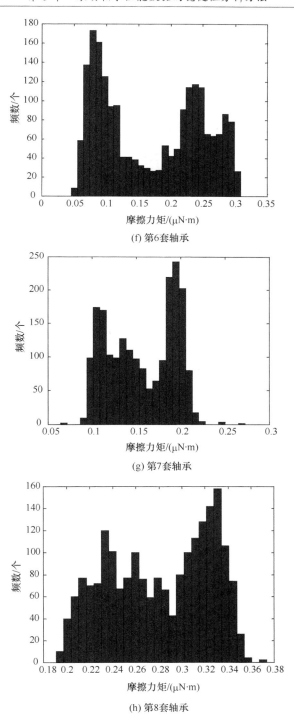

(f) 第6套轴承

(g) 第7套轴承

(h) 第8套轴承

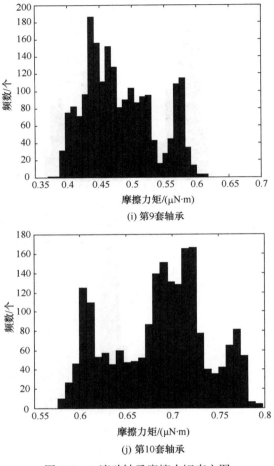

(i) 第9套轴承

(j) 第10套轴承

图 3-2　A 滚动轴承摩擦力矩直方图

　　由图 3-2 可知，A 滚动轴承摩擦力矩的直方图，有的呈单峰形，如第 1、2、5、9 套轴承摩擦力矩直方图；有的呈双峰形，如第 3、6、7、8 套轴承摩擦力矩直方图；有的呈多峰形，如第 4、10 套轴承摩擦力矩直方图。可见 A 滚动轴承摩擦力矩没有一致的分布，呈现复杂性与多样性；而正态分布密度函数是单峰、两侧对称的分布曲线。因此，可以看出 A 滚动轴承摩擦力矩的直方图与正态分布密度函数不一致，即摩擦力矩数据不服从正态分布。由于实验数据个数为2048，可以认为其分布为正态分布或渐近正态分布，然而其直方图与正态分布密度函数不一致，说明滚动轴承摩擦力矩数据中存在离散数据，是不稳健的。经过对 A 滚动轴承摩擦力矩数据进行正态性检验，分析离散数据存在的范围，结果如图 3-3 所示。

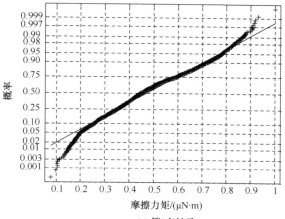

(a) 第1套轴承

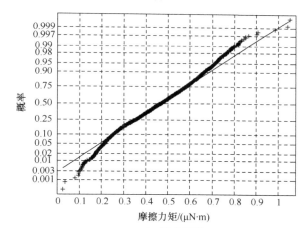

(b) 第2套轴承

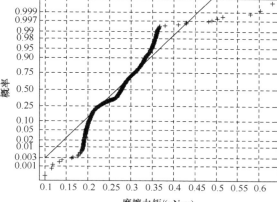

(c) 第3套轴承

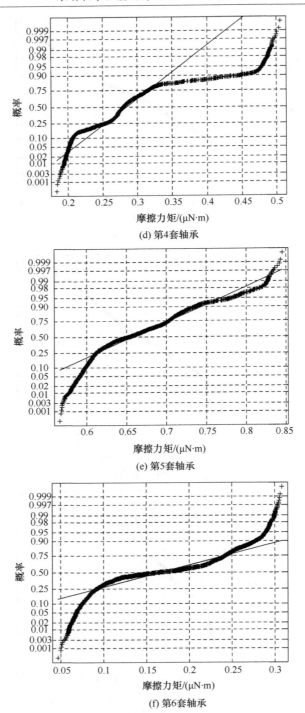

(d) 第4套轴承

(e) 第5套轴承

(f) 第6套轴承

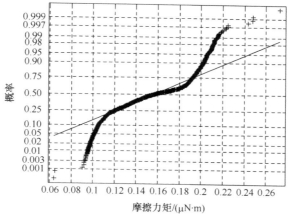

(g) 第7套轴承

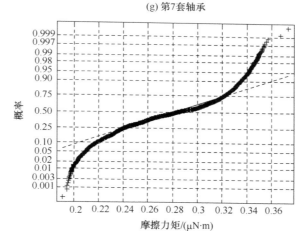

(h) 第8套轴承

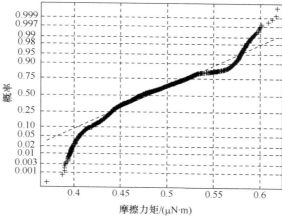

(i) 第9套轴承

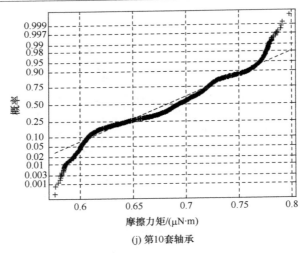

(j) 第10套轴承

图 3-3　A 滚动轴承摩擦力矩的正态性检验

图 3-3 为 A 滚动轴承摩擦力矩的正态性检验图。图中，直线为正态分布概率直线，曲线为 A 滚动轴承摩擦力矩累积频率曲线。若累积频率曲线符合正态分布，则与直线重合；否则，与直线不重合。由图 3-3 可以看出，A 滚动轴承摩擦力矩累积频率曲线与正态分布直线并不完全重合，说明 A 滚动轴承摩擦力矩数据没有完全服从正态分布。其中，滚动轴承摩擦力矩累积频率曲线的中间部分与直线重合，说明中间数据服从正态分布；滚动轴承摩擦力矩累积频率曲线两端不与直线重合，说明两端部分数据不服从正态分布，即两端的部分数据为离散数据。具体到每套轴承，情况又有区别。有的滚动轴承摩擦力矩数据累积频率曲线严重偏离正态分布线，如第 3、4、6、7 套轴承；有的偏离正态分布不严重；有的滚动轴承摩擦力矩数据最小值、最大值偏离正态分布的范围很大，如第 3、4、6、7、8 套轴承；有的最小值、最大值偏离正态分布的范围很小，如第 1、2、5、9、10 套轴承。可以看出，A 滚动轴承摩擦力矩的正态性检验呈现多样性与复杂性，摩擦力矩的概率分布不完全符合正态分布，说明数据中存在离散数据。因此，A 滚动轴承摩擦力矩实验数据不稳健，需要进行稳健化处理。

2. B 滚动轴承摩擦力矩数据稳健性分析

对 10 套 B 滚动轴承摩擦力矩进行测量，获得 2048 个摩擦力矩数据，即 m 为 10，N 为 2048，如图 3-4 所示。

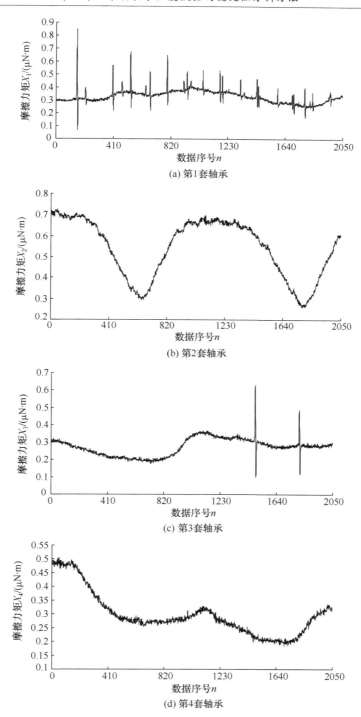

(a) 第1套轴承

(b) 第2套轴承

(c) 第3套轴承

(d) 第4套轴承

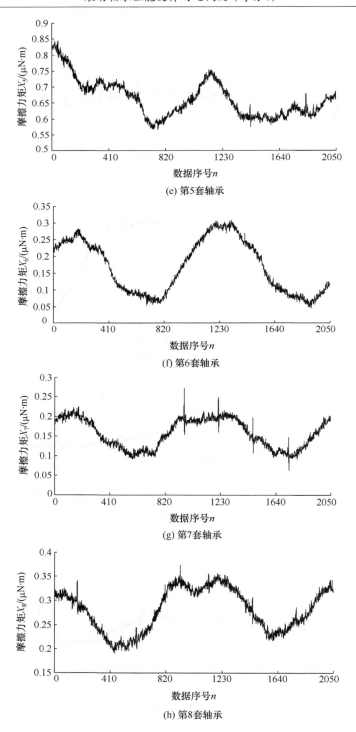

(e) 第5套轴承

(f) 第6套轴承

(g) 第7套轴承

(h) 第8套轴承

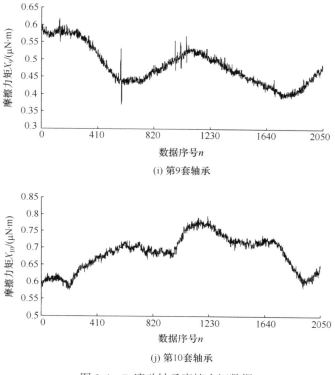

(i) 第9套轴承

(j) 第10套轴承

图 3-4　B 滚动轴承摩擦力矩数据

图 3-4 反映出 B 滚动轴承摩擦力矩与时间的关系。可以看出，B 滚动轴承摩擦力矩的数值在 0.1～0.9μN·m 范围内，每套轴承的摩擦力矩变化范围又有不同，其中第 1、2、3 套轴承摩擦力矩数值变化范围较大，超过 0.5μN·m；其余轴承摩擦力矩数值变化范围较小，小于 0.3μN·m；而第 6、7 套轴承摩擦力矩数值变化范围及数值均比较小，为 0.05～0.3μN·m；另外，可以看出 B 滚动轴承摩擦力矩的变化趋势各不相同。这说明 B 滚动轴承摩擦力矩有多样性与复杂性特征。

由于 B 滚动轴承摩擦力矩实验数据为 2048 个，依据统计学，可以认为服从正态分布。根据表 3-1 可以将每套滚动轴承摩擦力矩数据分成 28 组，做出每套轴承摩擦力矩的直方图如图 3-5 所示。

根据图 3-5 可以看出，B 滚动轴承摩擦力矩数据直方图有的呈单峰形，如第 1、3 套轴承的频数分布；有的呈双峰形，如第 5、6、7、8 套轴承的频数分布；有的呈多峰形，如第 2、4、9、10 套轴承的频数分布。可见 B 滚动轴承摩擦力矩没有一致的分布，呈现复杂性与多样性。考虑到正态分布密度函数是单峰、两侧对称的分布曲线，经过滚动轴承摩擦力矩直方图和正态分布密度函数对比，可以看

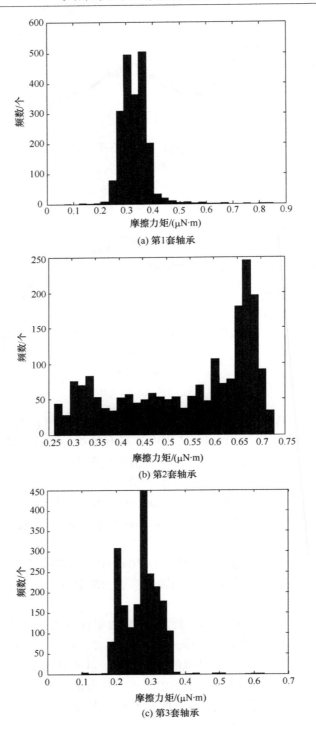

(a) 第1套轴承

(b) 第2套轴承

(c) 第3套轴承

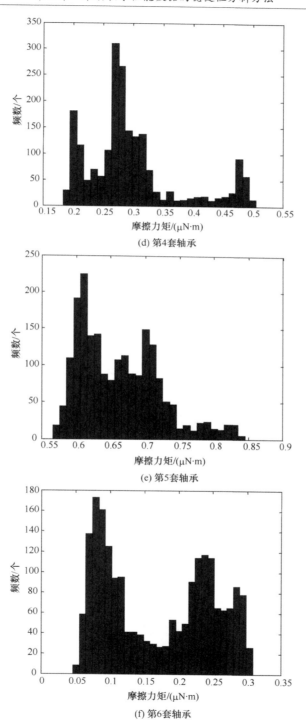

(d) 第4套轴承

(e) 第5套轴承

(f) 第6套轴承

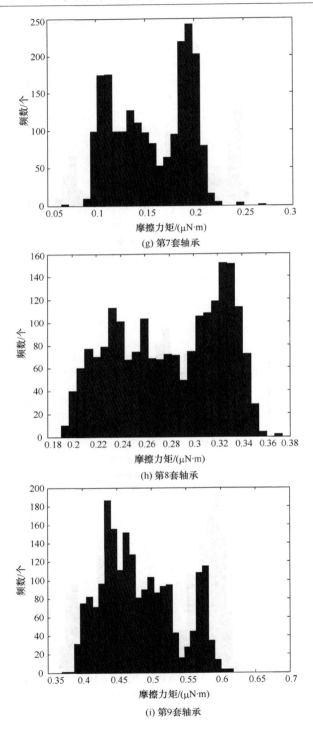

(g) 第7套轴承

(h) 第8套轴承

(i) 第9套轴承

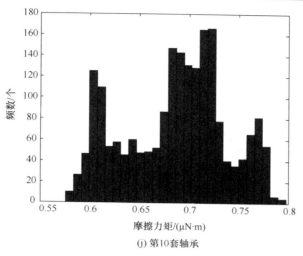

(j) 第10套轴承

图 3-5　B 滚动轴承摩擦力矩直方图

出 B 滚动轴承摩擦力矩的直方图与正态分布密度函数不一致，即 B 滚动轴承摩擦力矩数据不服从正态分布。由于实验数据个数为 2048，可以认为其分布为正态分布或渐近正态分布，然而其直方图与正态分布密度函数不一致，说明滚动轴承摩擦力矩数据中存在离散数据，是不稳健的。经过对 B 滚动轴承摩擦力矩数据进行正态性检验，分析离散数据存在的范围，得到结果如图 3-6 所示。

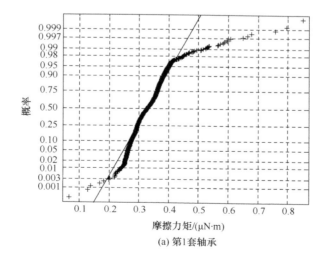

(a) 第1套轴承

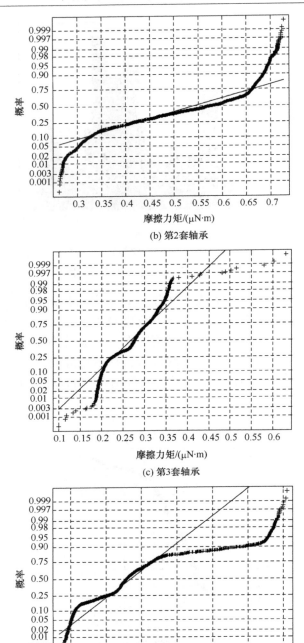

(b) 第2套轴承

(c) 第3套轴承

(d) 第4套轴承

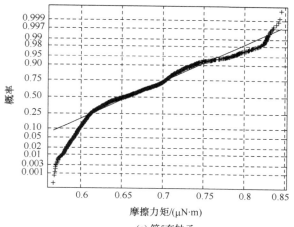

(e) 第5套轴承

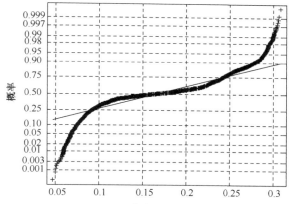

(f) 第6套轴承

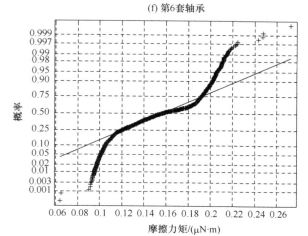

(g) 第7套轴承

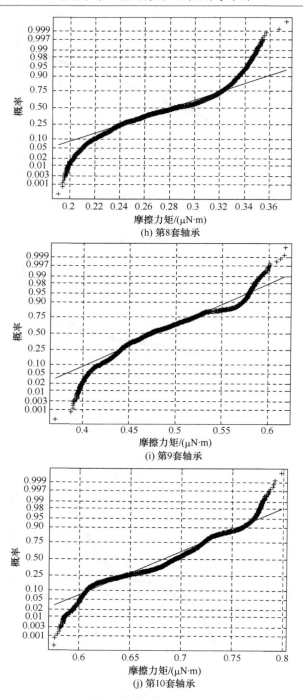

图 3-6　滚动轴承摩擦力矩正态性检验

图 3-6 为 B 滚动轴承摩擦力矩的正态性检验图。图中,直线为正态分布概率直线,曲线为 B 滚动轴承摩擦力矩累积频率曲线。如果累积频率曲线符合正态分布,则与直线重合;否则,与直线不重合。根据图 3-6 可以看出,B 滚动轴承摩擦力矩累积频率曲线与正态分布直线并不完全重合,说明 B 滚动轴承摩擦力矩数据没有完全服从正态分布。其中,滚动轴承摩擦力矩累积频率曲线的中间部分与直线重合,说明中间数据服从正态分布;滚动轴承摩擦力矩累积频率曲线两端不与直线重合,说明两端部分数据不服从正态分布,即两端的部分数据为离散数据。具体到每套轴承,情况又有区别。有的滚动轴承摩擦力矩数据累积频率曲线严重偏离正态分布线,如第 1、3、4、7、8 套轴承;而其余滚动轴承摩擦力矩累积频率曲线偏离正态分布不严重;有的滚动轴承摩擦力矩数据最小值、最大值偏离正态分布的范围很大,如第 1、3、4、5、7、8 套轴承;有的最小值、最大值偏离正态分布的范围很小,如第 2、6、9、10 套轴承。可以看出,B 滚动轴承摩擦力矩的正态性检验呈现多样性与复杂性,摩擦力矩的概率分布不完全符合正态分布,说明数据中存在离散数据。因此,B 滚动轴承摩擦力矩实验数据不稳健,需要进行稳健化处理。

3. A、B 滚动轴承摩擦力矩稳健性分析

根据上述 A、B 滚动轴承摩擦力矩数据稳健性分析结果,可以得出滚动轴承摩擦力矩数据不服从正态分布,最大值、最小值部分数据明显偏离正态分布。这说明滚动轴承摩擦力矩数据中存在离散数据,离散数据出现在滚动轴承摩擦力矩次序统计量的两端。

3.3.2 滚动轴承振动实验数据的稳健化分析

实验采用代号为 C 的滚动轴承共 4 套,用专用实验设备及振动测量仪对滚动轴承振动进行测量,每隔单位时间测量一个数据,每套轴承测量 901 个振动数据,即 m 为 4,N 为 901。

4 套 C 滚动轴承振动的实验数据如图 3-7 所示。

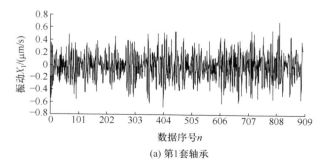

(a) 第1套轴承

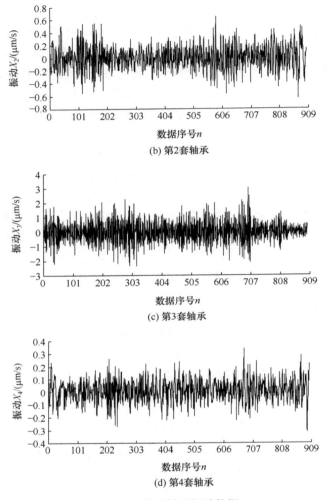

图 3-7　C 滚动轴承振动数据

　　根据图 3-7 中第 1～4 套 C 滚动轴承的振动数据图，可以看出 C 轴承的振动在 −3～3μm/s 范围内，每套轴承的变化范围又有所不同。其中第 3 套轴承的变化范围最大，为−3~3μm/s；第 1、2 套轴承的变化范围较小，为−0.8～0.8μm/s；第 4 套轴承的振动变化范围最小，为−0.3～0.3μm/s。从每套轴承的振动数据图中可以发现，有的振动数据很大、有的振动数据很小，说明 C 滚动轴承振动中有离散数据。

　　下面来分析滚动轴承振动数据的稳健性。

　　由于 C 滚动轴承振动实验数据为 901 个，依据统计学，可以认为服从正态分布。根据表 3-1 可以将每套 C 滚动轴承振动数据分成 28 组，根据数学模型做出每套轴承振动的直方图如图 3-8 所示。

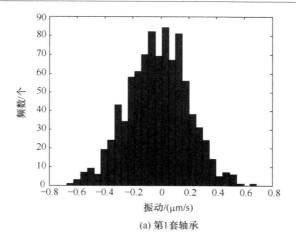

(a) 第1套轴承

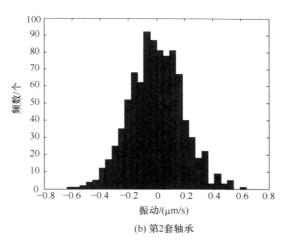

(b) 第2套轴承

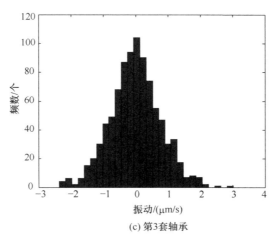

(c) 第3套轴承

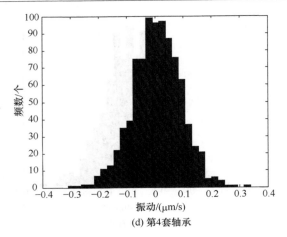

(d) 第4套轴承

图 3-8　C 滚动轴承振动直方图

　　根据图 3-8 可以看出，C 滚动轴承振动数据直方图有的呈单峰形，如第 2、3 套轴承的频数分布；有的呈双峰形，如第 1、4 套轴承的频数分布。可见 C 滚动轴承振动没有一致的分布，呈现复杂性与多样性。经过与正态分布密度函数对比，可以看出 C 滚动轴承振动的直方图与正态分布密度函数不一致，即 C 滚动轴承振动数据不服从正态分布。由于实验数据个数为 901，根据统计学可以认为其分布为正态分布或渐近正态分布，然而其直方图与正态分布密度函数不一致，说明滚动轴承振动数据中存在离散数据，是不稳健的。经过对 C 滚动轴承振动数据进行正态性检验，得到结果如图 3-9 所示。

　　图 3-9 为 C 滚动轴承振动的正态性检验图。图中，直线为正态分布直线，曲线为 C 滚动轴承振动累积频率曲线。如果累积频率曲线符合正态分布，则与直线重合；否则，与直线不重合。根据图 3-9 可以看出，C 滚动轴承振动累积频率曲线

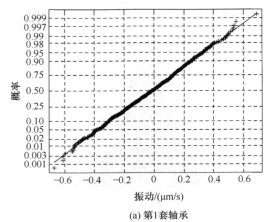

(a) 第1套轴承

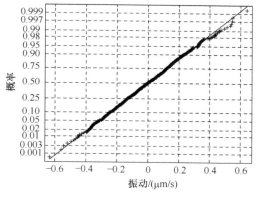

(b) 第2套轴承

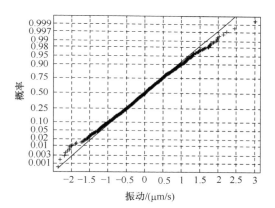

(c) 第3套轴承

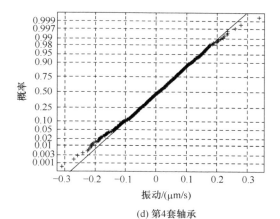

(d) 第4套轴承

图 3-9　滚动轴承振动正态性检验

与正态分布直线并不完全重合,说明 C 滚动轴承振动数据没有完全服从正态分布。其中,滚动轴承振动累积频率曲线的中间部分与直线重合,说明中间数据服从正态分布;滚动轴承振动累积频率曲线两端不与直线重合,说明两端部分数据不服从正态分布,即两端的部分数据为离散数据。具体到每套轴承,情况又有区别。对于单套轴承振动数据,有的严重偏离正态分布线,如第 3、4 套轴承;其余轴承偏离正态分布不严重;有的轴承最小值、最大值偏离正态分布的范围很大,如第 3、4 套轴承;有的轴承最小值、最大值偏离正态分布的范围很小,如第 1、2 套轴承。可以看出,C 滚动轴承振动呈现多样性与复杂性,振动的概率分布不符合正态分布,说明 C 滚动轴承振动实验数据不稳健。

3.4　讨　　论

依据近代统计学原理,考虑到滚动轴承性能数据的个数,可以假设滚动轴承性能数据服从正态分布或渐近正态分布。用滚动轴承性能数据直方图与正态分布密度函数进行对比,如果滚动轴承性能数据直方图与正态分布密度函数一致,则认为滚动轴承性能数据是稳健的,不存在离散数据;如果二者不一致,说明滚动轴承性能数据是不稳健的,存在离散数据。利用滚动轴承性能数据直方图和正态密度函数的对比结果,可以判断滚动轴承性能数据是否存在离散数据。

若滚动轴承性能数据直方图和正态密度函数不一致,则需要对滚动轴承性能数据进行正态性检验。滚动轴承性能数据的正态性检验是对滚动轴承性能数据概率与正态分布概率进行对比,找出滚动轴承性能数据与正态分布概率不一致的性能数据,该性能数据即为滚动轴承性能数据的离散数据。利用滚动轴承性能数据概率与正态分布概率结果对比,可以找到滚动轴承性能数据的离散数据的范围,为滚动轴承性能数据稳健化处理奠定理论基础。

前述研究结果表明,滚动轴承性能数据直方图与正态密度函数不一致。对滚动轴承性能数据进行正态性检验,发现滚动轴承摩擦力矩和振动的概率,与正态分布的概率不一致,不一致的数据均在滚动轴承性能数据次序统计量的两端。

滚动轴承振动性能的正态性检验结果比摩擦力矩性能的正态性检验结果要好些。

在具体的实验研究中,滚动轴承摩擦力矩数据个数为 2048,振动数据个数为 901。根据统计学,数据个数大于 800 时,可认为数据服从正态分布,而且数据个数越多,数据分布越接近于正态分布。滚动轴承振动数据比摩擦力矩数据少,然而,根据数据直方图及正态性检验结果,振动数据比摩擦力矩数据更能够接近正态分布。这说明滚动轴承振动和摩擦力矩的正态性存在差异性；从数据稳健性角度分析，认为滚动轴承振动数据比摩擦力矩数据稳健性好。

滚动轴承性能数据是不稳健的，需要进行稳健化处理。

3.5 本 章 小 结

本章主要分析滚动轴承摩擦力矩、振动性能数据与正态分布的关系。经过滚动轴承性能数据直方图与正态分布对比，发现滚动轴承性能数据存在离散数据，说明滚动轴承性能数据不稳健；对滚动轴承性能数据进行正态性检验，发现滚动轴承性能离散数据范围类似，均在滚动轴承性能数据次序统计量的两端；滚动轴承振动数据的稳健性比滚动轴承摩擦力矩数据的稳健性好，对于相同性能的不同轴承，数据稳健性又有差异，说明滚动轴承性能数据不稳健，数据中有离散数据，数值在次序统计量的两端，需要对滚动轴承性能数据进行稳健化处理。

第4章 滚动轴承性能数据的稳健化处理

本章主要研究滚动轴承性能数据的稳健化处理问题，主要内容包括数据稳健化处理的思路、方法及数学模型，利用该方法对滚动轴承摩擦力矩、振动数据进行稳健化处理，并分析滚动轴承性能数据稳健化处理的结果。

4.1 常用估计方法的特点

1. 中位数估计

中位数估计是在极小极大化准则以及 Hampel 准则下的一种最优估计，性能很稳健，可以很好地反映样本数据的位置，缺点是不能反映总体数据特征。

2. Huber M 估计

Huber M 的函数为 $J_i(t)$：

$$J_i(t) = \begin{cases} t, & |t| \leqslant K \\ K\,\mathrm{sgn}(t), & |t| > K \end{cases} \tag{4-1}$$

式中，$J_i(t)$ 为 Huber M 函数，t 为自变量，K 为常数，$\mathrm{sgn}(t)$ 为符号函数：

$$\mathrm{sgn}(t) = \begin{cases} 1, & t > 0 \\ 0, & t = 0 \\ -1, & t < 0 \end{cases} \tag{4-2}$$

式中，$\mathrm{sgn}(t)$ 为符号函数，t 为自变量。

根据式(4-1)及式(4-2)可以看出，Huber M 函数在中间是线性的，尾部是常数，是连续、非递减、有界的奇函数。

Huber M 估计在极小极大化准则与 Hampel 准则下是最优的稳健估计，可以反映数据特征，但很难应用于实际中，主要有以下原因：

(1) 对实验数据要求苛刻，要求数据是连续、非递减、有界的奇函数；

(2) 临界值有限制，而且不容易确定；

(3) 没有给出检验标准。

3. L 估计

设显著性水平为 α，L 估计是指将原样本上下两端各去掉 $100\alpha\%$ 数目的观测值，而对剩余的 $100(1-\alpha)\%$ 观测值进行平均。这样做的优点是，平均值不受个别异常值影响且数据稳健，但缺点是减小了样本容量，即减少了信息量。

4.2　数据稳健化处理思路

根据上述分析，在极小极大化准则下，Huber M 估计和中位数估计是两种稳健性能最优的估计；Huber M 估计可以反映统计量特点，且具有连续、非递减、有界、以零为中心、奇函数特点，在实际数据处理中很难实现；中位数估计可以反映位置特征，但不能反映总体数据特点。因此，融合两种估计特点，结合 L 估计思想，本章提出新的稳健化处理方法，以实现更好性能的实验数据稳健化处理。

依据近代统计学稳健化统计理论，数据的中位数是稳健的。由于受离散数据的影响，数据的平均值是不稳健的。而平均值越接近中位数，数据就越稳健。因此，平均值与中位数的接近程度可以反映数据的稳健程度。利用 Huber M 估计原理，当数据超过一定范围即认为是离散值，这些数据用数据范围的临界值代替。数据范围的确定方法是以样本的次序统计量为依据，中位数为数据中心，最大值和最小值假设为离散值。

在数据稳健化处理过程中，离散值的处理方法有三种类型，即替换型、添加型、简单替换型。其中，简单替换型是简单有效的离散值处理方法。这种方法是先将最大值与最小值分别用其相邻数据代替而得到新数据；再计算新数据的平均值。如果新数据的平均值比原数据平均值接近中位数，就说明新数据比原数据稳健，依次使用该方法得到新数据，直到新数据的平均值与中位数最接近为止。这表明该数据是最稳健数据。一般来说，在数据稳健化处理过程中，有显著性水平要求。

基于上述数据稳健化处理思路，采用 L 估计的次序统计，对数据进行排序。这些数据中含有离散数据，因此次序统计量不能识别离散数据，无法对数据进行稳健化处理。但是，离散数据对数据的平均值有很大影响，使平均值不稳健。而中位数稳健，可以作为平均值是否稳健的标准。平均值越接近中位数，数据越稳健；否则，数据越不稳健。为防止减小样本容量，离散数据的处理方法采用 Huber M 方法。首先用相邻数据逐次代替最小值与最大值，得到改进数据；

然后分析改进数据平均值与中位数的关系；在给定的显著性水平下，得到改进数据平均值最接近中位数的数据列；最后得到以中位数为中心、单调不减、有界的稳健数据列。这样就实现了数据的稳健化处理。

例如，通过实验获得某直升机部件的寿命数据(单位：h)：

156.5, 213.4, 265.7, 337.7, 337.7, 406.3, 573.5, 573.5, 644.6, 744.8, 774.8, 1023.6

数据列是按照从小到大的顺序进行排列的，数据的中位数为 573.5，平均值为 486.0。

数据列中的最大值为 1023.6，最小值为 156.5。用 774.8 代替 1023.6，用 213.4 代替 156.5。

数据代替后，得到第 1 组稳健化处理数据：

213.4, 213.4, 265.7, 337.7, 337.7, 406.3, 573.5, 573.5, 644.6, 744.8, 774.8, 774.8

第 1 组稳健化处理数据的中位数为 573.5，平均值为 471.2，二者之间的绝对差大于原始数据的绝对差，说明原始数据比第 1 组稳健化处理数据更稳健。

4.3　平均值和中位数与数据离散性的关系

平均值、中位数和离散性是统计学中的三个概念。一般来说，数据的分布范围越广泛，数据的离散性越差；反之越好。对于离散函数，采用标准差表示数据的离散性；对于连续函数，采用区间表示数据的离散性。

统计仿真是现代分析的重要方法之一，下面用统计仿真方法来分析中位数、平均值与数据离散性的关系。

采用常见的正态分布、瑞利分布、三角形分布、均匀分布以及威布尔分布等函数来分析中位数、平均值与离散性的关系。其中，对于正态分布和瑞利分布，涉及中位数、平均值、标准差以及平均值与中位数差的绝对值等四个参数；对于三角形分布和均匀分布，涉及中位数、平均值、区间以及平均值与中位数差的绝对值等四个参数。

为了方便数据分析，正态分布和瑞利分布的初始值设为 0.1，标准差设置为 0.01、0.02、0.03；三角形分布、均匀分布、威布尔分布的初始值设置为 0.1，区间设置为[0.1, 1]、[0.1, 2]、[0.1, 3]。

4.3.1　正态分布

设初始值为 0.1，标准差分别为 0.01、0.02 和 0.03，使用正态分布仿真 10 个数据，对 10 个数据按照从小到大的顺序进行排列，结果见表 4-1。

表 4-1　正态分布仿真数据

序号	标准差					
	0.01		0.02		0.03	
	原顺序	从小到大	原顺序	从小到大	原顺序	从小到大
1	0.0101	−0.00429	0.00569	−0.01609	−0.02538	−0.05416
2	−0.00429	−0.00332	−0.01609	−0.00016	0.01096	−0.04342
3	0.01457	−0.00096	0.00862	0.00569	−0.01196	−0.03123
4	−0.00332	0.00262	−0.00016	0.00651	0.00487	−0.02538
5	−0.00096	0.00465	0.03757	0.00862	0.00145	−0.01196
6	0.00465	0.0101	0.02179	0.00944	−0.03123	−0.01074
7	0.02051	0.01059	0.00651	0.01366	−0.05416	0.00145
8	0.00262	0.01457	0.01773	0.01773	0.02267	0.00487
9	0.01498	0.01498	0.00944	0.02179	−0.01074	0.01096
10	0.01059	0.02051	0.01366	0.03757	−0.04342	0.02267

　　根据表 4-1 数据，计算仿真数据的平均值、中位数以及平均值与中位数差的绝对值 D_1，结果见表 4-2。

表 4-2　数据处理结果

序号	标准差	中位数	平均值	D_1
1	0.01	0.007375	0.006945	0.00043
2	0.02	0.00903	0.010476	0.001446
3	0.03	−0.01135	−0.01369	0.002344

　　根据表 4-2 数据处理结果，可以得出仿真数据平均值与中位数差的绝对值 D_1 随标准差变化的规律，如图 4-1 所示。

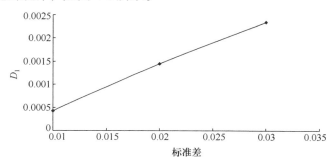

图 4-1　正态分布仿真数据 D_1

　　由图 4-1 可以看出，正态分布仿真数据平均值与中位数差的绝对值 D_1 随着标准差的增加而增加。标准差表示数据的离散性，随着数据离散性的增加，正态分布仿真数据的平均值与中位数差的绝对值增加。也就是说，正态分布仿真数据平均值离中位数越远，数据的离散性越差。

4.3.2 瑞利分布

设初始值是 0.1，标准差分别为 0.01、0.02、0.03，使用瑞利分布仿真 10 个数据，对 10 个数据按照从小到大的顺序进行排列，结果见表 4-3。

表 4-3 瑞利分布仿真数据

序号	标准差					
	0.01		0.02		0.03	
	原顺序	从小到大	原顺序	从小到大	原顺序	从小到大
1	0.02197	0.01677	0.00569	0.02715	0.07284	0.04693
2	0.02747	0.01816	−0.01609	0.02922	0.05	0.05
3	0.02041	0.02041	0.00862	0.02952	0.0747	0.07284
4	0.02329	0.02197	−0.00016	0.03302	0.10596	0.0747
5	0.02814	0.02329	0.03757	0.04774	0.04693	0.09194
6	0.01677	0.02357	0.02179	0.04869	0.11703	0.09544
7	0.02357	0.02619	0.00651	0.05273	0.09544	0.10166
8	0.01816	0.02747	0.01773	0.05957	0.11176	0.10596
9	0.02619	0.02814	0.00944	0.0652	0.09194	0.11176
10	0.03412	0.03412	0.01366	0.07215	0.10166	0.11703

根据表 4-3 数据，计算仿真数据的平均值、中位数以及平均值与中位数差的绝对值 D_2，结果见表 4-4。

表 4-4 瑞利仿真数据处理

序号	标准差	中位数	平均值	D_2
1	0.01	0.02343	0.024009	0.000579
2	0.02	0.048215	0.046499	0.001716
3	0.03	0.09369	0.086826	0.006864

根据表 4-4 数据处理结果，可以得出仿真数据平均值与中位数差的绝对值与标准差的关系，结果见图 4-2。

由图 4-2 可以看出，瑞利分布仿真数据平均值与中位数差的绝对值随着标准差的增加而增加。标准差表示数据的离散性，因此说瑞利分布仿真数据的离散性随着平均值与中位数差的绝对值增加离散性越强，也就是说瑞利分布仿真数据平均值离中位数越远，数据的离散性越差。

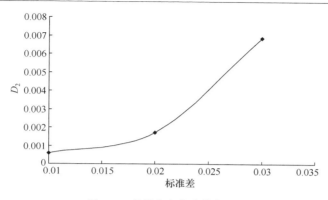

图 4-2　瑞利分布仿真数据 D_2

4.3.3　三角形分布

设初始值是 0.1，区间分别为[0.1, 1]、[0.1, 2]、[0.1, 3]，使用三角形分布仿真
10 个数据，并把这 10 个数据按照从小到大顺序排列见表 4-5。

表 4-5　三角形分布仿真数据

序号	[0.1, 1]		[0.1, 2]		[0.1, 3]	
	原顺序	从小到大	原顺序	从小到大	原顺序	从小到大
1	0.615547	0.216123	1.491532	0.524698	1.947837	0.690063
2	0.623859	0.253608	1.304097	0.584101	2.409937	0.904707
3	0.686998	0.413002	1.515899	0.608469	1.633912	0.977714
4	0.846393	0.476142	1.340035	0.759965	2.122286	1.152164
5	0.883878	0.484453	1.575303	0.795904	2.195294	1.466089
6	0.484453	0.615547	0.608469	1.304097	1.152164	1.633912
7	0.476142	0.623859	0.795904	1.340035	0.690063	1.947837
8	0.413002	0.686998	0.584101	1.491532	1.466089	2.122286
9	0.253608	0.846393	0.759965	1.515899	0.977714	2.195294
10	0.216123	0.883878	0.524698	1.575303	0.904707	2.409937

根据表 4-5 数据，计算仿真数据的平均值、中位数以及平均值与中位数差的
绝对值 D_3，结果见表 4-6。

表 4-6　数据处理结果

序号	区间	中位数	平均值	D_3
1	[0.1, 1]	0.55	0.55	0
2	[0.1, 2]	1.05	1.05	0
3	[0.1, 3]	1.55	1.55	0

根据表 4-6 数据处理结果，可以得出仿真数据平均值与中位数差的绝对值与
区间的关系，结果见图 4-3。

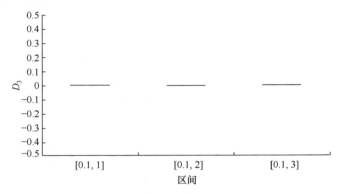

图 4-3 三角形分布仿真数据 D_3

由图 4-3 可以看出，三角形分布仿真数据平均值与中位数差的绝对值不随区间的增大而变化，因此三角形分布的数据很稳健。

4.3.4 均匀分布

设初始值为 0.1，区间分别为[0.1, 1]、[0.1, 2]、[0.1, 3]，使用均匀分布仿真 10 个数据，并把这 10 个数据按照从小到大的顺序排列，结果见表 4-7。

表 4-7 均匀分布仿真数据

序号	[0.1, 1]		[0.1, 2]		[0.1, 3]	
	原顺序	从小到大	原顺序	从小到大	原顺序	从小到大
1	0.19238	0.18543	1.02893	0.78251	2.26999	0.16273
2	0.64955	0.19031	1.9514	1.00804	0.95291	0.95291
3	0.53198	0.19238	1.89703	1.02893	2.47337	1.08067
4	0.44167	0.42275	1.87726	1.07993	1.39805	1.39805
5	0.18543	0.44167	1.41646	1.3	2.6846	1.61828
6	0.90443	0.53198	1.86543	1.41646	2.28693	2.26999
7	0.19031	0.61859	1.3	1.86543	0.16273	2.28693
8	0.42275	0.64955	1.00804	1.87726	1.08067	2.47337
9	0.89894	0.89894	1.07993	1.89703	2.90961	2.6846
10	0.61859	0.90443	0.78251	1.9514	1.61828	2.90961

根据表 4-7 数据，计算仿真数据的平均值、中位数以及平均值与中位数差的绝对值 D_4，结果见表 4-8。

表 4-8 数据处理结果

序号	区间	中位数	平均值	D_4
1	[0.1, 1]	0.486825	0.503603	0.016778
2	[0.1, 2]	1.35823	1.420699	0.062469
3	[0.1, 3]	1.508165	1.783714	0.275549

根据表 4-8 数据处理结果，可以得出仿真数据平均值与中位数差的绝对值与区间的关系，结果见图 4-4。

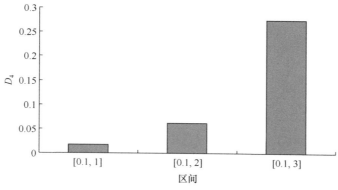

图 4-4　均匀分布仿真数据 D_4

由图 4-4 可以看出，均匀分布仿真数据平均值与中位数差的绝对值随着区间的增加而增加。区间表示数据的离散性，因此均匀分布仿真数据的离散性随着平均值与中位数差的绝对值增加而增强。也就是说，均匀分布仿真数据平均值离中位数越远，数据的离散性越差。

4.3.5　威布尔分布

设初始值为 0.1，尺度参数为 100，形状参数为 1，区间分别为[0.1, 1]、[0.1, 2]、[0.1, 3]，使用威布尔分布仿真 10 个数据，并把这 10 个数据按照从小到大的顺序进行排列，结果见表 4-9。

表 4-9　威布尔分布仿真数据

| 序号 | [0.1, 1] | | [0.1, 2] | | [0.1, 3] | |
	原顺序	从小到大	原顺序	从小到大	原顺序	从小到大
1	0.00444	0.00444	0.00624	−0.04616	0.01555	−0.04099
2	0.01039	0.00606	−0.04616	−0.02554	−0.0125	−0.01849
3	0.01251	0.00611	0.04003	−0.02449	−0.01061	−0.01644
4	0.07259	0.0102	0.00714	−0.0192	−0.01849	−0.0125
5	0.0102	0.01039	0.05722	0.00624	0.02378	−0.01077
6	0.02128	0.01049	−0.02554	0.00714	0.02861	−0.01061
7	0.01049	0.01251	−0.0192	0.03607	−0.01077	0.01555
8	0.00606	0.02128	0.03607	0.04003	−0.01644	0.02378
9	0.03535	0.03535	−0.02449	0.05722	0.69531	0.02861
10	0.00611	0.07259	0.26365	0.26365	−0.04099	0.69531

根据表 4-9，计算威布尔仿真数据的平均值、中位数以及平均值与中位数差的绝对值 D_5，结果见表 4-10。

表 4-10　数据处理结果

序号	区间	中位数	平均值	D_5
1	[0.1, 1]	0.01044	0.018942	0.008502
2	[0.1, 2]	0.00669	0.029496	0.022806
3	[0.1, 3]	−0.01069	0.065345	0.076035

根据表 4-10 数据处理结果，可以得出仿真数据平均值与中位数差的绝对值与区间的关系，结果见图 4-5。

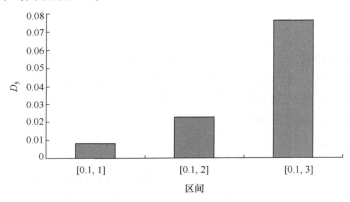

图 4-5　威布尔分布仿真数据 D_5

由图 4-5 可以看出，威布尔分布仿真数据平均值与中位数差的绝对值随着区间的增加而增加。区间表示数据的离散性，因此威布尔分布仿真数据的离散性随着平均值与中位数差的绝对值增加而增强。也就是说，威布尔分布仿真数据平均值离中位数越远，数据的离散性越差。

从正态分布、瑞利分布、三角形分布、均匀分布、威布尔分布的仿真数据可以看出，数据的离散性可以用仿真数据平均值与中位数差的绝对值来表示，随着仿真数据平均值与中位数差的绝对值的减小，仿真数据的离散性降低。

4.3.6　实际例子

例如，某种轴承的某性能无失效数据为(单位：h)：

$$422, 539, 602, 770, 847, 924$$

经计算知，中位数为 686，平均值为 684。可以看出该数据组的平均值与中位数很接近。

例如，测量 6 套轴承沟道的圆度，数据为(单位：μm)：

$$0.30, 0.35, 0.4\ 6, 0.36, 0.51, 0.48$$

对数据进行排序，得

$$0.30, 0.35, 0.36, 0.46, 0.48, 0.51$$

计算结果为：排序后数据的中位数为 0.41，平均值为 0.41。可以看出该数据组的平均值与中位数相等。

例如，某导弹无失效数据如表 4-11 所示。

表 4-11　导弹无失效数据

序号	时间/a	数量
1	0.5	2
2	1.0	3
3	1.5	3
4	2.0	4
5	2.5	4
6	3.0	3

计算结果为：导弹无失效数据的中位数为 1.75，平均值为 1.85，二者差值很小。

例如，某液压泵无失效数据为(单位：h)：

142(3 个), 369(4 个), 460(6 个), 466(10 个), 478(8 个), 501(9 个), 668(5 个)

计算结果为：中位数为 466，平均值为 466。可以看出该数据组的平均值与中位数相等。

4.3.7　数据稳健化处理与数据的离散性

Huber M 方法是数据稳健化的一种方法，具有较好的稳健性；中位数是稳健性良好的位置估计。为了更好地分析数据的稳健性，将二者结合，形成一种以中位数为中心的单调不减的有界函数方法，对数据进行稳健化处理，获得稳健数据，可以改善数据的离散性。

例如，某种轴承的无失效数据为(单位：h)：

$$422, 539, 602, 770, 847, 924$$

计算结果为：数据的中位数为 686，平均值为 684。

稳健化处理数据第 1 组数据：

$$539, 539, 602, 770, 847, 847$$

计算结果为：数据的中位数为 686，平均值为 690。

稳健化处理数据第 2 组数据：

$$539, 539, 539, 770, 770, 770$$

计算结果为：数据的中位数为 686，平均值为 686。

可以看出，数据经过稳健化处理，平均值越来越接近于中位数。

例如，滚动轴承无失效数据为(单位：h)：

$$190.4(1 个), 250.4(1 个), 783.0(4 个), 850.0(3 个), 870.0(1 个), 909.0(1 个)$$

计算结果为：数据的中位数为 783，平均值为 718.3。

对数据进行稳健化处理：

$$250.4(2 个), 783.0(4 个), 850.0(3 个), 870.0(2 个)$$

计算结果为：数据的中位数为 783，平均值为 720.3。

进行稳健化处理：

$$783.0(6 个), 850.0(5 个)$$

计算结果为：数据的中位数为 783，平均值为 813.4。

根据上述数据处理结果，可以看出在数据稳健化处理过程中，数据平均值越来越接近中位数。

根据上述数据计算结果，可以看出稳健数据的平均值最接近中位数。

例如，某导弹无失效数据为(单位：a)：

$$0.5(1 个), 1.0(3 个), 1.5(3 个), 2.0(4 个), 2.5(4 个), 3.0(3 个)$$

计算结果为：数据的中位数为 1.75，平均值为 1.85。

对数据进行稳健化处理：

$$1.0(5 个), 1.5(3 个), 2.0(4 个), 2.5(7 个)$$

该数据的中位数为 1.75，平均值为 1.84；

对数据进行稳健化处理：

$$1.5(8 个), 2.0(11 个)$$

计算结果为：数据的中位数为 1.75，平均值为 1.79。

从上述数据稳健化处理过程，可以看出数据经过稳健化处理后，中位数与平均值相差越来越小，二者之差越小说明数据稳健性能越好。

4.4 显著性水平的选取

当实验数据中出现离散数据时，平均值会失去稳健性。下面分析离散数据对平均值的影响。

假设某实验随机变量时间序列为 X_i：

$$X_i = \{x_i(n)\}, \quad i = 1, 2, \cdots, m; n = 1, 2, \cdots, N \tag{4-3}$$

式中，X_i 为随机变量时间序列，$x_i(n)$ 为第 i 次实验的第 n 个数据，i 为实验序号，m 为实验个数，n 为数据序号，N 为数据个数。

计算随机变量时间序列 X_i 的平均值 A_i：

$$A_i = \frac{1}{N} \sum_{n=1}^{N} x_i(n), \quad i = 1, 2, \cdots, m; n = 1, 2, \cdots, N \tag{4-4}$$

式中，A_i 为第 i 次实验随机变量时间序列 X_i 的平均值，$x_i(n)$ 为第 i 次实验的第 n 个数据，i 为实验序号，m 为实验个数，n 为实验数据序号，N 为数据个数。

样本 X_i 见式(4-3)，假设样本中含有离散值，样本均值 A_i、中位数 β_i 为估计值 θ_i 的无偏估计。通常使用样本中位数与样本均值的渐近相对效率(比值)来比较这两个估计量的评估效果。其中，样本平均值 A_i 见式(4-4)，β_i 见式(4-13)及式(4-14)，于是有式(4-5)～式(4-9)：

$$\sqrt{N}(A_i - \theta_i) \overset{l}{\longrightarrow} \mathrm{N}(0, V_{i1}), \quad i = 1, 2, \cdots, m \tag{4-5}$$

式中，A_i 为样本平均值，V_{i1} 见式(4-7)，i 为样本序号，m 为实验个数，N 为样本数据个数，N 为正态分布符号。

$$\sqrt{N}(\beta_i - \theta_i) \overset{l}{\longrightarrow} \mathrm{N}(0, V_{i2}), \quad i = 1, 2 \cdots, m \tag{4-6}$$

式中，β_i 为样本中位数，V_{i2} 见式(4-8)，i 为样本序号，m 为实验个数，N 为样本数据个数，N 为正态分布符号。

$$V_{i1} = 1 + (\sigma_i^2 - 1)\varepsilon_i, \quad i = 1, 2, \cdots, m \tag{4-7}$$

式中，σ_i 为第 i 个样本标准差，见式(4-9)，ε_i 为第 i 个样本离散率，i 为样本序号，m 为实验个数。

$$V_{i2} = \frac{\pi}{2} \left[1 + (\sigma_i^2 - 1)\varepsilon_i \right]^{-2}, \quad i = 1, 2, \cdots, m \tag{4-8}$$

式中，σ_i 为第 i 个样本标准差，见式(4-9)，ε_i 为第 i 个样本离散率，i 为样本序号，m 为实验个数。

$$\sigma_i^2 = \frac{1}{N} \sum_{n=1}^{N} (x_i(n) - A_i)^2, \quad i = 1, 2 \cdots, m; n = 1, 2, \cdots, N \tag{4-9}$$

式中，σ_i 为第 i 个样本标准差，$x_i(n)$ 为第 i 个样本的第 n 个数据，A_i 为第 i 个样本的平均值，i 为实验序号，m 为实验个数，n 为实验数据序号，N 为数据个数。

根据近代统计学，当离散分布与真实分布相差很小以至于很难区分时，平均值估计 A_i 优于中位数 β_i；当离散率 ε_i 超过 5%时，中位数 β_i 的估计就优于平均值 A_i；当离散率 ε_i 继续增加到 10%时，中位数 β_i 的估计就明显优于平均值 A_i。这说明当有离散值出现时，中位数 β_i 的估计很稳健，平均值 A_i 的估计效果是变化的，需要对其进行稳健化处理，根据上述分析稳健化处理数据离散率为 0～

10%。因此，通常选取显著性水平为 0～0.1。

4.5　数学模型

根据上述内容，可以知道当数据平均值接近中位数时，数据的离散性减弱；数据被稳健化处理后，数据的平均值接近于数据的中位数；数据的离散率在 0～10%时，对数据进行处理，可以很好地提高其稳定性。基于此，提出以中位数为中心，使用将离散数据用相邻数据代替的方法，在 0～0.1 显著性水平下，对实验数据进行稳健化处理，数学建模如下。

(1) 将连续的时间变量 t 离散化，在设定时间间隔下，按 1 个时间间隔 1 个数据，采集到滚动轴承的数据序列 X：

$$X = \{x(n)\}, \quad n = 1, 2, \cdots, N \tag{4-10}$$

式中，$x(n)$ 为第 n 个实验数据，n 为数据序号，N 为数据个数。

(2) 从 X_i 中取出第 i 个实验样本数据，构成子序列 X_i：

$$X_i = \{x_i(n)\}, \quad n = 1, 2 \cdots, N; i = 1, 2, \cdots, m \tag{4-11}$$

式中，$x_i(n)$ 为第 i 个实验样本的第 n 个实验数据，i 为实验样本序号即轴承序号，m 为轴承套数，n 为数据序号，N 为数据个数。

(3) 根据实验数据从小到大的顺序进行排列，构成次序统计量 Y_i：

$$Y_i = \{y_i(n)\}, \quad n = 1, 2 \cdots N; i = 1, 2, \cdots, m \tag{4-12}$$

式中，Y_i 为次序统计量，$y_i(n)$ 为第 i 个实验样本按照从小到大顺序排列的第 n 个数据，i 为轴承序号，m 为轴承套数，n 为数据序号，N 为数据个数。

(4) 找出数据列的中位数 β_i：

$$\beta_i = y_i\left(\frac{N+1}{2}\right), \quad n = 1, 2 \cdots, N; i = 1, 2, \cdots, m \tag{4-13}$$

式中，β_i 为第 i 个数据列中位数，$y_i(n)$ 为第 i 个实验样本按照从小到大顺序排列的第 n 个数据，i 为轴承序号，m 为轴承套数，n 为数据序号，N 为数据个数(奇数)。

$$\beta_i = \frac{1}{2}\left(y_i\left(\frac{N}{2}\right) + y_i\left(\frac{N}{2}+1\right)\right), \quad n = 1, 2 \cdots, N; i = 1, 2 \cdots, m \tag{4-14}$$

式中，β_i 为第 i 个数据列中位数，$y_i(n)$ 为第 i 个实验样本按照从小到大顺序排列的第 n 个数据，i 为轴承序号，m 为轴承套数，n 为数据序号，N 为数据个数(偶数)。

(5) 根据 Huber M 估计原理，获得改进数据序列。

假设 $y_i(b)$ 和 $y_i(e)$ 分别是绝对值排序序列中的第 b 个数据和第 e 个数据，b 和 e 为 $1, 2, \cdots, N$ 中的两个数据，且 $y_i(b) \leqslant \beta_i$，$\beta_i \leqslant y_i(e)$。

定义从小到大的顺序 $y_i(b),\cdots,\beta_i$ 的排序序列为左序列；左序列的数据个数为 n_1；$y_i(b)$ 为左序列首数据。

定义从小到大的顺序 $\beta_i,\cdots,y_i(e)$ 的排序序列为右序列；右序列的数据个数为 n_2；$y_i(e)$ 为右序列尾数据。

根据 Huber M 估计原理，当 $y_i(n)\leqslant y_i(b)$ 时，用 $y_i(b)$ 代替 $y_i(n)$；当 $y_i(n)\geqslant y_i(e)$ 时，用 $y_i(e)$ 代替 $y_i(n)$。于是得到改进数据序列 $Z_i(n_1,n_2)$：

$$Z_i(n_1,n_2)=\left\{z_i(n;n_1,n_2)\right\},\quad i=1,2,\cdots,m;n=1,2,\cdots,N \tag{4-15}$$

式中，$Z_i(n_1,n_2)$ 为改进数据序列，$z_i(n;n_1,n_2)$ 为改进数据序列的第 n 个数据，i 为轴承序号，m 为轴承套数，n 为数据序号，N 为数据个数，n_1 为左序列的数据个数，n_2 为右序列的数据个数。

根据统计学，获得改进数据序列平均值 $\eta_i(n_1,n_2)$：

$$\eta_i(n_1,n_2)=\frac{1}{N}\sum_{n=1}^{N}z_i(n;n_1,n_2),\quad i=1,2,\cdots,m \tag{4-16}$$

式中，$\eta_i(n_1,n_2)$ 为改进数据序列平均值，$z_i(n;n_1,n_2)$ 为改进数据序列的第 n 个数据，i 为轴承序号，m 为轴承套数，n 为数据序号，N 为数据个数，n_1 为左序列的数据个数，n_2 为右序列的数据个数。

获得改进数据序列平均值与绝对值排序序列中位数的绝对差 $D_i(n_1,n_2)$：

$$D_i=D_i(n_1,n_2)=|\beta_i-\eta_i(n_1,n_2)|,\quad i=1,2,\cdots,m \tag{4-17}$$

式中，$D_i(n_1,n_2)$ 即 D_i 为改进数据序列平均值与绝对值排序序列中位数的绝对差，β_i 为绝对值排序序列中位数，$\eta_i(n_1,n_2)$ 为改进数据序列平均值，i 为轴承序号，m 为轴承套数，n 为数据序号，N 为数据个数，n_1 为左序列的数据个数，n_2 为右序列的数据个数。

(6) 根据近代统计学中位数的稳健特点，N 为偶数时取

$$n_1=n_2=1,2,\cdots,N/2$$

N 为奇数时取

$$n_1=n_2=1,2,\cdots,(N+1)/2$$

式中，N 为数据个数，n_1 为左序列的数据个数，n_2 为右序列的数据个数。

取不同的 n_1 和 n_2 值，得到不同的改进数据序列平均值与绝对值排序序列中位数的绝对差 $D_i(n_1,n_2)$。

(7) 根据近代统计学的数据稳健性理论，对于稳健数据，显著性水平为

$$\alpha=(n_1+n_2)/N$$

根据近代统计学，显著性水平 $\alpha=0\sim0.1$，极限值为 0.1。

(8) 找到 $D_i(n_1,n_2)$ 的最小值 $D_{i\min}$，$D_{i\min}$ 所对应的左序列首数据 $y_i(b)$ 和右序列

尾数据 $y_i(e)$ 分别为 K_{i1} 和 K_{i2}，得到稳健数据 P_i。

(9) 稳健数据 P_i 按照原数据顺序进行排列，就得到了实验数据的稳健数据。

4.6　数据稳健化处理

4.6.1　滚动轴承振动数据稳健化处理

本节研究第 3 章中提到的 C 滚动轴承的振动性能数据。

根据改进的 Huber M 方法先对实验数据进行排序，找出中位数，计算出原数据的平均值及方差，具体结果见表 4-12。

表 4-12　C 滚动轴承振动性能系数

轴承序号	中位数/(μm/s)	平均值/(μm/s)	最大值/(μm/s)	最小值/(μm/s)	方差/(μm/s)^2	备注
1	−0.01419	−0.0204	0.688854	−0.67190	0.0461	***
2	−0.00423	−0.0035	0.640161	−0.63599	0.0354	**
3	0.01514	−0.0019	3.016805	−2.36015	0.5989	****
4	0.008121	0.0068	0.337911	−0.30918	0.0075	*

注：为了能更好地评估滚动轴承性能特征，根据中位数、平均值及方差参数大小，对轴承划分等级，用*表示。*越少，说明轴承性能越好；*越多，说明轴承性能越差。

从表 4-12 中可以看出，滚动轴承 4 和 2 的中位数、平均值、方差处于同一数量级，性能相近，但从振动数值最大值和最小值可以看到，轴承 2 的离散性要比轴承 4 的离散性大得多，也就是轴承 4 的性能稳定性明显优于轴承 2；轴承 1 和 3 的中位数、平均值、方差的数值明显大一些，且轴承振动最大值、最小值也较大，说明轴承 1、3 的性能较轴承 4、2 差，尤其是轴承 3 的最大值和最小值明显大一个数量级，且平均值很小，说明轴承 3 的振动数值明显偏离中位数，其振动性能最不稳定。根据上述分析结果给出轴承综合性能优劣，仅供参考。

从上述分析中可以看出，轴承振动数据中的中位数和平均值不相等，但处于同一数量级，说明振动数据中存在部分变异数据，同时轴承振动数据中都有明显的离散现象。为了降低离散数值对总体性能的影响，需要对实验数据进行稳健化处理。为此，提出将中位数和 Huber M 方法相结合的稳健化思想，对轴承振动实验数据进行稳健化处理，以期进一步分析滚动轴承振动性能。

D_i 是改进数据序列平均值与绝对值排序序列中位数的绝对差，可以反映新数据与原数据的稳健性，见图 4-6。图中，横坐标为显著性水平；纵坐标为 D_i，单位为 μm/s。

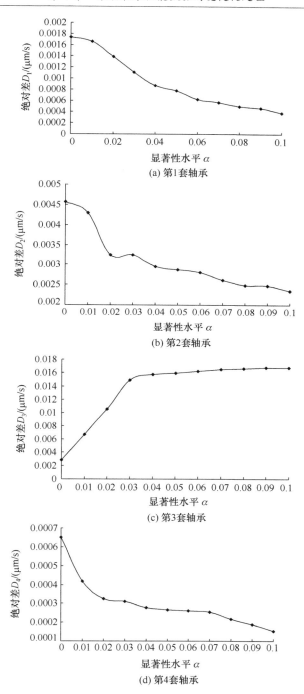

(a) 第1套轴承

(b) 第2套轴承

(c) 第3套轴承

(d) 第4套轴承

图 4-6　C 滚动轴承振动 0～0.1 显著性水平内的 D_i 值

如前所述，D_i 越小说明数据越稳健，据此进行稳健性分析。

根据图 4-6，可以看出第 1、2、4 套轴承随着显著性水平的提高 D_i 值减小，在显著性水平为 0.1 时，D_i 值最小，说明第 1、2、4 套轴承在显著性水平为 0.1 时稳健性最好；第 3 套轴承随着显著性水平的提高 D_i 值增加，说明第 3 套轴承在显著性水平为 0 时最稳健，说明第 3 套轴承的实验数据稳健性很好。有必要说明，若显著性水平为 0 时，数据稳健性最好，则表明数据是稳健的，无需进行稳健化处理，因为稳健化处理后，数据不会发生任何变化。

根据数据稳健化处理方法，第 1、2、4 套轴承的显著性水平为 0.1，第 3 套轴承的显著性水平为 0，振动数据稳健化处理结果见图 4-7。图中，横坐标为数据序号；纵坐标为振动稳健数据，单位为 μm/s。

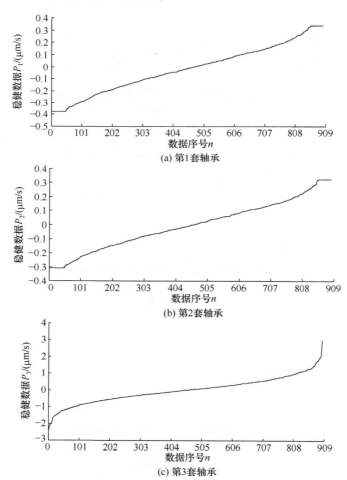

(a) 第1套轴承

(b) 第2套轴承

(c) 第3套轴承

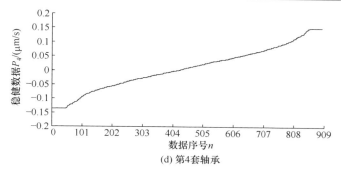

(d) 第4套轴承

图 4-7　C 滚动轴承振动稳健化处理数据

图 4-7 是滚动轴承振动数据稳健化处理的结果，可以发现稳健化处理后的数据，有以中位数为中心、单调不减、有界连续的特点，还有中位数、Huber M 以及 L 估计的特征。为了进一步分析稳健数据的特点，把数据的特征列入表 4-13。

表 4-13　C 滚动轴承振动稳健数据特征

轴承序号	中位数/(μm/s)	平均值/(μm/s)	最大值/(μm/s)	最小值/(μm/s)	方差/(μm/s)^2	备注
1	−0.01419	−0.0200	0.336541	−0.37909	0.0381	***
2	−0.0423	−0.0029	0.325981	−0.31033	0.0293	**
3	0.01514	−0.0019	3.016805	−2.36015	0.5989	****
4	0.008121	0.0073	0.151494	−0.13672	0.0060	*

根据表 4-12 和表 4-13 可以看出，滚动轴承振动的中位数以及滚动轴承等级没有变化，说明该数据的处理方法保留了重要信息；处理后的数据最大值小于原数据的最大值、最小值大于原数据的最小值，说明处理后的数据中离散数据少于原数据的离散数据，表明处理后的数据比原数据稳健。

为了进一步分析稳健化处理的数据特征，对显著性水平 0～0.1 范围内数据的方差进行分析，其结果见图 4-8。图中，横坐标为显著性水平；纵坐标为标准差，单位是 μm/s。

从图 4-8 中可以看出，在数据稳健化处理过程中，标准差的变化多种多样，没有一致性，说明滚动轴承中不同显著性水平下离散数据对总体数据的影响是不同的。第 1、2、4 套轴承的显著性水平为 0.1，第 3 套轴承的显著性水平为 0，说明在显著性水平 0～0.1 下，显著性水平 0 和 0.1 对应的数据被认为是最稳健的。方差比较小，说明滚动轴承振动数据中确实存在变异数据，同时表明数据稳健化处理后确实减小了离散数据的影响，使数据的显著性水平提高，同时稳定性增加。滚动轴承振动稳健化处理后的数据见图 4-9。

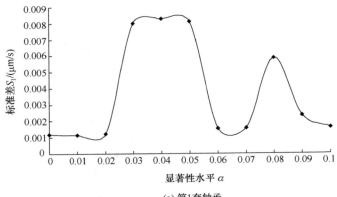

(a) 第1套轴承

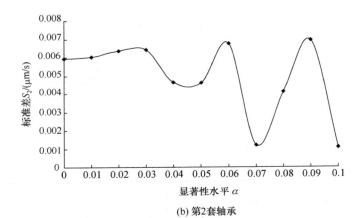

(b) 第2套轴承

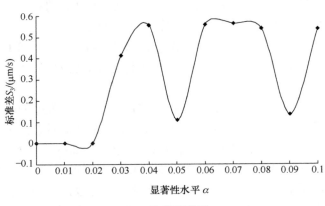

(c) 第3套轴承

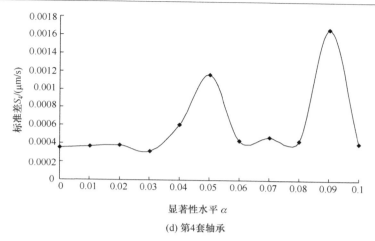

(d) 第4套轴承

图 4-8 C 滚动轴承振动稳健化处理数据的标准差

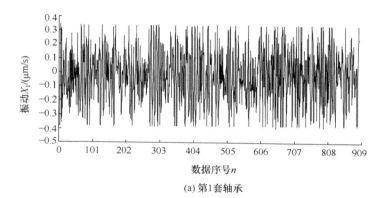

(a) 第1套轴承

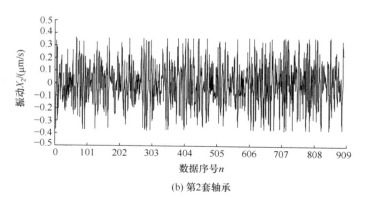

(b) 第2套轴承

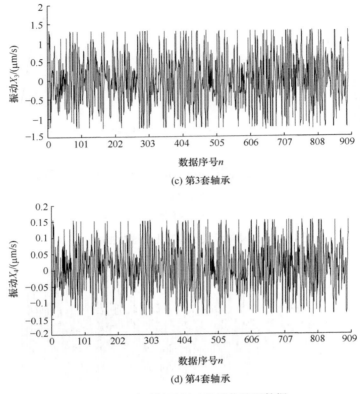

(c) 第3套轴承

(d) 第4套轴承

图 4-9　C 滚动轴承振动稳健化处理数据

4.6.2　滚动轴承摩擦力矩数据稳健化处理

本节研究第 3 章提到的 A 和 B 滚动轴承的摩擦力矩性能数据。

1. A 滚动轴承摩擦力矩稳健化处理

A 滚动轴承摩擦力矩数据根据改进的 Huber M 方法先对实验数据进行排序，找出中位数，计算出原数据的平均值及方差，具体见表 4-14。

表 4-14　A 滚动轴承摩擦力矩参数表

序号	中位数/(μN·m)	最大值/(μN·m)	最小值/(μN·m)	平均值/(μN·m)	方差/(μN·m)^2	备注
1	0.447674	1.00006	0.078234	0.470102963	0.029458058	*
2	0.470398	1.051421	0.024893	0.465615199	0.024227934	*
3	0.415471	0.630615	0.099571	0.503583599	0.024227934	*
4	0.584584	0.505757	0.183337	0.604371047	0.035533887	**
5	0.55653	0.845167	0.566210	0.576635891	0.020059737	**

续表

序号	中位数/(μN·m)	最大值/(μN·m)	最小值/(μN·m)	平均值/(μN·m)	方差/(μN·m)²	备注
6	0.562062	0.308195	0.0466244	0.581703412	0.023351754	**
7	0.609279	0.272634	0.064010	0.637758498	0.02758667	***
8	0.543293	0.373391	0.190844	0.593404473	0.029314584	**
9	0.551986	0.618366	0.370625	0.582851157	0.017521967	**
10	0.616786	0.797752	0.575693	0.639095702	0.029794658	***

从表 4-14 可以看出，滚动轴承摩擦力矩中位数与平均值不相同，说明平均值受到离散数据的影响；另外从最大值、最小值以及平均值可以看出其差异比较大，说明滚动轴承摩擦力矩存在离散数据，需要对实验数据进行稳健化处理。为了反映数据稳健化处理结果的对比，根据滚动轴承摩擦力矩中位数、最大值、最小值、平均值、方差，对滚动轴承进行了等级划分，分为三个级别，符号"*"越少，说明轴承等级越高。

参数 D_i 是滚动轴承摩擦力矩新数据与中位数之差的绝对值，可以反映出新数据与原数据的稳健性。D_i 的计算结果见图 4-10。图中，横坐标为显著性水平，纵坐标为绝对差 D_i，单位为 μN·m，D_i 越小说明数据越稳健。

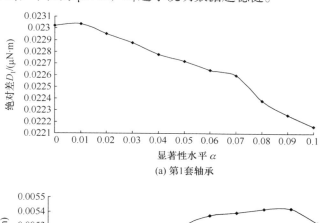

(a) 第1套轴承

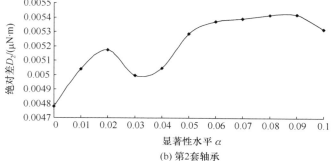

(b) 第2套轴承

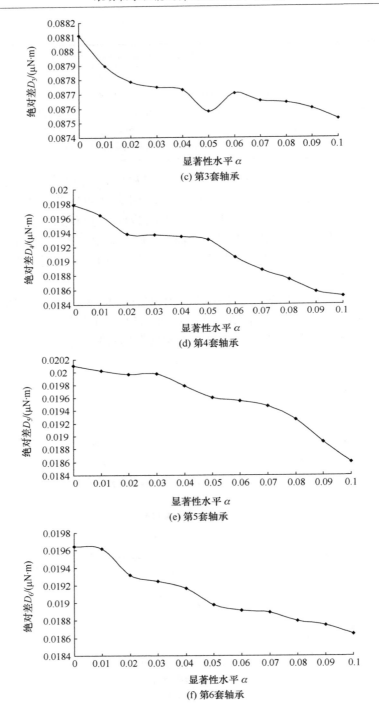

(c) 第3套轴承

(d) 第4套轴承

(e) 第5套轴承

(f) 第6套轴承

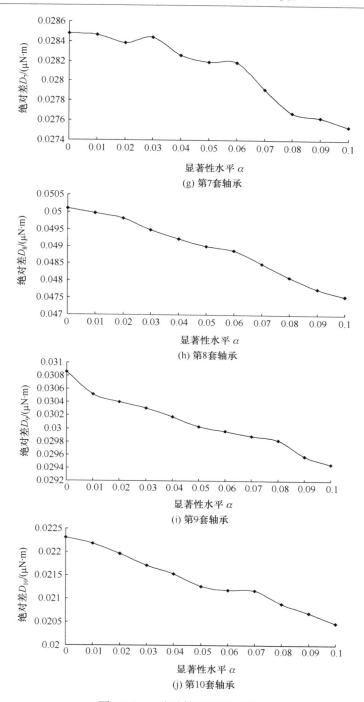

图 4-10　A 滚动轴承摩擦力矩 D_i

根据图 4-10 可以看出，第 1、3～10 套轴承摩擦力矩数据的 D_i 值随显著性水平的提高而降低，说明随着显著性水平的增加，第 1、3～10 套轴承摩擦力矩数据稳健性提高；第 2 套轴承摩擦力矩数据的稳健性比较复杂，从总体上看，第 2 套轴承摩擦力矩 D_i 值随显著性水平的增高而增加，说明随着显著性水平的增加，第 2 套轴承摩擦力矩数据稳健性是降低的。但是，从图 4-10 还可以看出，第 2 套轴承摩擦力矩数据的最小 D_i 值，位于显著性水平为 0 处；其他 9 套轴承摩擦力矩数据的最小 D_i 值，位于显著性水平为 0.1 处。这些显著性水平是必须被考虑的。在各套轴承被考虑的显著性水平处，第 2 套轴承摩擦力矩数据的最小 D_i 值最小，说明在这 10 套轴承中，第 2 套轴承的摩擦力矩数据最稳健。这就是近代统计学中的 D_i 最小数据最稳健原理，而数据的稳健化处理必须针对相应的显著性水平进行。

根据 D_i 最小数据最稳健原理，第 1、3～10 套轴承摩擦力矩数据的显著性水平为 0.1，第 2 套轴承摩擦力矩数据的显著性水平为 0。据此对实验数据进行稳健化处理，结果见图 4-11。

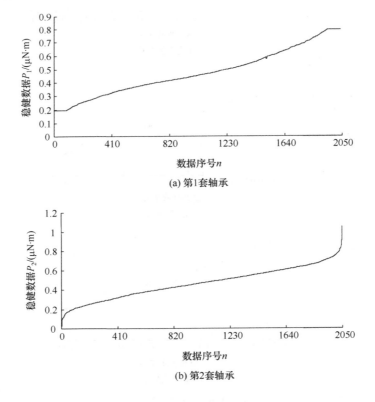

(a) 第1套轴承

(b) 第2套轴承

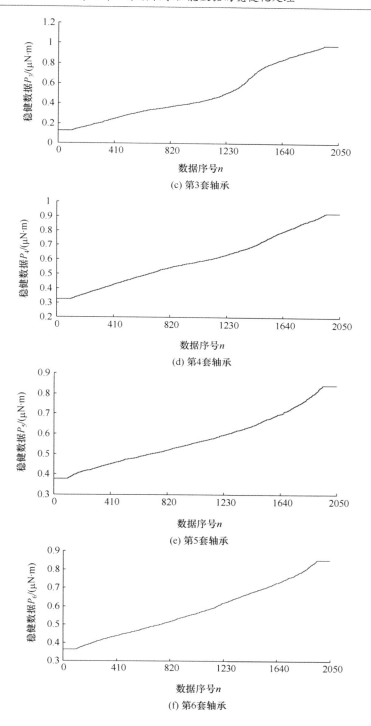

(c) 第3套轴承

(d) 第4套轴承

(e) 第5套轴承

(f) 第6套轴承

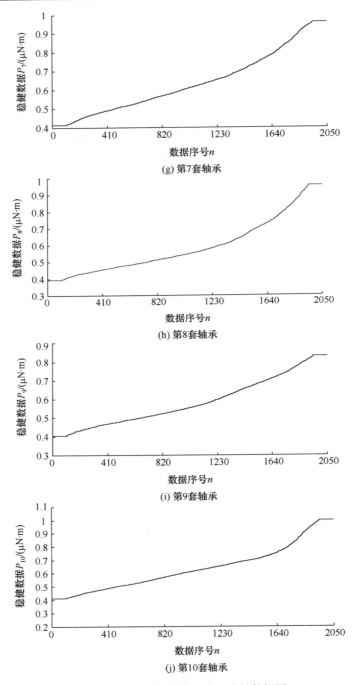

(g) 第7套轴承

(h) 第8套轴承

(i) 第9套轴承

(j) 第10套轴承

图 4-11　A 滚动轴承摩擦力矩稳健数据图

图 4-11 是滚动轴承摩擦力矩数据稳健化处理的结果，可以发现稳健化处理后的数据有以中位数为中心、单调不减、有界连续的特点，还有中位数、Huber M 以及 L 估计的特征。为了进一步分析稳健数据的特点，把数据的特征列入表 4-15。

表 4-15 A 滚动轴承摩擦力矩稳健化参数

序号	中位数/(μN·m)	最大值/(μN·m)	最小值/(μN·m)	平均值/(μN·m)	方差/(μN·m)²	备注
1	0.447674	0.780367	0.195981	0.469139	0.025387	*
2	0.470398	0.831337	0.113400	0.468772	0.008533	*
3	0.415471	0.348498	0.195981	0.502728	0.074691	*
4	0.584584	0.479679	0.201117	0.602863	0.032147	**
5	0.55653	0.783133	0.591498	0.574911	0.017044	**
6	0.562062	0.289625	0.067961	0.580322	0.020592	**
7	0.609279	0.205859	0.101151	0.636478	0.024559	***
8	0.543293	0.340991	0.209810	0.589715	0.024243	**
9	0.551986	0.578459	0.405791	0.581222	0.015179	**
10	0.616786	0.772859	0.599005	0.63671	0.025716	***

根据表 4-14 和表 4-15 可以看出，滚动轴承摩擦力矩的中位数以及滚动轴承等级没有变化，说明该数据的处理方法保留了重要信息；处理后的数据最大值小于原数据的最大值、最小值大于原数据的最小值，说明处理后的离散数据少于原数据的离散数据，表明处理后的数据比原数据更稳健。

下面分析滚动轴承摩擦力矩的平稳状况，数据的平稳状况用数据的标准差来表示，其数据越小说明数据越平稳，结果见图 4-12。

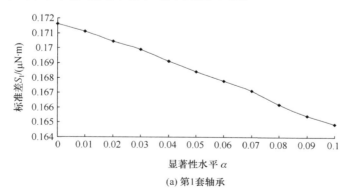

(a) 第1套轴承

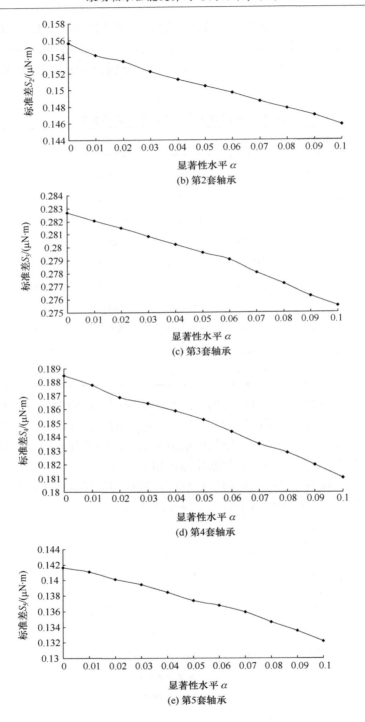

(b) 第2套轴承

(c) 第3套轴承

(d) 第4套轴承

(e) 第5套轴承

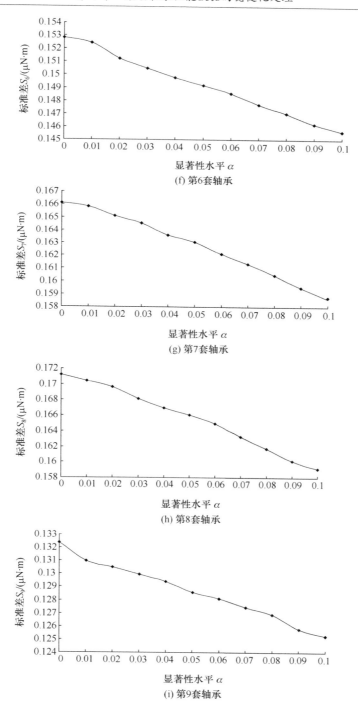

(f) 第6套轴承

(g) 第7套轴承

(h) 第8套轴承

(i) 第9套轴承

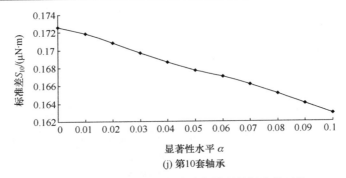

(j) 第10套轴承

图 4-12　A 滚动轴承数据稳健化处理的标准差对比

　　根据图 4-12 可以看出，随着显著性水平的提高，数据的标准差逐渐减小。这说明随着显著性水平的增加，A 滚动轴承摩擦力矩离散数据越小，数据越平稳；进一步说明经过稳健化处理，A 滚动轴承摩擦力矩数据越集中，其稳健性越好。对原数据进行稳健化处理后的新数据即稳健数据，见图 4-13。由图可以看出，滚动轴承摩擦力矩的最大值减小，最小值增加，二者之间差距减小，说明数据的离散性减弱，稳健化处理后的数据更稳健。

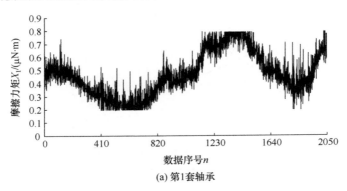

(a) 第1套轴承

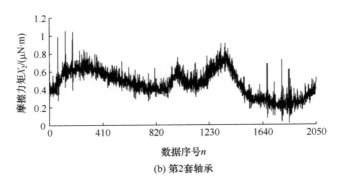

(b) 第2套轴承

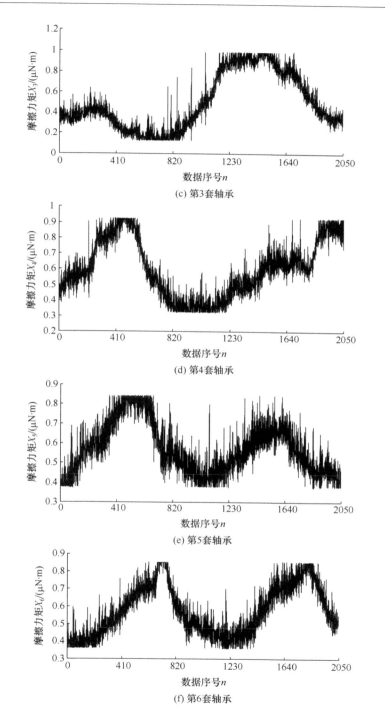

(c) 第3套轴承

(d) 第4套轴承

(e) 第5套轴承

(f) 第6套轴承

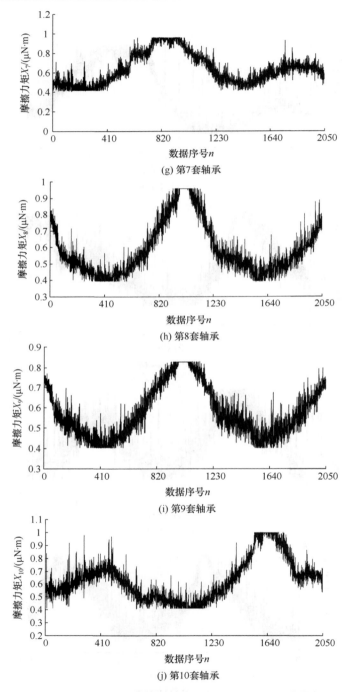

(g) 第7套轴承

(h) 第8套轴承

(i) 第9套轴承

(j) 第10套轴承

图 4-13　A 滚动轴承摩擦力矩稳健化处理后的原顺序数据

2. B 滚动轴承摩擦力矩数据稳健化处理

根据改进的 Huber M 方法先对实验数据进行排序，找出中位数，计算出原数据的平均值及方差，具体见表 4-16。

表 4-16　B 轴承摩擦力矩性能参数

序号	中位数 /(μN·m)	最大值 /(μN·m)	最小值 /(μN·m)	平均值 /(μN·m)	方差 /(μN·m)²	备注
1	0.327952	0.851489	0.0648001	0.330538	0.0597861	**
2	0.585176	0.727420	0.261966	0.541102	0.137332	***
3	0.278166	0.630615	0.0995708	0.2726	0.0510863	**
4	0.279747	0.505757	0.183337	0.296969	0.078075	**
5	0.654718	0.845167	0.566210	0.662751	0.0586523	****
6	0.165359	0.308195	0.0466244	0.169880	0.0787533	****
7	0.156864	0.272634	0.0640098	0.156610	0.0374684	*
8	0.283698	0.373391	0.190844	0.280728	0.0440861	**
9	0.472961	0.618366	0.370625	0.482985	0.0540480	***
10	0.692649	0.797751	0.575693	0.686313	0.0518947	**

从表 4-16 可以看出，滚动轴承摩擦力矩中位数与平均值不相同，说明平均值受到离散数据的影响；另外从最大值、最小值以及平均值可以看出其差异比较大，说明滚动轴承摩擦力矩存在离散数据，需要对实验数据进行稳健化处理。为了反映数据稳健化处理的对比效果，根据滚动轴承摩擦力矩中位数、最大值、最小值、平均值、方差，对滚动轴承进行了等级划分，分为三个级别，符号"*"越少，说明轴承等级越高。

参数 D_i 是滚动轴承摩擦力矩新数据与中位数之差的绝对值，可以反映出新数据与原数据的稳健性，D_i 的计算结果见图 4-14。图中，横坐标为显著性水平，取值范围是 $0\sim0.1$；纵坐标为 D_i，单位为 μN·m，D_i 越小说明数据越稳健。

下面分析滚动轴承 B 的摩擦力矩数据的稳健化处理，D_i 值见图 4-14。

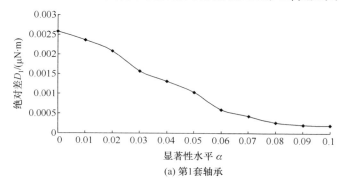

(a) 第1套轴承

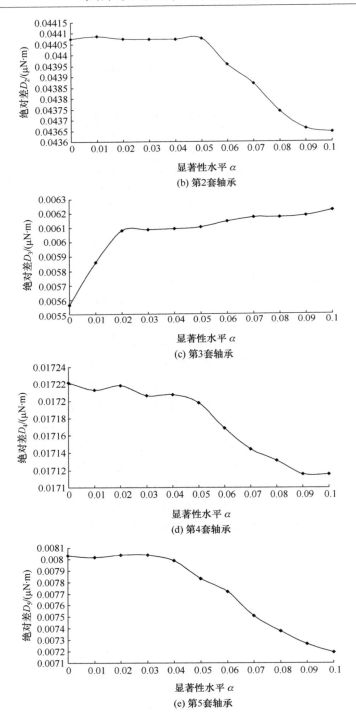

(b) 第2套轴承

(c) 第3套轴承

(d) 第4套轴承

(e) 第5套轴承

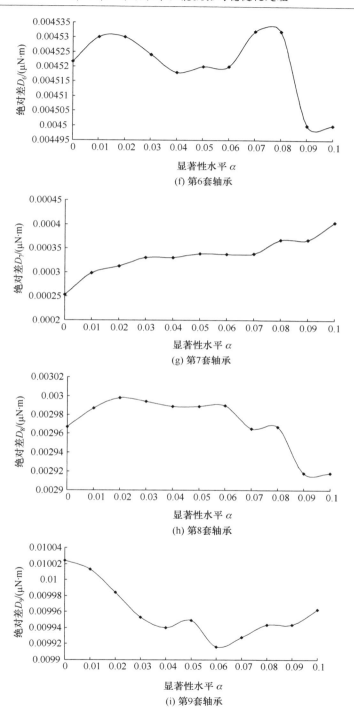

(f) 第6套轴承

(g) 第7套轴承

(h) 第8套轴承

(i) 第9套轴承

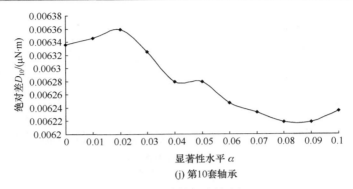

(j) 第10套轴承

图 4-14　B 滚动轴承摩擦力矩 D_i

从图 4-14 可以看出，D_i 出现复杂性与多样性，其中第 1、2、4、5、6、8 套轴承，D_i 值单调递减；第 3、7 套轴承，D_i 值单调增加；第 9、10 套轴承，D_i 值先减小后增加。

根据 D_i 最小数据最稳健原理，第 1、2、4、5、6、8 套轴承的显著性水平为 0.1，第 3、7 套轴承的显著性水平为 0，第 9、10 套轴承的显著性水平分别为 0.06、0.08。

根据显著性水平对数据进行稳健化处理，结果见表 4-17。

表 4-17　B 滚动轴承摩擦力矩稳健数据性能参数

序号	中位数 /(μN·m)	最大值 /(μN·m)	最小值 /(μN·m)	平均值 /(μN·m)	方差 /(μN·m)²	备注
1	0.327952	0.399864	0.262361	0.328146	0.039837	**
2	0.585176	0.696601	0.302664	0.541531	0.135031	**
3	0.278166	0.630615	0.0995708	0.2726	0.0510863	**
4	0.279747	0.480469	0.201117	0.296862	0.076987	**
5	0.654718	0.784713	0.591103	0.654718	0.054991	***
6	0.165359	0.290020	0.067566	0.169858	0.077981	*
7	0.156864	0.272634	0.0640098	0.156610	0.0374684	*
8	0.283698	0.340991	0.209415	0.280780	0.043154	**
9	0.472961	0.578854	0.405396	0.482925	0.052847	**
10	0.692649	0.770884	0.600586	0.686415	0.050758	***

根据表 4-16 和表 4-17 可以看出，稳健化处理前后数据的中位数及轴承的等级没有变化，说明该方法保留了数据的信息；数据的中位数没有发生变化，说明数据的中位数很稳健；稳健化处理后数据的最大值减小、最小值增加，说明处理后的数据离散性减弱；处理后数据的方差减小，说明该方法处理后的数据稳健性增加。

下面分析显著性水平下的滚动轴承摩擦力矩的稳健数据，结果见图 4-15。

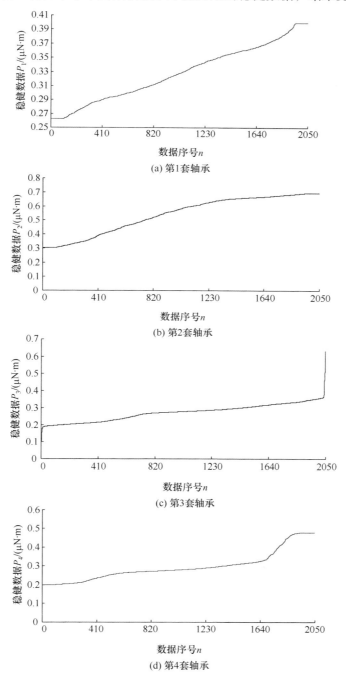

(a) 第1套轴承

(b) 第2套轴承

(c) 第3套轴承

(d) 第4套轴承

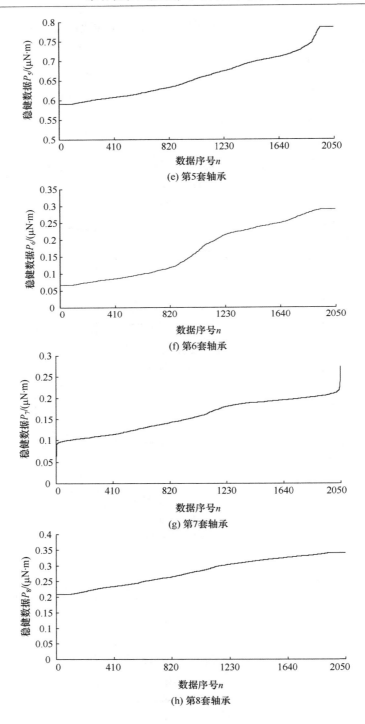

(e) 第5套轴承

(f) 第6套轴承

(g) 第7套轴承

(h) 第8套轴承

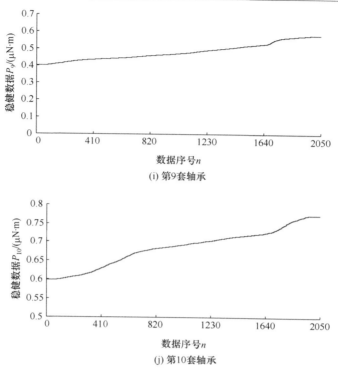

(i) 第9套轴承

(j) 第10套轴承

图 4-15 B 滚动轴承摩擦力矩稳健数据图

图 4-15 是滚动轴承振动数据稳健化处理的结果。可以发现,稳健化处理后的数据有以中位数为中心、单调不减、有界连续的特点,还有中位数、Huber M 以及 L 估计的特征。为了进一步分析稳健数据的特点,下面分析滚动轴承摩擦力矩稳健数据的标准差特征,结果见图 4-16。

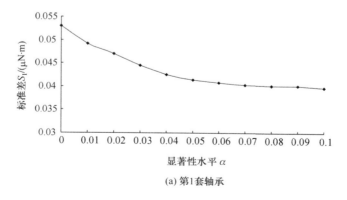

(a) 第1套轴承

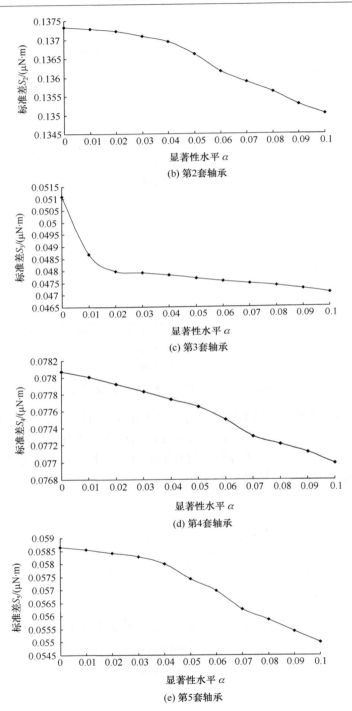

(b) 第2套轴承

(c) 第3套轴承

(d) 第4套轴承

(e) 第5套轴承

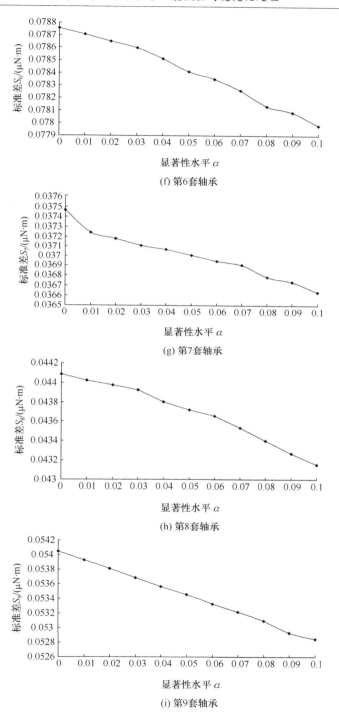

(f) 第6套轴承

(g) 第7套轴承

(h) 第8套轴承

(i) 第9套轴承

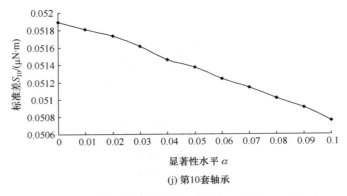

(j) 第10套轴承

图 4-16　B 滚动轴承摩擦力矩在不同显著性水平下的标准差

　　根据图 4-16 中不同显著性水平下滚动轴承摩擦力矩数据标准差特征，可以看出随着显著性水平的增加，摩擦力矩的标准差逐渐减小，说明数据越集中，数据的离散性越差。与图 4-14 对比，第 1、2、4、5、6、8 套轴承的 D_i 值与标准差趋势一致，第 3、7 套轴承的 D_i 值与标准差趋势相反，第 9、10 套轴承的 D_i 值与标准差趋势有差别。这说明 D_i 值与标准差的趋势有很大的关联性，比较相似。

　　经过稳健化处理后的滚动轴承摩擦力矩数据见图 4-17。

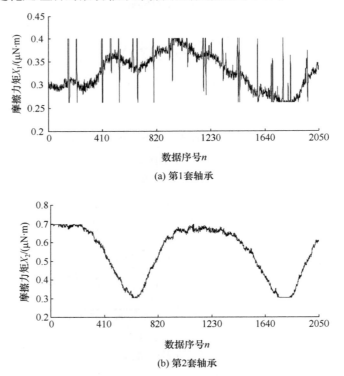

(a) 第1套轴承

(b) 第2套轴承

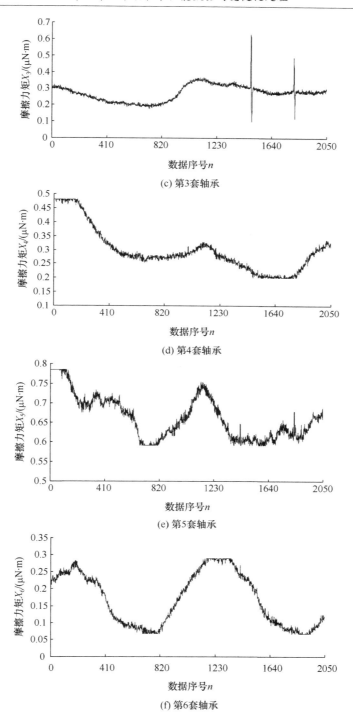

(c) 第3套轴承

(d) 第4套轴承

(e) 第5套轴承

(f) 第6套轴承

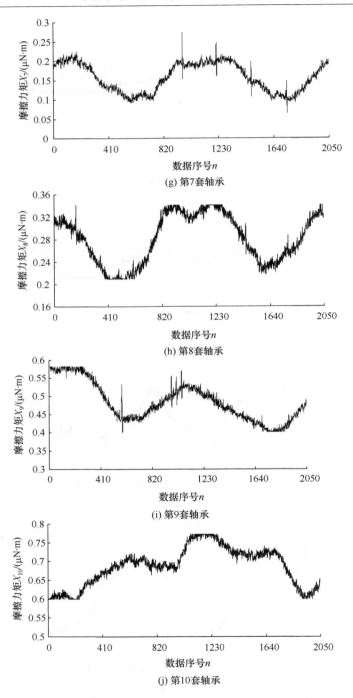

(g) 第7套轴承

(h) 第8套轴承

(i) 第9套轴承

(j) 第10套轴承

图 4-17　B 滚动轴承摩擦力矩稳健化处理后的原顺序数据

　　从图 4-17 可以看出，滚动轴承摩擦力矩稳健化处理后数据的幅值降低，说明数据稳健化处理可以降低离散数据的影响，更能反映数据的特征。

4.7　讨　　论

　　离散数据以及一些条件的误差给数据分析带来很大的困难，甚至严重破坏数据而带来错误的分析结果，现实条件下该现象确实存在。

　　中位数是数据分析中一个非常稳健的参数，当数据没有离散数据时，其数值接近于数据组的平均值；当数据有离散数据时，平均值会远离真实值，而中位数几乎不偏离真实值，说明中位数是稳健的。因此，可以用中位数和平均值之间的差异来判断数据中是否存在离散数据。

　　利用改进的 Huber M 方法处理数据，如果平均值越来越接近中位数，说明数据不存在离散数据；如果平均值越来越偏离中位数，说明数据存在离散数据。

　　显著性水平根据数据要求而定，根据近代统计学，推荐取值范围为 0～0.1。

　　经过改进的 Huber M 方法处理过的数据，其离散数据对总体数据的影响降低、显著性水平提高，为数据的进一步分析提供可靠的保证。其中一些理论需要进一步完善，如中位数与平均值的相似度、数据的显著性水平如何确定等，尚缺乏理论依据。

　　根据改进的 Huber M 方法对 C 滚动轴承振动数据及 A、B 滚动轴承摩擦力矩数据的处理结果，可以看出在显著性水平 0～0.1 内，C 滚动轴承振动数据的方差变化复杂，A、B 滚动轴承摩擦力矩数据的方差单调减小。

4.8　本　章　小　结

　　依据统计学理论，提出一种以中位数估计和 Huber M 估计两种稳健化处理方法相融合的对数据进行稳健化处理的方法。

　　该方法用中位数和平均值差的绝对值作为数据是否稳健的标准，在一定显著性水平范围内，对数据进行稳健化处理；选取中位数和平均值差的绝对值最小值的数据作为稳健数据。

　　利用该方法对 C 滚动轴承振动数据及 A、B 滚动轴承摩擦力矩数据进行稳健化处理。结果表明，滚动轴承性能数据经过稳健化处理后，数据的最大值小于原数据的最大值、最小值大于原数据的最小值；方差小于原数据的方差；数据的平均值更接近中位数。这说明经过稳健化处理后，轴承性能数据的连续性增强，离散性减弱，数据的可信度提高，为滚动轴承性能数据的进一步分析提供可靠依据。

第5章 滚动轴承摩擦力矩的参数
与非参数融合分析

本章主要阐述参数估计及非参数估计的特点；根据二者特点提出参数与非参数融合评估与分析方法，并建立有关数学模型；用参数与非参数融合评估与分析方法构建滚动轴承摩擦性能评估体系，分析滚动轴承摩擦力矩的参数与非参数特征，研究滚动轴承性能数据的静态特征。

5.1 参数与非参数融合分析

现有研究采用参数或者非参数方法处理滚动轴承性能评估问题，参数评估法过分依靠数据，非参数评估法忽略数据具体数值对轴承性能的影响；单一参数或非参数不足以全面反映轴承的性能，尤其对于各种性能要求很高的滚动轴承采用单一方法分析轴承性能是不可取的。基于此，本章在滚动轴承摩擦力矩参数评估基础上，提出摩擦力矩的参数与非参数相融合的评估方法，从不同方面挖掘摩擦力矩的更多信息，实现对滚动轴承摩擦力矩更准确的把握，为滚动轴承的选用提供可靠的依据。

5.1.1 参数估计

1. 矩估计

在实验台进行连续测量，按照相同时间间隔采样，获得实验数据，构成数据时间序列 X_i：

$$X_i = \{x_i(n)\}, \quad i = 1, 2, \cdots, m; n = 1, 2, \cdots, N \tag{5-1}$$

式中，X_i 为数据时间序列，$x_i(n)$ 为第 i 次实验的第 n 个性能数据，i 为实验序号，m 为实验次数，n 为数据序号，N 为数据个数。

矩估计是利用样本的原点矩或中心矩作为总体的原点矩或中心矩的估计，是参数估计中一种常用的估计。在矩估计中，经常采用原点矩作为总体矩的估计。

滚动轴承性能估计参数有样本平均值和样本方差，分别见式(5-2)和式(5-3)：

$$\hat{\mu}_i = \frac{1}{N} \sum_{n=1}^{N} x_i(n), \quad i = 1, 2, \cdots, m; n = 1, 2, \cdots, N \tag{5-2}$$

式中，$x_i(n)$为第 i 次实验的第 n 个性能数据，i 为实验序号，m 为实验次数，n 为数据序号，N 为数据个数。

$$\hat{\sigma}_i^2 = \frac{1}{N}\sum_{i=1}^{N}\left(x_i(n) - \frac{1}{N}\sum_{i=1}^{N}x_i(n)\right)^2, \quad i=1,2,\cdots,m\,;n=1,2,\cdots,N \tag{5-3}$$

式中，$x_i(n)$为第 i 套轴承的第 n 个性能数据，i 为实验序号，m 为实验次数，n 为数据序号，N 为数据个数。

例如，一个小样本无失效数据为(单位：h)：

$$40.32,\ 48.61,\ 56.42,\ 56.97$$

假设该样本服从正态分布，平均值估计为 50.58，标准差估计为 7.834。

2. 极大似然估计

极大似然估计是根据发生概率最大的事件最有可能发生的推断原理对数据进行评估的，估计方法是：首先对估计样本建立似然函数，然后对似然函数取自然对数，最后通过极值条件得到极大似然估计量。

5.1.2　非参数估计

1. 符号估计

符号估计是近代统计学中一种重要的非参数估计，可以用来估计单样本的中心位置，也可以用来估计两个样本之间的关系。下面以分析两个样本关系为例来说明符号估计方法。

(1) 构造统计量 Z_i：

$$Z_i = \{z(n)\} = \begin{cases} 1, & x_i(n) < x_j(n) \\ 0.5, & x_i(n) = x_j(n), \quad i \neq j \in [1,m]\,, i=1,2,\cdots,m\,;n=1,2,\cdots,N \\ 0, & x_i(n) > x_j(n) \end{cases} \tag{5-4}$$

式中，Z_i 为两个样本的对比统计量，$z(n)$为第 i 个和第 j 个样本在第 n 个时间间隔的性能对比结果，$x_i(n)$和 $x_j(n)$分别为第 i 个和第 j 个样本的第 n 个数据，i 为实验序号，m 为实验次数，n 为数据序号，N 为数据个数。

(2) 计算统计量 Z_i 的数值为

$$Z = \sum_{n=1}^{N} z(n), \quad n=1,2,\cdots,N \tag{5-5}$$

式中，$z(n)$为第 i 个和第 j 个样本在第 n 个时间间隔的性能对比结果，n 为数据序号，N 为数据个数。

(3) 根据统计量 Z_i 的数值与在一定显著性水平 α 及一定分布下的标准值 C 的

对比结果，得出两个样本之间的关系。

2. 秩和估计

秩和估计是用来估计不同样本性能是否有差异的一种非参数估计方法，也是在近代统计学中使用最多的一种方法。

1) 构造统计量 D

将两个不同样本的数据放在一块，按照从小到大的顺序排列得到次序统计量 D。

2) 数据的秩 r

每个数据的位置序号为每个数据的秩，根据次序统计量 D，得到每个数据的秩 r。

3) 样本的秩和 R

将每个样本中所有数据的秩相加，得到每个样本的秩和 R。

4) 样本关系分析

根据秩和 R 的数值与在一定显著性水平 α 及一定分布下的标准值 B 的对比结果，得出两个样本之间的关系。下面以两个样本为例说明符号估计和秩和估计方法。

例如，有两个样本如下(单位：m)：
$$X: 93, 86, 95$$
$$Y: 112, 90, 93$$

X 样本符号估计为 1, 1, 0，结果为 2；Y 样本符号估计为 0, 0, 1，结果为 1；说明 X 样本的数据小于 Y 样本的数据。

X 样本数据的秩分别为 3.5, 1, 5，秩和为 9.5；Y 样本数据的秩分别为 6, 2, 3.5，秩和为 11.5；说明 X 样本的数据小于 Y 样本的数据。

5.1.3　参数估计与非参数估计的融合

参数估计可以清晰、准确地评估数据特征，在数据静态评估方面有很大的优越性。常用的参数估计主要有矩估计和极大似然估计，是近代统计学中重要的数据分析方法。然而，参数估计要求数据中无污染数据，也就是没有离散值。如果有离散值出现，即使很少，参数估计的效果也会大大降低，甚至出现错误。矩估计需要知道数据分布类型、原点矩或者中心矩收敛，但有些情况下，数据的矩是不存在的；极大似然法要求数据分布类型已知并求出极小值，但在一些情况下无法直接求出极小值，需要借助其他方法，增加计算的难度。

非参数估计是近代统计学中重要的分析方法之一，适用于小样本、无分布样本、污染样本、混杂样本，在数据评估中占有很重要的位置。常用的非参数估计主要有符号估计、秩估计、柯尔莫哥洛夫估计和斯米尔诺夫估计等。例如，符号估计法可以估计两个总体的差异性与一个总体的时序差异性等问题；秩估计法可以估计两个总体的位置分布，以反映总体差异的特点；柯尔莫哥洛夫估计法可以分析一个总体数据与标准分布的差异性；斯米尔诺夫估计法可以反映两个总体是否属于相同分布的问题。虽然非参数估计对数据要求不高，但其评估结果很模糊、粗糙，且数据本身的特点没有体现。

结合参数估计和非参数估计的特点可以看出，在参数估计与非参数估计方法中，单独采用任何一种评估方法，都很难对数据做出有效、正确的评估。从数据评估的角度看，参数估计无论是矩估计还是极大似然估计，每个数据对评估结果贡献大小不同，大数据对评估结果影响较大，小数据对评估结果影响较小。例如，在矩估计中，数据平均值是数据线性组合，可以看出离散数据比其他数据对评估结果的影响要大得多；数据方差值是数据与平均值差的平方组合，可以看出离散值比其他数据对评估结果的影响更大。而非参数估计把每个数据对总体的影响同等对待，可以弱化离散数据对评估结果的影响。为此，本书融合参数估计与非参数估计的优点，提出参数与非参数融合方法对数据进行分析，以挖掘更多的数据信息，更有效地对数据进行评估。

根据参数估计中矩估计的特点，以稳健数据作为评估对象，将平均值及标准差作为数据的工作性能及灵敏性能，二者属于评估数据基本特征的性能指标；使用符号法分析样本容量相同的两个样本总体的差异，二者的差异反映两个样本总体的时序特征；使用秩和法分析两个样本总体的位置分布，体现两个样本的状态特征；用基本特征、时序特征、状态特征构建参数与非参数融合评估体系，可以从小批量产品中选出综合性能最优的产品。

5.1.4 数学模型

将连续的时间变量 t 离散化，在设定时间间隔下，按一个时刻一套轴承，采集到滚动轴承摩擦力矩的数据序列 X：

$$X = \{x(n)\}, \quad n = 1, 2, \cdots, N \tag{5-6}$$

式中，$x(n)$ 为第 n 个摩擦力矩数据，n 为数据序号，N 为数据个数。

从 X 中得到第 i 套轴承的摩擦力矩数据，构成摩擦力矩子序列 X_i：

$$X_i = \{x_i(n)\}, \quad n = 1, 2, \cdots, N; i = 1, 2, \cdots, m \tag{5-7}$$

式中，$x_i(n)$ 为第 i 套轴承的第 n 个摩擦力矩数据，i 为轴承序号，m 为轴承套数，n 为数据序号，N 为数据个数。

参数与非参数融合方法适用于对精度要求高的零部件进行综合性能分析，本章从滚动轴承基本特征、时序特征、状态特征等三个特征来反映滚动轴承的综合性能。该方法可以结合滚动轴承的性能参数及趋势项，从小批量轴承中选出性能最优的轴承。

1. 滚动轴承基本特征

滚动轴承基本特征是反映滚动轴承灵敏性能和稳定性能的指标。参数与非参数融合方法是从轴承性能的稳健数据中计算出轴承性能数据的平均值及标准差，从而揭示滚动轴承摩擦力矩的基本特征。

根据从测得的数据中提取灵敏性能系数 A_i、稳定性能系数 S_i 来反映轴承的工作性能，见式(5-8)和式(5-9)：

$$A_i = \frac{\sum_{n=1}^{N} |x_i(n)|}{N}, \quad n=1,2,\cdots,N ; i=1,2,\cdots,m \tag{5-8}$$

式中，A_i 为灵敏性能系数，$x_i(n)$ 为第 i 套轴承的第 n 个摩擦力矩数据，i 为轴承序号，m 为轴承套数，n 为数据序号，N 为数据个数。

$$S_i = \sqrt{\frac{\sum_{n=1}^{N} \left(|x_i(n)| - A_i\right)^2}{N}}, \quad n=1,2,\cdots,N ; i=1,2,\cdots,m \tag{5-9}$$

式中，S_i 为稳定性能系数，$x_i(n)$ 为第 i 套轴承的第 n 个摩擦力矩数据，i 为轴承序号，m 为轴承套数，n 为数据序号，N 为数据个数。

2. 滚动轴承时序特征

滚动轴承时序特征主要反映滚动轴承同一时刻摩擦力矩优劣的情况。为了避免粗大数据对整体情况的影响采用符号评判法来判断，对滚动轴承摩擦力矩的具体状况做出合理评估。具体步骤如下：

(1) 为了比较同一时刻不同轴承的性能，构造向量 $\boldsymbol{Z}_i$：

$$\boldsymbol{Z}_i = \{z_i(n)\} = \begin{cases} 1, & x_i(n) < x_j(n) \\ 0.5, & x_i(n) = x_j(n), \quad i \neq j; i=1,2,\cdots,m; j=1,2,\cdots,m \\ 0, & x_i(n) > x_j(n) \end{cases}$$

$$\boldsymbol{Z}_i \sim \mathrm{B}(n,P) \tag{5-10}$$

式中，$z_i(n)$ 为第 i 套和第 j 套轴承在第 n 个数据的性能对比结果，$x_i(n)$ 和 $x_j(n)$ 分别为第 i 套和第 j 套轴承的第 n 个数据，i 和 j 为轴承序号，m 为轴承套数，n 为数据序号，N 为数据个数。

计算向量 $\boldsymbol{Z}_i$ 的参数 Z：

$$Z = \sum_{n=1}^{N} z_i(n), \quad n=1,2,\cdots,N ; i=1,2,\cdots,m \tag{5-11}$$

式中，$z_i(n)$ 为第 i 套和第 j 套轴承在第 n 个数据的性能对比结果，i 为轴承序号，m 为轴承套数，n 为数据序号，N 为数据个数。

(2) 根据显著性水平 α 和样本容量 $N-1$，确定临界值 C。

(3) 若 $Z>C$，则说明第 i 套轴承总体性能优于第 j 套轴承，否则第 j 套轴承总体性能优于第 i 套轴承。

在同一套轴承中，可以根据该时刻与相邻时刻之间数据的对比，判断该套轴承的性能趋势，具体方法如下：

(1) 为了比较同一套轴承当前时刻与下一时刻的性能，构造向量 $\boldsymbol{Q}_i$：

$$\boldsymbol{Q}_i = \left\{ q_i(n) \right\} = \begin{cases} 1, & x_i(n) < x_i(n+1) \\ 0.5, & x_i(n) = x_i(n+1), \\ 0, & x_i(n) > x_i(n+1) \end{cases} \quad n=1,2,\cdots,N-1; i=1,2,\cdots,m \quad (5\text{-}12)$$

式中，$q_i(n)$ 为第 i 套轴承在第 n 个和第 $n+1$ 个数据的性能对比结果，$x_i(n)$ 和 $x_i(n+1)$ 为第 i 套轴承的第 n 个和第 $n+1$ 个数据，i 为轴承序号，m 为轴承套数，n 为数据序号，N 为数据个数。

计算向量 $\boldsymbol{Q}_i$ 的参数 Q：

$$Q = \sum_{n=1}^{N-1} q_i(n), \quad n=1,2,\cdots,N-1; i=1,2,\cdots,m \quad (5\text{-}13)$$

式中，$q_i(n)$ 为第 i 套轴承的第 n 个和第 $n+1$ 个数据的性能对比结果，i 为轴承序号，m 为轴承套数，n 为数据序号，N 为数据个数。

(2) 根据显著性水平 α 和样本容量 $N-1$，确定临界值 C。

(3) 若 $Q>C$，则说明第 i 套轴承总体性能数据是减小趋势，否则滚动轴承总体性能数据是增加趋势。

3. 滚动轴承状态特征

状态特征是反映每套滚动轴承摩擦力矩在总体摩擦力矩中所处的状况，可以用来分析摩擦力矩的总体特征。具体方法是，按照总体摩擦力矩大小排列顺序，根据每套轴承摩擦力矩在总体中的位置即该摩擦力矩的秩，计算出该套轴承摩擦力矩的秩和来反映该套滚动轴承摩擦力矩在总体摩擦力矩中的具体情况，从而对轴承摩擦力矩的分布情况做出合理评估。秩和评判法的具体步骤如下：

(1) 设 X_i 为来自总体 X 的一个样本；$(x_i(1), x_i(2),\cdots,x_i(N))$ 为该样本的观测值，记 $(x_{(i)}(1), x_{(i)}(2),\cdots,x_{(i)}(N))$ 为该样本的次序统计量；如果 $x_i(n)=x_i(k)$，那么 $x_i(n)$ 的秩为 k，记为 $R(x_i(n))$。

(2) 把样本 X_i 的观测值 $(x_i(1), x_i(2),\cdots,x_i(N))$ 与样本 X_j 的观测值 $(x_j(1), x_j(2),\cdots,x_j(N))$ 混合在一起，按从小到大的顺序排列 $(x_{(i)}(1), x_{(i)}(2),\cdots, x_{(i)}(2N))$ 及 $(x_{(j)}(1), x_{(j)}(2),\cdots,x_{(j)}(2N))$，样本 X_i 的秩就是按照顺序排序后所在位置的次序号数，秩和

$R(X_i)$ 为

$$R(X_i) = \sum_{i=1}^{m} R(x_i(n)), \quad n = 1, 2, \cdots, N-1; i = 1, 2, \cdots, m \tag{5-14}$$

式中，$R(X_i)$ 为样本 X_i 的秩和，$R(x_i(n))$ 为观测值 $x_i(n)$ 的秩，$x_i(n)$ 为第 i 个样本的第 n 个数据，i 为轴承序号，m 为轴承套数，n 为数据序号，N 为数据个数。

同样有

$$R(X_j) = \sum_{j=1}^{m} R(x_j(n)), \quad n = 1, 2, \cdots, N-1; j = 1, 2, \cdots, m \tag{5-15}$$

式中，$R(X_j)$ 为样本 X_j 的秩和，$R(x_j(n))$ 为观测值 $x_j(n)$ 的秩，$x_j(n)$ 为第 j 个样本的第 n 个数据，j 为轴承序号，m 为轴承套数，n 为数据序号，N 为数据个数。

(3) 根据显著性水平 α，利用正态分布得到分位数 $u_{\alpha/2}$。

(4) 计算判断值 R：

$$R = \frac{R(X_i) - \dfrac{N(2N+1)}{2}}{N\sqrt{\dfrac{2N+1}{12}}}, \quad i = 1, 2 \cdots, m \tag{5-16}$$

式中，$R(X_i)$ 为样本 X_i 的秩和，N 为数据个数，i 为轴承序号，m 为轴承套数。

(5) 若 $R \geqslant u_{\alpha/2}$，则第 i 套轴承时序特征劣于第 j 套轴承；若 $R < u_{\alpha/2}$，则第 i 套轴承时序特征与第 j 套轴承时序特征没有明显区别。

例如，假设两件产品 A 和 B 的某项指标连续 13 天的波动数据如下(单位：μm)：

A: 1.13, 1.26, 1.16, 1.41, 0.86, 1.39, 1.21, 1.22, 1.20, 0.62, 1.18, 1.34, 1.57

B: 1.21, 1.31, 0.99, 1.59, 1.41, 1.48, 1.31, 1.12, 1.60, 1.38, 1.60, 1.84, 1.95

对以上数据进行稳健化处理，得到下列数据：

A: 1.13, 1.26, 1.16, 1.41, 0.86, 1.39, 1.21, 1.22, 1.20, 0.86, 1.18, 1.34, 1.41

B: 1.21, 1.31, 1.12, 1.59, 1.41, 1.48, 1.31, 1.12, 1.60, 1.38, 1.60, 1.84, 1.84

经计算，得到这两件产品的基本特征：

A: 灵敏性能系数 1.2023μm，稳定性能系数 0.1794μm；

B: 灵敏性能系数 1.4469μm，稳定性能系数 0.2399μm。

时序特征：

A: 时序性能 2；B: 时序性能 11。

状态特征：

A: 状态性能 109.5；B: 状态性能 216.5。

根据上述产品 A 和 B 的基本特征、时序特征及状态特征，可以判断出，二者性能差别明显。

5.1.5　评判方法

1. 滚动轴承基本特征评判方法

滚动轴承的基本特征用灵敏性能系数 A_i 和稳定性能系数 S_i 来反映。A_i 数值越小表示轴承的灵敏性能越好；S_i 数值越小表示轴承的稳定性能越好；A_i 值大而 S_i 值小表示轴承灵敏性能差但性能稳定；A_i 值小而 S_i 值大表示轴承灵敏性能好但性能不稳定；A_i 和 S_i 值均大表示轴承灵敏性能差且性能不稳定。显然，二者综合反映了轴承摩擦力矩灵敏性能及稳定性能，为初步分析轴承摩擦力矩奠定了基础。

2. 滚动轴承时序特征评判方法

在滚动轴承时序特征评估中，显著性水平 α 是衡量滚动轴承摩擦力矩水平的状态参数，该数值越小说明比较的结果差异越大，数值越大说明比较的结果差异越小。一般地，显著性水平 α 取值为 0.01 和 0.05。对于一般设备，摩擦力矩置信水平要求为 95%；对于重要设备，摩擦力矩置信水平要求为 99%～100%。Z 表示该套轴承摩擦力矩大于其他轴承摩擦力矩的次数，该数值越大表明该套轴承与其他轴承相比，轴承的润滑与运转灵活性越差。C 是在具体样本空间中显著性水平 α 下的标准值，表示一个基准值，大于该数值表示相差的等级达到某种程度。

该方法综合两套轴承摩擦力矩总体情况判断轴承摩擦力矩的时序特征，可以避免数据中个别较大或较小数据的影响,能反映滚动轴承摩擦力矩具体对比状况,进而表征出滚动轴承摩擦力矩的时序特征。

3. 滚动轴承状态特征评判方法

滚动轴承状态特征评判是采用秩和评判的方法。该方法可以有效解决不同数值排列顺序对滚动轴承摩擦力矩的影响。秩和 $R(X_i)$ 数值越大，表明该套轴承的摩擦力矩排列顺序越靠后，其状态特征越差，也就是该轴承摩擦性能不好。

最后汇总上述三种方法的结果来综合判断滚动轴承摩擦力矩的特征，从少数几套滚动轴承中选出性能最优的轴承。

5.2　滚动轴承摩擦力矩数据分析

根据上述数学模型及评判方法,本节对 A 和 B 滚动轴承的摩擦力矩稳健数据进行分析。

由于实验数据为 2048 个,数据较多,可以用正态分布来模拟滚动轴承摩擦力矩的特征分布。根据显著性水平 α 及样本容量,利用正态分布确定临界值；计算

R 数值并与临界值比较，得出这两套轴承摩擦力矩时序特征的优劣。

5.2.1 A 滚动轴承摩擦力矩参数与非参数分析

1. 滚动轴承摩擦力矩基本特征

A 滚动轴承摩擦力矩基本特征参数如表 5-1 所示。从表中可以看到，灵敏性能系数的数量级是 0.1，稳定性能系数的数量级是 0.01，相对数量级之比为 10%，表明滚动轴承摩擦力矩的变化比较小，数值比较稳定。第 1、2 套轴承的灵敏性能、稳定性能特征比较接近，其特征明显优于其他轴承；第 7、10 套轴承的灵敏性能最差，稳定性能一般；第 4、5、6、8、9 套轴承的灵敏性能较差，稳定性能一般；第 3 套轴承的灵敏性能较好，稳定性能最差。由此可以推断，第 1、2 套轴承的基本特征比较好。

表 5-1   A 滚动轴承摩擦性能表

编号	灵敏性能系数 A_i	稳定性能系数 S_i	备注
1	0.469139	0.025387	*
2	0.468772	0.008533	*
3	0.502728	0.074691	**
4	0.602863	0.032147	***
5	0.574911	0.017044	**
6	0.580322	0.020592	**
7	0.636478	0.024559	***
8	0.589715	0.024243	**
9	0.581222	0.015179	**
10	0.63671	0.025716	***

注：*表示轴承摩擦力矩基本特征良好；**表示轴承摩擦力矩基本特征一般；***表示轴承摩擦力矩基本特征较差。

在灵敏性能系数计算中，较大和较小数值以线性方式影响结果；在稳定性能系数计算中，以平方的方式影响结果。很明显，滚动轴承基本特征受较大和较小数值影响较大，对要求较严的滚动轴承来说很不合理；符号法可以降低远离摩擦力矩平均值的数据的影响，可以据此来分析滚动轴承摩擦力矩的特点。

由上述参数方法的分析结果可知，第 1、2 套滚动轴承摩擦力矩的基本特征最好。下面再用非参数方法分析这两套轴承的时序特征、状态特征，以选出综合性能最优的轴承。

2. 滚动轴承摩擦力矩时序特征

根据式(5-10)及式(5-11)，得到统计量 Z：

$$Z = \sum_{i=1}^{2048} z_i = 1014 \tag{5-17}$$

该样本容量较大，可以假设滚动轴承摩擦力矩近似服从正态分布，这样 C 为

$$C = \frac{N}{2} - \mu_{\frac{\alpha}{2}} \frac{\sqrt{N}}{2} \tag{5-18}$$

式中，N=2048，α=0.01。

计算结果为 C=949.3206。

在图 5-1 中，总体比较数据为 N=2048，在置信水平 99%条件下，第 1、2 套轴承的摩擦力矩有显著区别的数值为 C=949.3206，计算结果为 Z=1014，即 Z=1014>C=949.3206。这说明在置信水平 99%条件下，第 1 套轴承的时序特征略差于第 2 套轴承的时序特征，但没有显著区别。

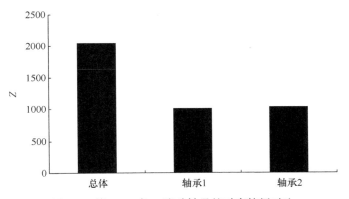

图 5-1　第 1、2 套 A 滚动轴承的时序特征对比

从滚动轴承时序分析方法可以知道，该方法弱化了偏远数值的影响，但忽略了数据排列对结果的影响。对于要求很高的滚动轴承，需要对滚动轴承摩擦力矩进行状态分析。

3. 滚动轴承摩擦力矩状态特征

根据式(5-14)、式(5-15)及式(5-16)，可得

$$R(X_1) = \sum_{n=1}^{2048} R(x_1(n)) = 4179099 \tag{5-19}$$

$$R(X_2) = \sum_{n=1}^{2048} R(x_2(n)) = 4211557 \tag{5-20}$$

$$R = 0.429 \tag{5-21}$$

为了更清楚地分析第 1、2 套轴承的状态特征，将秩和结果列在图 5-2 中。

由正态分布及样本容量 2048，在显著性水平 α=0.01 时，得到 R 的临界值为 3.30。这样可知 R 值小于临界值；根据秩和判定方法，说明在置信水平 99%条件

下，第 1 套轴承的摩擦力矩状态特征与第 2 套轴承的摩擦力矩状态特征在综合排序中没有显著差别；同时根据图 5-2 中第 1 套轴承和第 2 套轴承的摩擦力矩秩和的对比，可以看出第 2 套轴承摩擦力矩数据排列的顺序滞后于第 1 套轴承的排列顺序，但不显著；说明第 1 套轴承的摩擦力矩状态特征略优于第 2 套轴承的摩擦力矩状态特征。

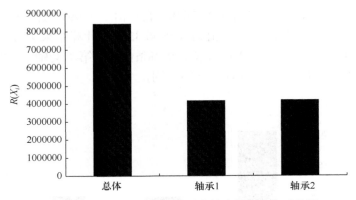

图 5-2　第 1、2 套 A 滚动轴承摩擦力矩的秩和对比图

　　为了方便系统分析滚动轴承摩擦力矩特征，把第 1、2 套轴承的性能特征列在表 5-2 中。

表 5-2　第 1、2 套 A 滚动轴承摩擦力矩性能特征参数

轴承序号	灵敏性能系数 A_i	稳定性能系数 S_i	时序特征 Z	状态特征 $|R|$
1	0.469139	0.025387	1014	0.429
2	0.468772	0.008533	1034	0.429

　　综合滚动轴承的基本特征、时序特征、状态特征，第 2 套轴承的基本特征优于第 1 套轴承的基本特征；同时在显著性水平 $\alpha=0.01$ 下，第 2 套轴承的时序特征略优于第 1 套轴承的时序特征，但没有显著性差别；第 1 套轴承的状态特征略差于第 2 套轴承的状态特征，但是没有显著性差别。综合考虑滚动轴承的三个特征，可以评判出，第 2 套轴承的综合性能略优于第 1 套轴承的综合性能。最后可以确定，在实验中的 10 套 A 滚动轴承中，第 2 套轴承的综合性能最好。

　　下面对 B 滚动轴承摩擦力矩进行参数与非参数分析。

5.2.2　B 滚动轴承摩擦力矩参数与非参数分析

　　1. 滚动轴承摩擦力矩基本特征

　　根据上述方法对 B 滚动轴承摩擦力矩稳健数据进行计算，得到 B 滚动轴承摩擦力矩基本特征参数，结果见表5-3。

表 5-3　B 滚动轴承摩擦力矩稳健数据性能参数

序号	灵敏性能系数 A_i	稳定性能系数 S_i	备注
1	0.328146	0.039837	**
2	0.541531	0.135031	**
3	0.2726	0.0510863	**
4	0.296862	0.076987	**
5	0.654718	0.054991	***
6	0.169858	0.077981	*
7	0.156610	0.0374684	*
8	0.280780	0.043154	**
9	0.482925	0.052847	**
10	0.686415	0.050758	***

　　根据表5-3可以看出，第6、7套滚动轴承摩擦力矩的基本特征最好。下面再分析这两套轴承的时序特征和状态特征。

2. 滚动轴承摩擦力矩时序特征

　　根据式(5-10)及式(5-11)，得到统计量 Z：

$$Z = \sum_{i=1}^{2048} z_i = 898 \tag{5-22}$$

该样本容量较大，可以假设滚动轴承摩擦力矩近似服从正态分布，这样 C 为

$$C = \frac{N}{2} - \mu_{\frac{\alpha}{2}} \frac{\sqrt{N}}{2} \tag{5-23}$$

式中，N=2048，α=0.01。

　　计算结果为 C=949.3206。

　　在图5-3中，总体比较数据为 N=2048，在置信水平99%条件下，第6、7套

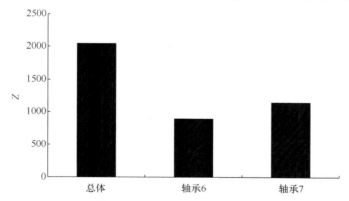

图 5-3　第 6、7 套 B 滚动轴承的时序特征对比

轴承的摩擦力矩有显著区别的数值为 $C=949.3206$，计算结果为 $Z=898$，可见 $Z<C$。这说明在置信水平 99%条件下，第 6 套轴承的时序特征与第 7 套轴承的时序特征有显著区别，第 7 套轴承的摩擦力矩时序特征显著优于第 6 套轴承的摩擦力矩时序特征。

从滚动轴承时序分析方法可以知道，该方法弱化了偏远数值的影响，但忽略了数据排列对结果的影响，对于要求很高的滚动轴承，需要对滚动轴承摩擦力矩进行状态分析。

3. 滚动轴承摩擦力矩状态特征

根据式(5-14)、式(5-15)及式(5-16)，可得

$$R(X_6) = \sum_{n=1}^{2048} R(x_6(n)) = 6664191 \tag{5-24}$$

$$R(X_7) = \sum_{n=1}^{2048} R(x_7(n)) = 1726465 \tag{5-25}$$

$$|R| = 65.1103 \tag{5-26}$$

由正态分布得到 R 的临界值为 3.30，这样$|R|>3.30$。根据秩和判定方法，说明在置信水平 99%条件下，第 6 套轴承的摩擦力矩状态特征与第 7 套轴承的摩擦力矩状态特征在综合排序中有显著差别；同时根据图 5-4 中第 6、7 套轴承摩擦力矩秩和的对比，可以看出第 6 套轴承的摩擦力矩数据排列的顺序明显滞后于第 7 套轴承的排列顺序，说明第 7 套轴承的摩擦力矩状态特征优于第 6 套轴承的摩擦力矩状态特征。根据二者的状态特征，第 7 套轴承的摩擦性能优于第 6 套轴承的摩擦性能。

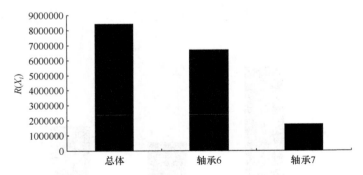

图 5-4　第 6、7 套 B 滚动轴承的摩擦力矩秩和对比

为了方便系统分析滚动轴承摩擦力矩特征，把第 6、7 套轴承的性能特征列在表 5-4 中。

表 5-4　第 6、7 套 B 滚动轴承摩擦力矩特征性能参数

轴承序号	灵敏性能系数 A_i	稳定性能系数 S_i	时序特征 Z	状态特征 $|R|$
6	0.169858	0.077981	898	65.1103
7	0.156610	0.0374684	1150	65.1103

综合滚动轴承的基本特征、时序特征、状态特征，第 7 套轴承的基本特征优于第 6 套轴承的基本特征；同时，在显著性水平 $\alpha=0.01$ 下，第 7 套轴承的时序特征、状态特征均优于第 6 套轴承。综合考虑滚动轴承的三个特征，可以评判出，第 7 套轴承的综合性能优于第 6 套轴承的综合性能，从而最终确定出，在实验中的 10 套 B 滚动轴承中，第 7 套轴承的综合性能最优。

5.3　讨　　论

滚动轴承摩擦力矩的参数与非参数融合方法可以从不同侧面反映滚动轴承摩擦性能的特点。滚动轴承摩擦力矩数据经过稳健化处理后，用矩估计方法分析数据的基本特征，能够减小离散数据的影响；用符号分析方法分析数据的时序特征，对每个数据进行等权处理，能反映出同一时刻不同轴承之间的数据对比情况；用秩和分析方法分析数据的状态特征，能反映出不同轴承之间的数据排序情况，弥补了数据不同顺序排列对性能评价结果的影响。可以看出，参数评估方法可以反映不同数据大小对性能评价结果的影响，非参数评估方法可以等权重反映数据变化趋势。将二者进行融合，综合反映了滚动轴承的摩擦性能。

滚动轴承摩擦力矩的基本特征可以反映原数据的总体大小与波动状态，但不能反映不同时刻的原数据大小与波动状态；根据原数据的时序分布情况，滚动轴承摩擦力矩的时序特征可以反映相同时刻数据的对比情况，减小了原数据中极大与极小数据对数据基本特征的影响；根据原数据的排序情况，滚动轴承摩擦力矩的状态特征可以反映数据的集中与离散状况，减小了因次序排列不同而对评估结果造成的影响。因此，参数与非参数融合分析可以从基本特征、时序特征、状态特征全面反映滚动轴承摩擦力矩的综合性能。

参数与非参数融合分析方法基于三个特征构建出一个评估体系，可以分析滚动轴承的综合性能，进而判断滚动轴承摩擦性能的优劣。

5.4　本　章　小　结

　　本章依据近代统计学理论，基于参数估计与非参数估计的优点与缺点的互补性，提出了参数与非参数融合评估方法。该方法以矩估计、符号估计、秩和估计方法为支撑，构建出滚动轴承摩擦性能的评估体系。该评估体系以滚动轴承摩擦力矩的基本特征、时序特征、状态特征来综合反映滚动轴承的摩擦性能，为滚动轴承摩擦性能的优劣选择提供了新的理论依据。

　　参数与非参数融合评估体系可以反映数据的静态特征及趋势变化，适合单套轴承及多套轴承的性能评估。对于单套轴承，可以评估其当前状态与趋势的优劣变化；对于多套轴承，可以选择性能最优的轴承。

第 6 章　滚动轴承性能稳健数据的动态分析

本章主要研究滚动轴承性能稳健数据的动态分析问题，主要内容包括滚动轴承性能的动态研究方法，建立动态分析模型，分析滚动轴承振动与摩擦力矩的动态特征，研究滚动轴承性能预测及物理参数与相空间参数评估问题。

6.1　滚动轴承性能的动态分析理论

1. 滚动轴承性能的混沌分析

混沌理论是现代非线性分析的重要方法之一，滚动轴承摩擦力矩及振动具有非线性动态特征，适合使用混沌理论进行研究。

用混沌理论研究滚动轴承性能时，通常以相空间重构的概念分析非线性的动态特征，以互信息方法得到时间序列的时间延迟，以 Cao 方法计算时间序列的嵌入维数，根据时间延迟及嵌入维数计算时间序列的 Lyapunov 指数，进而实施时间序列的预测。

用混沌理论分析时间序列的吸引子，计算时间序列的饱和嵌入维数以及估计关联维数，得出时间序列的物理量中位数与估计关联维数的关系，可以综合反映滚动轴承振动、摩擦力矩的动态特征。然而，混沌理论在非线性动态分析时并非是完美的。混沌理论的分析结果对初始值很敏感，不同的初始值会导致结果有很大差异，尤其是初始值中含有离散数据，结果出入会更大。因此，在使用混沌理论进行分析之前，应当对数据序列进行预处理，减小离散数据的影响。数据的稳健化处理可以有效分离出数据中的离散数据，并对这些数据进行处理，降低或弱化这些数据对数据序列的影响。基于此，本章将数据稳健化处理与混沌理论进行融合，以振动与摩擦力矩性能为具体案例，分析滚动轴承性能的非线性动力学特征。

2. 滚动轴承性能数据的稳健性处理

在滚动轴承性能实验与测试过程中，制造、安装、润滑以及测量仪器等因素的随机性、不确定性，将导致滚动轴承性能数据收集的复杂性；同时，实验环境、温度等诸多条件的影响，也会造成数据的偏差。而现在大部分数据分析方法在处理原始数据时，把一些离散性数据作为粗大误差或野值去掉，或者忽略离散数据的影响。这种方法欠妥的原因：第一是这些数据不一定是测量误差，有可能是真实情况的反应；第二是这些数据的确对测量有影响，在不同的情况下有不同的影响，甚至对性能的变化起决定性的作用，但不应当去掉，应慎重考虑，酌情处理。为此，本章提出改进的 Huber M 估计方法来评估轴承振动及摩擦性能，以降低离散数据对整体数据的影响，同时又包含该数据的信息。

例如，对于均匀分布、二项分布、正态分布等常用的分布而言，中位数和平均值是一致的；对于数据量较大的实验数据是近似于某种分布的函数，因此实验数据中位数和平均值应当近似。如果中位数和平均值相差很大，说明数据中存在变异或者不合理数据，可以用 Huber M 估计方法对数据进行稳健化处理后再进行混沌分析。这种方法的步骤如下：

(1) 根据统计理论给出数据的显著性水平范围；

(2) 对原数据序列进行排序，距离中位数最远的数为离散数据，用相邻的数据代替，得到新数据序列；

(3) 分析中位数和平均值的差异，当中位数和平均值相差比较小时，说明新数据序列是稳健的，于是得到稳健化的数据；

(4) 对稳健数据进行混沌分析。

3. 滚动轴承性能动态分析融合理论

对滚动轴承性能数据进行稳健化处理，得到稳健数据，为数据分析提供了可靠的基础。

滚动轴承性能具有非线性、多样性与复杂性特点，而混沌理论是现代解决非线性问题的重要方法之一。因此，可以用混沌理论研究滚动轴承性能问题。但是，混沌系统对初始条件很敏感，而稳健化实验数据处理可以弱化初始条件的影响，将稳健化原理与混沌理论进行有机结合，可以有效地分析滚动轴承的非线性动态性能问题。步骤如下：

(1) 对滚动轴承性能数据进行稳健化处理，得到稳健数据；

(2) 用互信息方法处理滚动轴承性能稳健数据，得到相空间重构的时间延迟；

(3) 用 Cao 方法处理滚动轴承性能稳健数据，得到相空间的嵌入维数；

(4) 基于滚动轴承性能稳健数据、时间延迟与嵌入维数，用混沌理论可以得到 Lyapunov 指数；

(5) 基于滚动轴承性能稳健数据、时间延迟与嵌入维数，用混沌理论可以得到吸引子；

(6) 计算滚动轴承性能稳健数据的饱和嵌入维数，并估计关联维数；

(7) 得出滚动轴承性能数据物理空间的中位数与估计关联维数的混沌关系。

6.2　动态分析数学模型

6.2.1　数据稳健化处理

将连续的时间变量 t 离散化，在设定时间间隔下，按一个时刻一套轴承，采集数据得到滚动轴承性能数据序列 X：

$$X = \left\{ x(n) \right\}, \quad n = 1,2,\cdots,N \tag{6-1}$$

式中，X 为数据序列，$x(n)$ 为第 n 个数据，n 为数据序号，N 为数据个数。

从 X 中取出第 i 套轴承的性能数据，组成第 i 套滚动轴承性能数据 X_i：

$$X_i = \left\{ x_i(n) \right\}, \quad n = 1,2,\cdots,N \,; i = 1,2,\cdots,m \tag{6-2}$$

式中，X_i 为第 i 套滚动轴承性能数据，$x_i(n)$ 为第 i 套轴承的第 n 个性能数据，i 为轴承序号，m 为轴承套数，n 为数据序号，N 为数据个数。

将滚动轴承性能数据按照从小到大的顺序进行排序，得到滚动轴承性能数据次序序列 Y_i：

$$Y_i = \left\{ y_i(n) \right\}, \quad i = 1,2,\cdots,m \,; n = 1,2,\cdots,N \tag{6-3}$$

式中，Y_i 为第 i 套滚动轴承性能数据次序序列，$y_i(n)$ 为第 i 套轴承性能数据的第 n 个数据，i 为轴承序号，m 为轴承套数，n 为数据序号，N 为数据个数。

找出各个序列的性能数据中位数 β_i，计算公式为

$$\beta_i = y_i\left(\frac{N+1}{2} \right), \quad i = 1,2,\cdots,m \tag{6-4}$$

$$\beta_i = \frac{1}{2}\left(y_i\left(\frac{N}{2} \right) + y_i\left(\frac{N}{2} + 1 \right) \right), \quad i = 1,2,\cdots,m \tag{6-5}$$

式中，β_i 为性能数据中位数，N 为数据个数，N 为奇数时用式(6-4)，N 为偶数时用式(6-5)，i 为轴承序号，m 为轴承套数。

假设 $y_i(b)$ 和 $y_i(e)$ 分别是绝对值排序序列中的第 b 个数据和第 e 个数据，b 和 e 为 $1,2,\cdots,N$ 中的两个数据，且 $y_i(b) \leqslant \beta_i$，$\beta_i \leqslant y_i(e)$。

定义从小到大的顺序 $y_i(b),\cdots,\beta_i$ 的排序序列为左序列；左序列的数据个数为 n_1；$y_i(b)$ 为左序列首数据。

定义从小到大的顺序 $\beta_i,\cdots,y_i(e)$ 的排序序列为右序列；右序列的数据个数为

n_2；$y_i(e)$ 为右序列尾数据。

根据 Huber M 估计原理，当 $y_i(n) \leqslant y_i(b)$ 时，用 $y_i(b)$ 代替 $y_i(n)$；当 $y_i(n) \geqslant y_i(e)$ 时，用 $y_i(e)$ 代替 $y_i(n)$。于是得到改进数据序列 $Z_i(n_1,n_2)$：

$$Z_i(n_1, n_2) = \{z_i(n; n_1, n_2)\}, \quad i = 1, 2, \cdots, m; n = 1, 2, \cdots, N \tag{6-6}$$

式中，$Z_i(n_1,n_2)$ 为改进数据序列，$z_i(n;n_1,n_2)$ 为改进数据序列的第 n 个数据，i 为轴承序号，m 为轴承套数，n 为数据序号，N 为数据个数，n_1 为左序列的数据个数，n_2 为右序列的数据个数。

根据统计学，获得改进数据序列平均值 $\eta_i(n_1,n_2)$：

$$\eta_i(n_1, n_2) = \frac{1}{N} \sum_{n=1}^{N} z_i(n; n_1, n_2), \quad i = 1, 2, \cdots, m \tag{6-7}$$

式中，$\eta_i(n_1,n_2)$ 为改进数据序列平均值，$z_i(n;n_1,n_2)$ 为改进数据序列的第 n 个数据，i 为轴承序号，m 为轴承套数，n 为数据序号，N 为数据个数，n_1 为左序列的数据个数，n_2 为右序列的数据个数。

获得改进数据序列平均值与绝对值排序序列中位数的绝对差 $D_i(n_1,n_2)$：

$$D_i = D_i(n_1, n_2) = |\beta_i - \eta_i(n_1, n_2)|, \quad i = 1, 2, \cdots, m \tag{6-8}$$

式中，$D_i(n_1,n_2)$ 即 D_i 为改进数据序列平均值与绝对值排序序列中位数的绝对差，β_i 为绝对值排序序列中位数，$\eta_i(n_1,n_2)$ 为改进数据序列平均值，i 为轴承序号，m 为轴承套数，n_1 为左序列的数据个数，n_2 为右序列的数据个数。

根据近代统计学中位数的稳健特点，N 为偶数时取 $n_1=n_2=1,2,\cdots,N/2$；N 为奇数时取 $n_1=n_2=1,2,\cdots,(N+1)/2$；$N$ 为第 i 套轴承获得的数据个数；i 为轴承序号；n_1 为左序列的数据个数；n_2 为右序列的数据个数。

取不同的 n_1 和 n_2 值，得到不同的改进数据序列平均值与绝对值排序序列中位数的绝对差 $D_i(n_1,n_2)$。

根据近代统计学的数据稳健性理论，对于稳健数据，其显著性水平为 $\alpha=(n_1+n_2)/N=0\sim0.1$，极限值为 0.1。

找到 $D_i(n_1,n_2)$ 的最小值 $D_{i\min}$，$D_{i\min}$ 所对应的左序列首数据 $y_i(b)$ 和右序列尾数据 $y_i(e)$ 分别为 K_{i1} 和 K_{i2}，得到稳健化实验数据。

将上述稳健数据序号按原数据序号还原，得到稳健化性能数据 Z_i：

$$Z_i = \{z_i(n)\}, \quad i = 1, 2, \cdots, m; n = 1, 2, \cdots, N \tag{6-9}$$

式中，$z_i(n)$ 为第 i 套轴承稳健化性能数据序列中第 n 个数据，i 为轴承序号，m 为轴承套数，n 为数据序号，N 为数据个数。

6.2.2　混沌分析数学模型

1. 滚动轴承性能数据相空间重构理论

根据相空间重构理论，获得一个滚动轴承性能数据相轨迹序列 $Z(n)$：

$$Z(n) = (z(n), z(n+\tau), \cdots, z(n+(k-1)\tau), \cdots, z(n+(m-1)\tau)),$$
$$n = 1, 2, \cdots, M; k = 1, 2, \cdots, m \tag{6-10}$$

$$M = N - (m-1)\tau \tag{6-11}$$

式中，n 表示第 n 个相轨迹，$z(n+(m-1)\tau)$ 表示延迟值，m 表示嵌入维数，τ 为时间延迟，N 为原数据列的数据个数，M 为相轨迹个数。

2. 滚动轴承性能数据时间延迟

用互信息方法可以求出滚动轴承性能数据的时间延迟 τ。

令滚动轴承性能系统为

$$S = Z_i(t)$$
$$Q = Z_i(t+\tau)$$

信息熵分别为 $H(S)$ 和 $H(Q)$：

$$H(S) = \sum_{i=1}^{m} p_s(s_i) \log_2 p_s(s_i) \tag{6-12}$$

$$H(Q) = -\sum_{i=1}^{m} p_q(q_i) \log_2 p_q(q_i) \tag{6-13}$$

式中，$p_s(s_i)$ 和 $p_q(q_i)$ 分别为系统 S 和 Q 的密度函数，i 为轴承序号，m 为轴承套数。

在给定 S 的情况下，可得到相关系统 Q 的信息，称系统 S 和 Q 的互信息为

$$I(\tau) = I(Q, S) = \sum_i \sum_j p_{sq}(s_i, q_j) \log_2 \left[\frac{p_{sq}(s_i, q_j)}{p_s(s_i) p_q(q_j)} \right] \tag{6-14}$$

式中，$p_{sq}(s_i, q_j)$ 为事件 s_i 和事件 q_j 的联合分布率。

定义 $[s, q] = [z_i(t), z_i(t+\tau)]$，则互信息是与延迟事件有关的函数，$I(\tau)$ 的大小代表了在已知系统 S 的情况下，系统 Q 的确定性大小，取 $I(\tau)$ 的第一个极小值作为最优延迟时间。

3. 滚动轴承性能数据嵌入维数

用 Cao 方法可以求出滚动轴承性能数据的嵌入维数 m。

根据式(6-10)，对于相轨迹 $X_m(n)$：

$$X_m(n) = \left\{ x(n), x(n+\tau), \cdots, x(n+(k-1)\tau), x(n+(m-1)\tau) \right\},$$
$$n = 1, 2, \cdots, M; k = 1, 2, \cdots, m \tag{6-15}$$

$$M = N - (m-1)\tau \tag{6-16}$$

式中，$X_m(n)$ 为相轨迹，$x(n+(m-1)\tau)$ 为延迟值，m 为嵌入维数，τ 为时间延迟，n 为第 n 个相轨迹，N 为原数据列的数据个数，M 为相轨迹个数。

对于 $X_m(n)$，都有一个某距离内的最近邻近点 $X_m^{NN}(n)$，其距离 $R_m(n)$ 为

$$R_m(n) = \left\| X_m(n) - X_m^{NN}(n) \right\| \tag{6-17}$$

当相空间维数从 m 增加到 $m+1$ 时，这两点的距离会发生变化，成为 $R_{m+1}(n)$。如果变化很大，说明该序列是随机的，不稳定；如果变化不大，说明该序列是确定的，可以预报。

定义 $a(n, m)$：

$$a(n, m) = \frac{\left\| X_{m+1}(n) - X_{m+1}^{NN}(n) \right\|}{\left\| X_m(n) - X_m^{NN}(n) \right\|} \tag{6-18}$$

定义 $E(m)$：

$$E(m) = \frac{1}{N - m\tau} \sum_{i=1}^{N-m\tau} a(n, m) \tag{6-19}$$

和

$$E_2 = E(m+1) \tag{6-20}$$

定义 E_1：

$$E_1 = \frac{E_2}{E(m)} \tag{6-21}$$

如果 m 大于 m_0 后，E_1 不再发生变化，则 m_0 即为滚动轴承性能的嵌入维数。

4. 滚动轴承性能数据可预测周期

最大 Lyapunov 指数 λ_1 是描述轴承性能的时间序列混沌特征的参数。一般来说，混沌系统对初始条件很敏感，不同的初始条件会得到不同的结果，有时具有相同初始条件的两个相轨迹，会以指数递增率彼此分离，形成不同的状况。Lyapunov 指数是鉴别时间序列混沌特征的数量测度。

在实际的时间序列分析中，通常要估计最大 Lyapunov 指数 λ_1，以鉴别时间序列混沌特征。如果 $\lambda_1 > 0$，则所研究的时间序列为混沌时间序列；否则，所研究的时间序列不属于混沌时间序列。

最大 Lyapunov 指数 λ_1 的求解可以采用基于相轨迹演化的 Wolf 方法，其中，

平均周期可以用 FFT 算法求出。

通常，最长的可预测时间定义为

$$T_\mathrm{m} = \frac{1}{\lambda_1} \tag{6-22}$$

式中，T_m 为可预测时间；λ_1 为最大 Lyapunov 指数。

按此时间预测，两个时间序列的状态差异将增加 2 倍，可预测时间 T_m 也称为短期预测的可靠性指标。

5. 滚动轴承性能数据奇怪吸引子

奇怪吸引子是描述滚动轴承性能时间序列混沌特征的第二个参数，奇怪吸引引子是相轨迹的一种形态，在相空间中图解滚动轴承性能时间序列的动力学特征。

6. 滚动轴承性能数据关联维数

关联维数是描述滚动轴承性能时间序列混沌特征的第三个参数，用来研究滚动轴承性能时间序列的非线性动力学特征。

用 $r(i, l)$ 定义两个相轨迹之间的距离：

$$r(i,l) = \sqrt{\sum_{k=1}^{m}(z(i+(k-1)\tau) - z(l+(k-1)\tau))^2} \tag{6-23}$$

对于给定的 m 和 τ，关联维数可以表达为

$$D_2(r,m) = \lim_{r \to 0} \frac{\ln C(r,m)}{\ln r} \tag{6-24}$$

式中，$C(r, m)$ 为 $r(i, l) < r$ 的概率，即累加距离概率函数。

累加距离概率函数 $C(r, m)$ 的定义为

$$C(r,m) = \frac{2}{N(N-1)} \sum_{i=1}^{N} \sum_{l=i+1}^{N} \theta(r-r(i,l)) \tag{6-25}$$

式中，$\theta(r-r(i, l))$ 为 Heaviside 函数。

Heaviside 函数的定义为

$$\theta(r-r(i,l)) = \begin{cases} 1, & r \geqslant r(i,l) \\ 0, & r < r(i,l) \end{cases} \tag{6-26}$$

在实际计算中，极限 $r \to 0$ 难以满足，通常需要绘出 $\ln r$-$\ln C(r, m)$ 曲线，以关联维数 $D_2(r, m)$ 的估计值 D_2，当 $m \geqslant m_0$ 时，$\ln r$-$\ln C(r, m)$ 曲线彼此趋于平行且更密集地分布。这时对应于 $m = m_0$ 时曲线上直线部分的斜率，就是估计关联维数 D_2。

6.3　数据分析

6.3.1　滚动轴承振动分析

1. 滚动轴承振动稳健性分析

这里主要研究 C 滚动轴承的振动以及 A、B 滚动轴承摩擦力矩的动态特征。在第 4 章详细介绍了实验数据的稳健化处理理论，并对 C 滚动轴承的振动以及 A、B 滚动轴承摩擦力矩的数据进行了处理，发现滚动轴承振动及摩擦力矩数据中不同程度地存在离散数据。对振动及摩擦力矩数据进行稳健化处理后，稳健数据的平均值比原数据的平均值更接近于中位数；稳健数据的最大值小于原数据的最大值，而最小值大于原数据的最小值；而且稳健数据的方差小于原数据的方差，说明稳健化处理可以提高数据的稳健性，能更好地反映数据的特征。

2. 时间延迟

使用互信息方法分析第 1～4 套轴承的时间延迟(Lag)，结果如图 6-1 所示。

根据图 6-1 滚动轴承时间延迟可以看出，第 1～4 套滚动轴承时间延迟很相似，局部有差异。从 $\tau=2$ 开始处于平稳状态，在 $\tau=4$ 达到第一个峰值，之后处于更平稳阶段。可以看出，第 1～4 套滚动轴承具有相同的时延信息且 $\tau=2$。

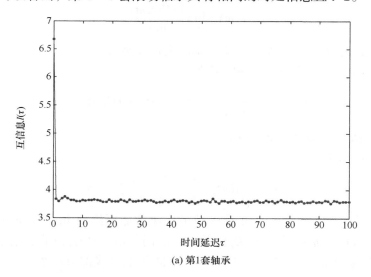

(a) 第1套轴承

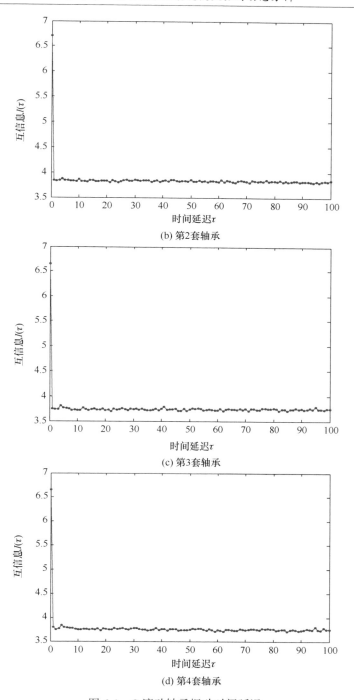

(b) 第2套轴承

(c) 第3套轴承

(d) 第4套轴承

图 6-1　C 滚动轴承振动时间延迟

3. 嵌入维数

用 Cao 方法分析第 1～4 套轴承振动的嵌入维数，结果如图 6-2 所示。由图可以看出，第 1～4 套滚动轴承的嵌入维数很相似，局部有差异。在维数 1～12 是逐渐接近的，在维数 12～14 有较小波动，在维数 14～20 处于平稳期。可见，用 Cao 方法求出的第 1～4 套滚动轴承的嵌入维数为 14。

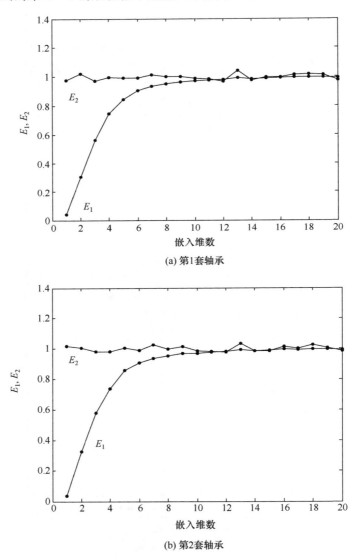

(a) 第1套轴承

(b) 第2套轴承

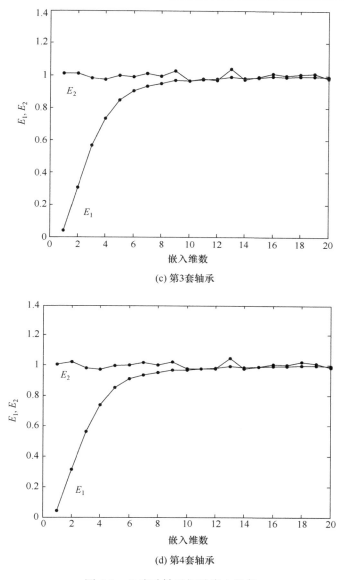

(c) 第3套轴承

(d) 第4套轴承

图 6-2　C 滚动轴承振动嵌入维数

4. 最大 Lyapunov 指数

根据滚动轴承振动稳健数据、时间延迟及嵌入维数，计算滚动轴承振动的最大 Lyapunov 指数，结果见图 6-3。

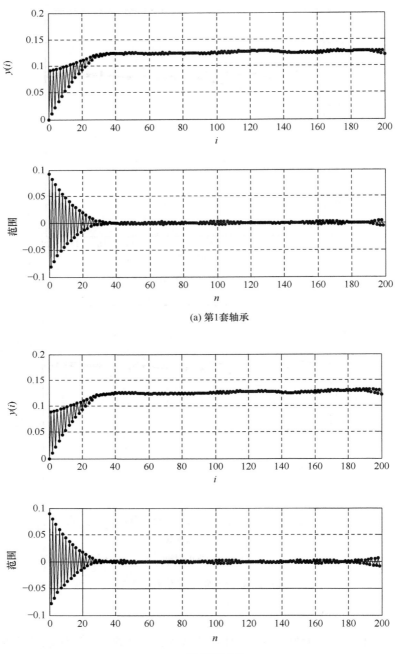

(a) 第1套轴承

(b) 第2套轴承

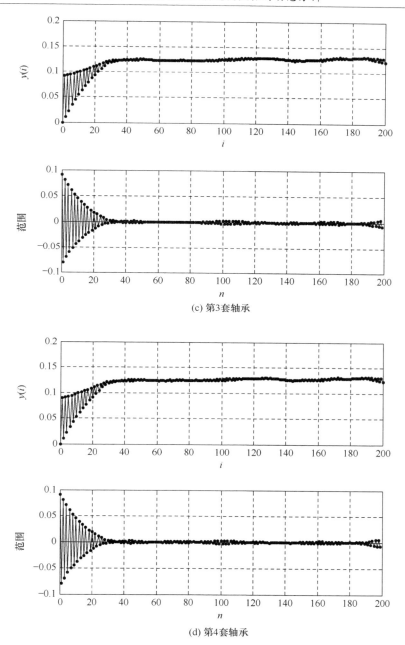

(c) 第3套轴承

(d) 第4套轴承

图 6-3　C 滚动轴承振动最大 Lyapunov 指数

为了进一步分析滚动轴承的振动特性，把有关结果列在表 6-1 中。

表 6-1 第 1~4 套滚动轴承混沌理论参数对比

序号	时间延迟 τ	嵌入维数 m	λ_1	预测周期 T_m
1	2	14	0.0015	667
2	2	14	0.0015	667
3	2	14	0.0015	667
4	2	14	0.0015	667

根据表 6-1，通过互信息法、Cao 方法计算出的 Lyapunov 指数为 $\lambda_1=0.0015>0$，说明滚动轴承的振动属于非线性的混沌状态，可以使用混沌理论进行分析。第 1~4 套滚动轴承振动数据不同却有相同的时间延迟、嵌入维数、特征值，说明混沌理论着重分析振动数据的波动状态，还说明滚动轴承具有相同或者非常相近的波动趋势，该波动趋势的可预测周期为 667。

5. 滚动轴承振动吸引子

振动数据时间序列的吸引子见图 6-4。图中，横坐标为滚动轴承振动值，纵坐标为滚动轴承振动值与包含嵌入维数及时间延迟的振动值的乘积。

根据图 6-4 可以看出，不同滚动轴承呈现出不同的奇怪吸引子，其图形形状相似呈"蝴蝶"状，说明滚动轴承振动时间序列在物理空间具有相似的变化规律，但是在相空间中呈现多样性与复杂性。与原数据(没有经过稳健化处理的数据)的吸引子图 6-5 相比，二者形状相似，但明显可以看出，原数据(没有经过稳健化处理的数据)的吸引子受离散数据的影响，波动范围较大，说明数据的稳健化处理降低了离散数据的影响，减小了数据的敏感性。

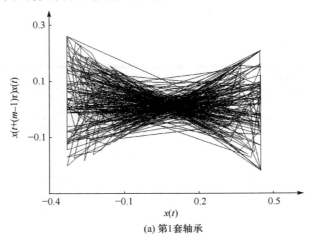

(a) 第1套轴承

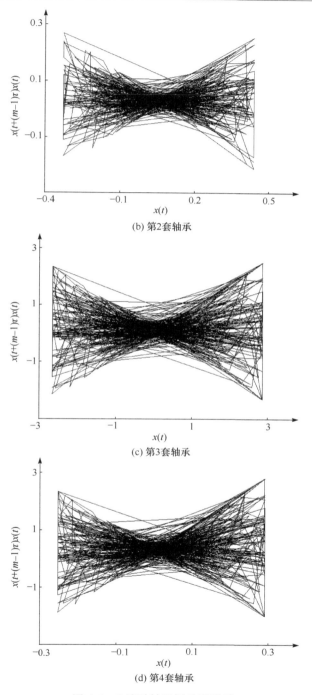

(b) 第2套轴承

(c) 第3套轴承

(d) 第4套轴承

图 6-4　C 滚动轴承振动吸引子

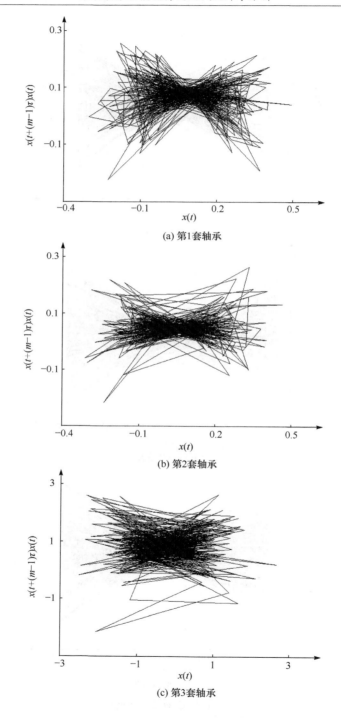

(a) 第1套轴承

(b) 第2套轴承

(c) 第3套轴承

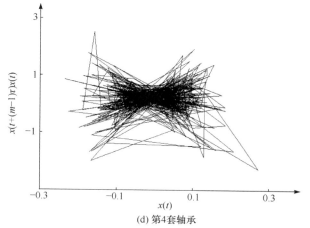

(d) 第4套轴承

图 6-5　C 滚动轴承振动原数据吸引子

6. 滚动轴承振动时间序列的关联维数

滚动轴承振动时间序列的 lnr-lnC(r, m)曲线见图 6-6。

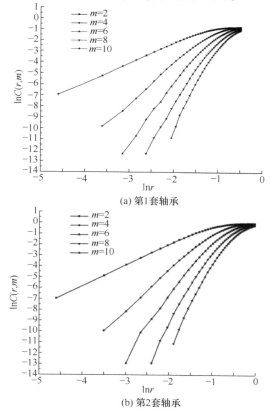

(a) 第1套轴承

(b) 第2套轴承

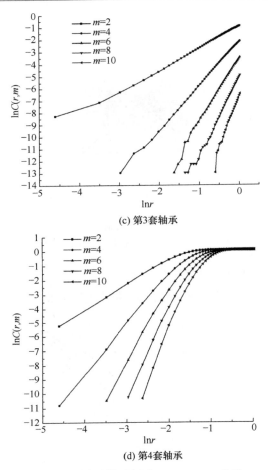

(c) 第3套轴承

(d) 第4套轴承

图 6-6　C 滚动轴承振动 $\ln r$-$\ln C(r, m)$曲线

根据滚动轴承振动时间序列的 $\ln r$-$\ln C(r, m)$曲线可以看出，当 $m \geq m_0$(m_0 为饱和关联维数)时，曲线彼此趋近于平行且密集分布，对应于 $m=m_0$ 时曲线上直线部分的斜率就是估计关联维数 D_2，计算结果见表 6-2。

表 6-2　相空间中轴承振动混沌演化参数

参数	轴承序号			
	1	2	3	4
饱和嵌入维数 m_0	10	10	2	10
估计关联维数 D_2	8.7192	8.5385	45.7352	3.8964

由于轴承振动符号只代表方向，在轴承振动研究中主要研究振动的剧烈程度，所以轴承振动取绝对值。根据第 1～4 套轴承振动的中位数表 4-12(取绝对值)和估

计关联维数表 6-2，可以得出二者之间的关系，见图 6-7。可以看出，物理空间的滚动轴承振动时间序列的中位数 U_{mid} 与相空间的估计关联维数 D_2 之间的关系是，随着轴承振动时间序列中位数 U_{mid} 的增大，估计关联维数 D_2 先减小后增加，总体上呈现增加的非线性与非单调性的趋势。因此，从物理空间到相空间的映射的非线性与非单调性是滚动轴承振动时间序列的内在运行机制。

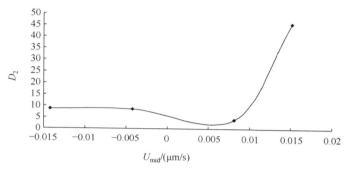

图 6-7　轴承振动中位数和估计关联维数的关系

6.3.2　A 滚动轴承摩擦力矩动态分析

滚动轴承摩擦力矩的动态分析是以 A、B 两种轴承为研究对象的，数据是基于第 4 章滚动轴承摩擦力矩的稳健数据。

1. A 滚动轴承摩擦力矩时间延迟

使用互信息法计算 A 滚动轴承摩擦力矩的时间延迟，结果见图 6-8，图中曲线趋近于稳定时所对应的横坐标数值是最佳的时间延迟。

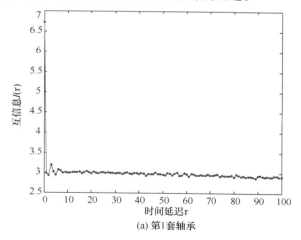

(a) 第 1 套轴承

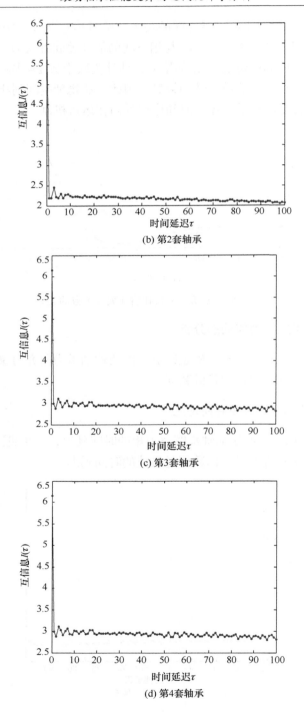

(b) 第2套轴承

(c) 第3套轴承

(d) 第4套轴承

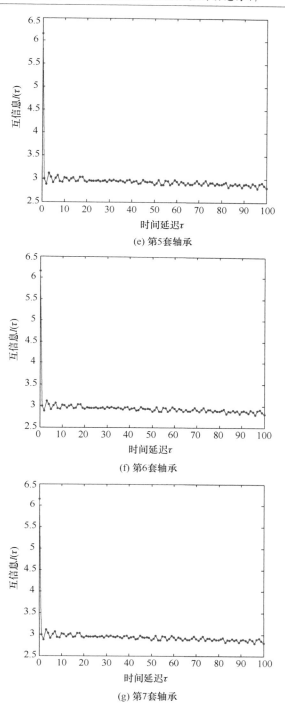

(e) 第5套轴承

(f) 第6套轴承

(g) 第7套轴承

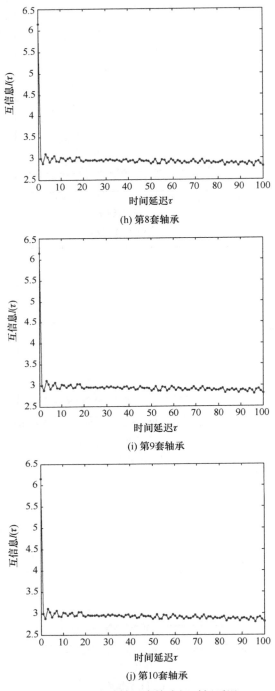

(h) 第8套轴承

(i) 第9套轴承

(j) 第10套轴承

图 6-8　A 滚动轴承摩擦力矩时间延迟

根据 A 滚动轴承摩擦力矩时间延迟图 6-8，可以看出滚动轴承摩擦力矩时间延迟曲线形状很相似，在时间延迟小于 10 时进入平稳，对于不同轴承有一定区别，滚动轴承摩擦力矩的时间延迟见表 6-3。

表 6-3　滚动轴承摩擦力矩最佳时间延迟

序号	时间延迟
1	8
2	6
3	4
4	6
5	4
6	4
7	4
8	4
9	5
10	6

2. A 滚动轴承嵌入维数

利用 Cao 方法计算滚动轴承摩擦力矩的嵌入维数，结果见图 6-9。图中，曲线 E_1 和 E_2 相互接近点的横坐标为嵌入维数。

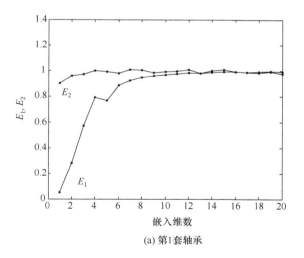

(a) 第1套轴承

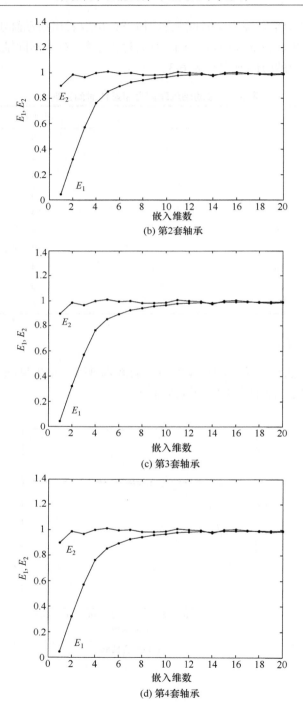

(b) 第2套轴承

(c) 第3套轴承

(d) 第4套轴承

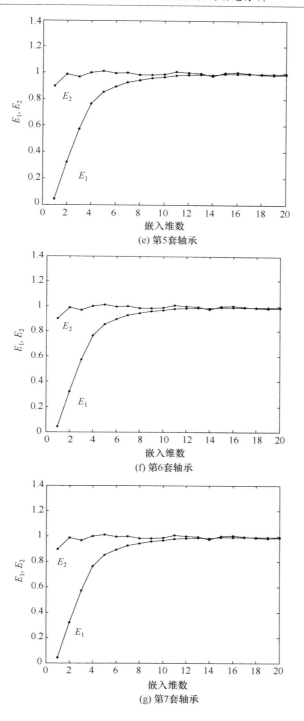

(e) 第5套轴承

(f) 第6套轴承

(g) 第7套轴承

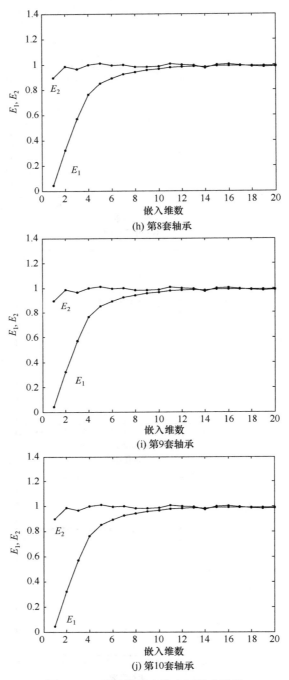

(h) 第8套轴承

(i) 第9套轴承

(j) 第10套轴承

图 6-9　A 滚动轴承摩擦力矩嵌入维数

从图 6-9 中滚动轴承摩擦力矩嵌入维数可以看出，滚动轴承摩擦力矩嵌入维数曲线类似，随着嵌入维数的增加，E_1 和 E_2 曲线逐渐接近，不同轴承摩擦力矩的嵌入维数有所区别，具体见表 6-4。

表 6-4　滚动轴承摩擦力矩嵌入维数

序号	嵌入维数
1	12
2	13
3	13
4	14
5	12
6	10
7	9
8	12
9	10
10	10

3.　A 滚动轴承最大 Lyapunov 指数

根据滚动轴承摩擦力矩时间延迟、嵌入维数，用 LargestLyap 方法计算 Lyapunov 指数，结果见图 6-10。

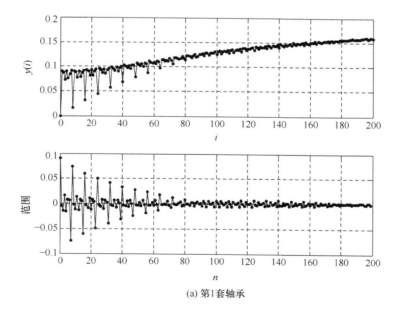

(a) 第1套轴承

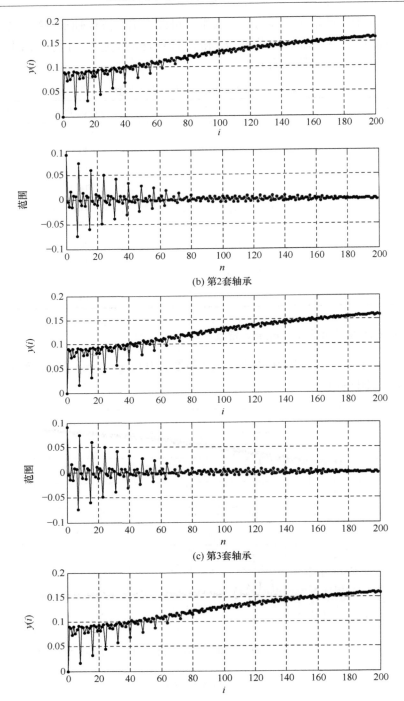

(b) 第2套轴承

(c) 第3套轴承

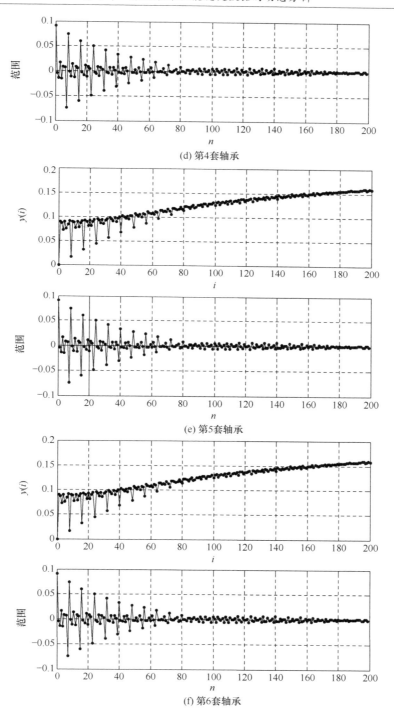

(d) 第4套轴承

(e) 第5套轴承

(f) 第6套轴承

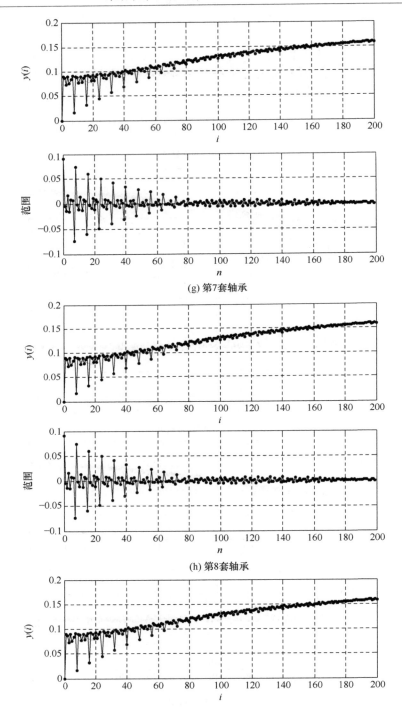

(g) 第7套轴承

(h) 第8套轴承

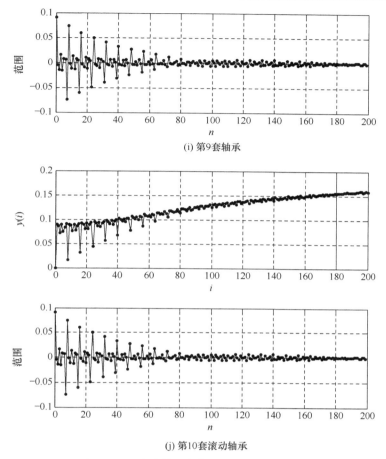

(i) 第9套轴承

(j) 第10套滚动轴承

图 6-10　A 滚动轴承摩擦力矩的 Lyapunov 图

根据图 6-10 可以看出，滚动轴承摩擦力矩的 Lyapunov 指数很相近，其结果见表 6-5。

表 6-5　轴承摩擦力矩 Lyapunov 指数

序号	λ_1
1	0.00005937
2	0.00005937
3	0.00005937
4	0.00005937
5	0.00005937
6	0.00005937
7	0.00005937
8	0.00005937
9	0.00005937
10	0.00005937

从表 6-5 中轴承摩擦力矩 Lyapunov 指数可以看出，滚动轴承摩擦力矩的 Lyapunov 指数是一个非常接近于零的正数。

4. A 滚动轴承吸引子

滚动轴承摩擦力矩的吸引子是表现滚动轴承摩擦力矩物理空间的特征，其吸引子见图 6-11。

从图 6-11 可以看出，滚动轴承摩擦力矩吸引子的总体特征是单调递增，个体之间存在一定的差异。为了说明数据稳健化处理的结果，对滚动轴承摩擦力矩的原数据吸引子图 6-12 进行了对比，结果发现二者形状相似，但滚动轴承摩擦力矩的原数据吸引子图规律明显不如进行过稳健化处理后的数据吸引子，说明数据稳健化处理保留了数据特征，减小了离散数据的影响。

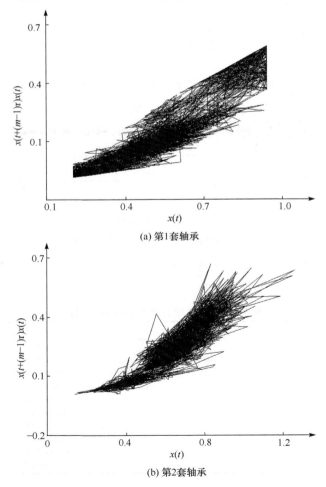

(a) 第1套轴承

(b) 第2套轴承

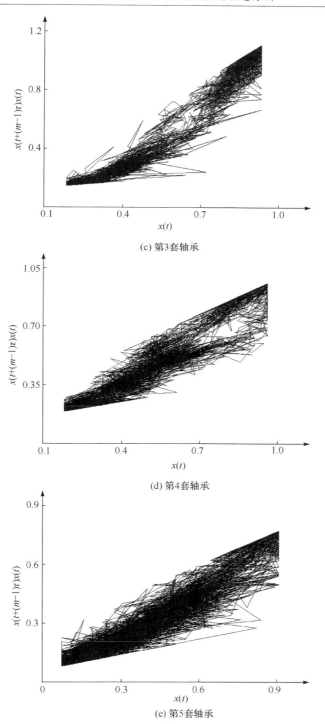

(c) 第3套轴承

(d) 第4套轴承

(e) 第5套轴承

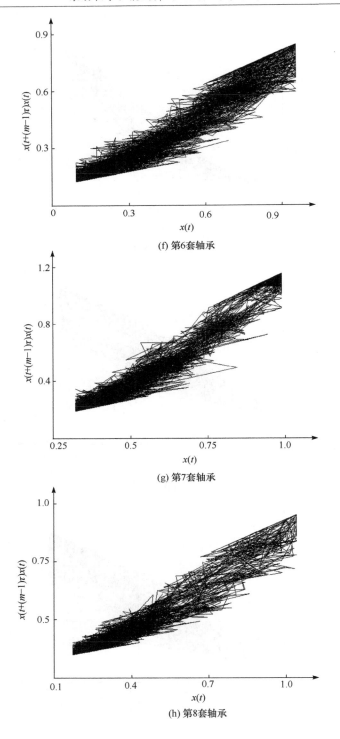

(f) 第6套轴承

(g) 第7套轴承

(h) 第8套轴承

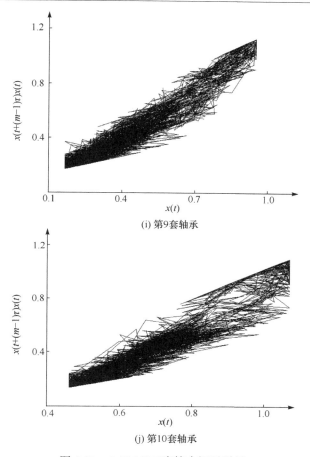

(i) 第9套轴承

(j) 第10套轴承

图 6-11　A 滚动轴承摩擦力矩吸引子

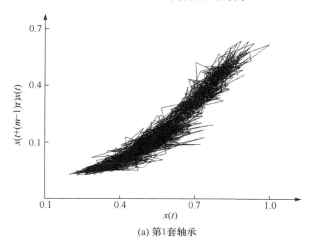

(a) 第1套轴承

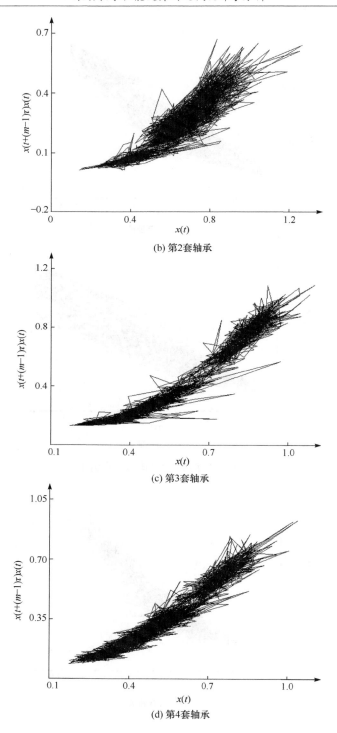

(b) 第2套轴承

(c) 第3套轴承

(d) 第4套轴承

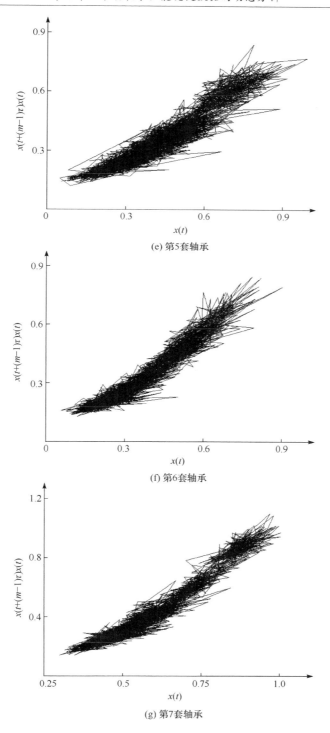

(e) 第5套轴承

(f) 第6套轴承

(g) 第7套轴承

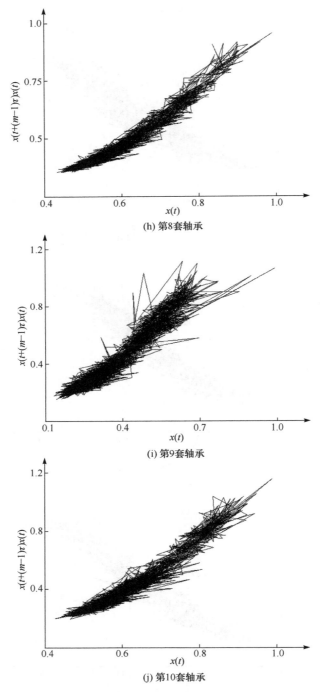

(h) 第8套轴承

(i) 第9套轴承

(j) 第10套轴承

图 6-12　A 滚动轴承摩擦力矩原数据吸引子

5. A 滚动轴承摩擦力矩关联维数

滚动轴承摩擦力矩时间序列的 $\ln r$-$\ln C(r,m)$ 曲线反映了摩擦力矩的空间维数情况，空间关联维数的判断方法是有两条 m 线相似，这两条 m 线直线部分的斜率就是关联维数 D_2，$\ln r$-$\ln C(r,m)$ 曲线见图 6-13。

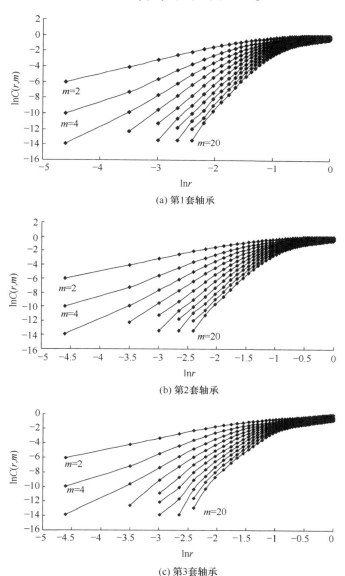

(a) 第1套轴承

(b) 第2套轴承

(c) 第3套轴承

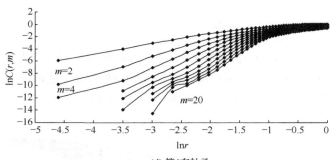

(d) 第4套轴承

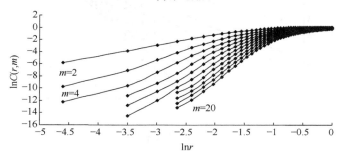

(e) 第5套轴承

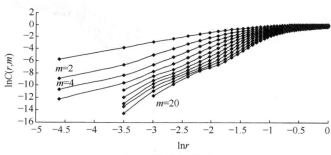

(f) 第6套轴承

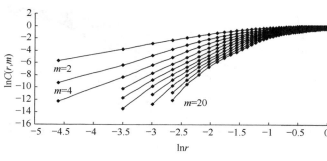

(g) 第7套轴承

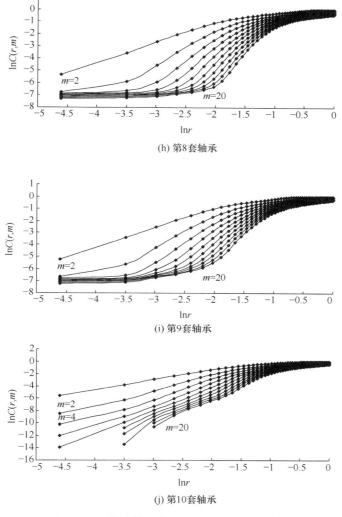

(h) 第8套轴承

(i) 第9套轴承

(j) 第10套轴承

图 6-13　A 滚动轴承摩擦力矩 lnr-lnC(r,m)曲线

　　轴承摩擦力矩时间序列 lnr-lnC(r,m)曲线随着 m 的增大彼此趋近于平行且密集分布，当 $m \geqslant m_0$(m_0 为饱和关联维数)时，对应于 $m=m_0$ 时曲线上直线部分的斜率就是估计关联维数 D_2，计算结果见表 6-6。

　　根据第 1～10 套轴承摩擦力矩的中位数表 4-14 和估计关联维数表 6-6，可以得出二者之间的关系，见图 6-14。可以看出，从物理空间到相空间的映射的非线性与非单调性是滚动轴承摩擦力矩时间序列的内在运行机制。

表 6-6　相空间中轴承摩擦力矩混沌演化参数

轴承序号	项目	
	饱和嵌入维数 m_0	估计关联维数 D_2
1	12	13.41425
2	14	15.40457
3	12	31.07533
4	14	20.0836
5	16	9.20239
6	14	18.08015
7	18	17.95914
8	8	7.92344
9	12	6.03246
10	16	15.8501

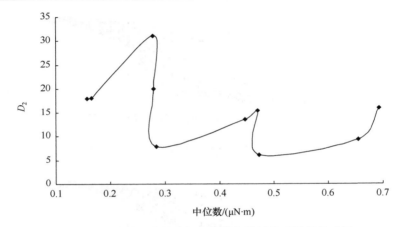

图 6-14　滚动轴承摩擦力矩中位数与估计关联维数关系图

6.3.3　B 滚动轴承摩擦力矩动态分析

1. B 滚动轴承摩擦力矩时间延迟及嵌入维数

根据互信息法、Cao 方法计算 B 滚动轴承的时间延迟及嵌入维数，结果见表 6-7。

表 6-7　B 滚动轴承摩擦力矩时间延迟及嵌入维数

轴承序号	时间延迟 τ	嵌入维数 m_0
1	10	20
2	8	12
3	9	14
4	10	16
5	8	18
6	12	16
7	11	17
8	10	20
9	12	18
10	8	16

根据时间延迟、嵌入维数及稳健化实验数据，计算 B 滚动轴承摩擦力矩的 Lyapunov 指数，结果见表 6-8。

表 6-8　轴承摩擦力矩 Lyapunov 指数

序号	λ_1
1	0.00004563
2	0.00003705
3	0.00003705
4	0.00003504
5	0.00004563
6	0.00003705
7	0.00003205
8	0.00003705
9	0.00003405
10	0.00003705

从表 6-8 中可以看出，滚动轴承摩擦力矩的 Lyapunov 指数是一个非常接近于零的正数。

2. B 滚动轴承摩擦力矩吸引子

滚动轴承摩擦力矩的吸引子表现滚动轴承摩擦力矩物理空间的特征，见图 6-15。

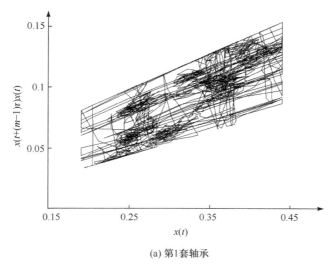

(a) 第1套轴承

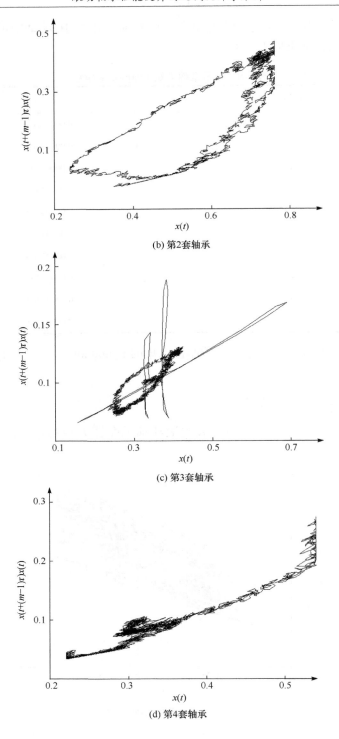

(b) 第2套轴承

(c) 第3套轴承

(d) 第4套轴承

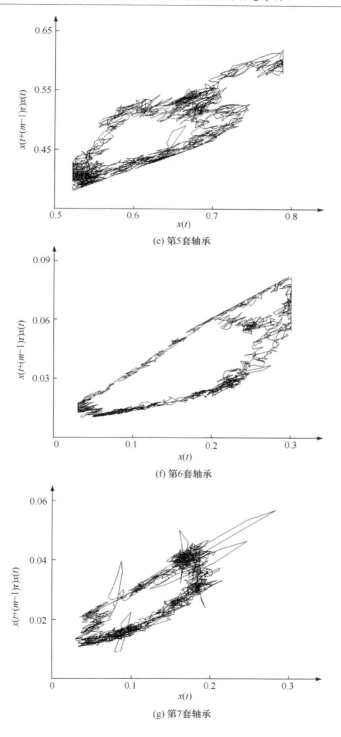

(e) 第5套轴承

(f) 第6套轴承

(g) 第7套轴承

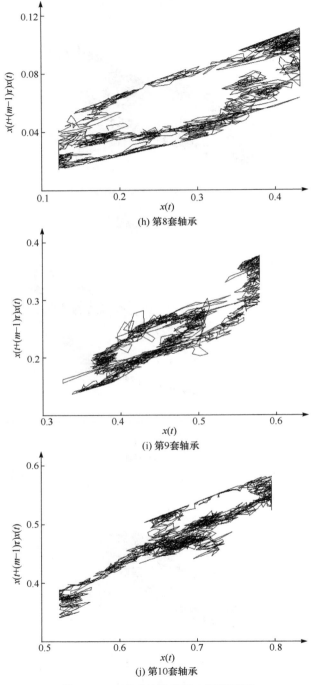

(h) 第8套轴承

(i) 第9套轴承

(j) 第10套轴承

图 6-15 B 滚动轴承摩擦力矩吸引子

从图 6-15 中可以看出，滚动轴承摩擦力矩的吸引子呈单调递增趋势，各套轴承的吸引子趋势有很大不同，呈现出多样性。与滚动轴承摩擦力矩的原数据吸引图 6-16 相比，二者形状相似，但滚动轴承摩擦力矩原数据的吸引子范围大，明显受离散数据的影响，说明数据的稳健化处理可以降低离散数据的影响，减小数据的敏感性。与 A 滚动轴承的吸引子相比，二者趋势是一样的，说明同一类型的轴承摩擦力矩吸引子趋势相同，具体到每套轴承又有不同之处。

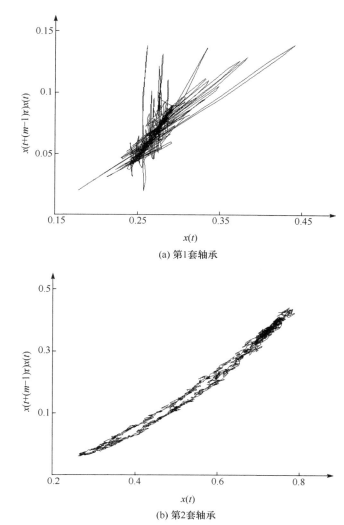

(a) 第1套轴承

(b) 第2套轴承

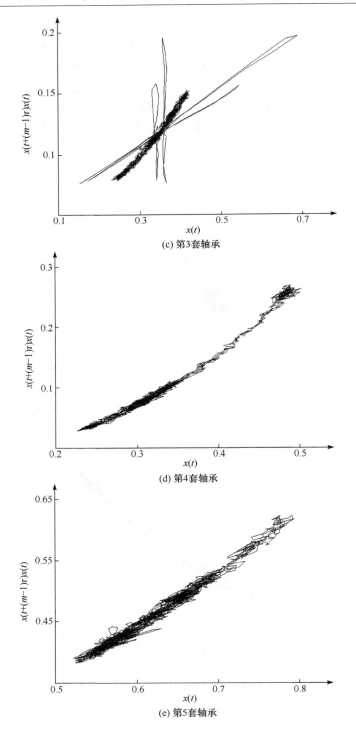

(c) 第3套轴承

(d) 第4套轴承

(e) 第5套轴承

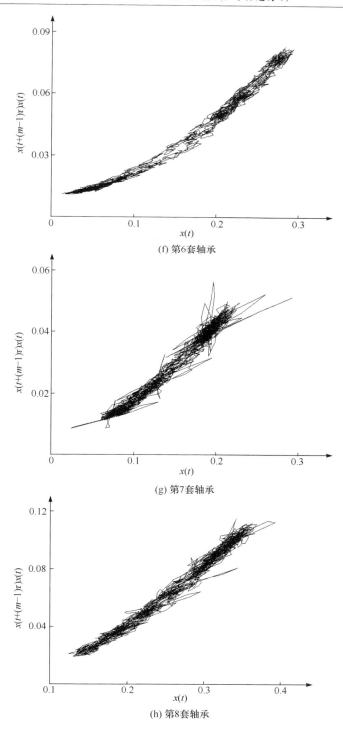

(f) 第6套轴承

(g) 第7套轴承

(h) 第8套轴承

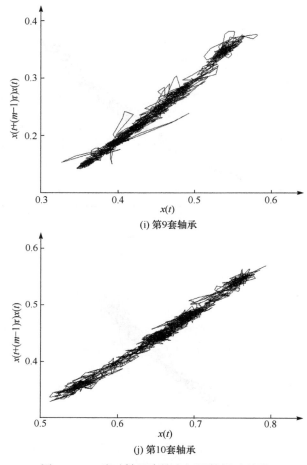

(i) 第9套轴承

(j) 第10套轴承

图 6-16　B 滚动轴承摩擦力矩原数据吸引子

3. B 滚动轴承摩擦力矩关联维数

用混沌理论计算饱和嵌入维数及关联维数，结果见图 6-17。

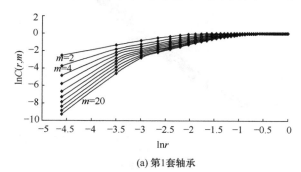

(a) 第1套轴承

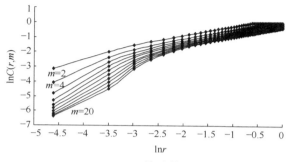

(b) 第2套轴承

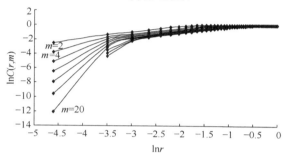

(c) 第3套轴承

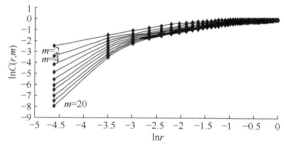

(d) 第4套轴承

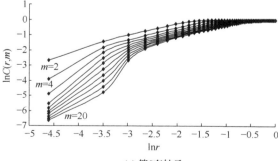

(e) 第5套轴承

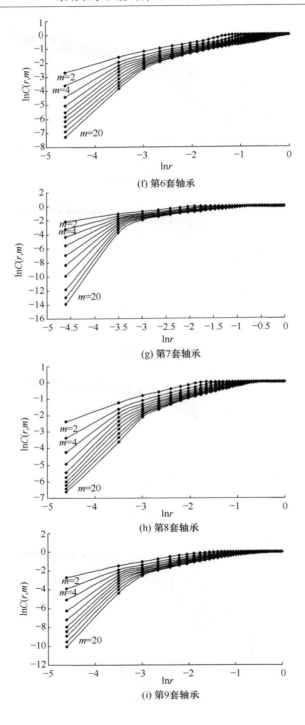

(f) 第6套轴承

(g) 第7套轴承

(h) 第8套轴承

(i) 第9套轴承

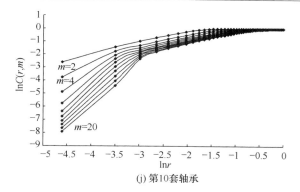

(j) 第10套轴承

图 6-17　滚动轴承摩擦力矩 lnr-lnC(r,m)曲线

轴承摩擦力矩时间序列 lnr-lnC(r, m)曲线随着 m 的增大彼此趋近于平行且密集分布，当 m≥m_0(m_0 为饱和关联维数)时，对应于 m=m_0 时曲线上直线部分的斜率就是估计关联维数 D_2，计算结果如表 6-9 所示。

表 6-9　相空间中轴承摩擦力矩混沌演化参数

轴承序号	项目	
	饱和嵌入维数 m_0	估计关联维数 D_2
1	16	1.81464
2	12	1.26364
3	18	1.11323
4	12	1.30966
5	10	1.370481
6	12	1.27386
7	18	2.8076
8	14	1.30322
9	14	1.83327
10	18	1.65927

根据第 1～10 套轴承摩擦力矩的中位数表 4-16 和估计关联维数表 6-9，可以得出二者之间的关系，见图 6-18。可以看出，从物理空间到相空间的映射的非线性与非单调性是滚动轴承摩擦力矩时间序列的内在运行机制。

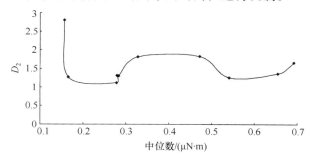

图 6-18　B 滚动轴承摩擦力矩中位数与估计关联维数关系图

6.4　讨　　论

混沌理论是现代分析非线性动力学的重要方法之一，通过使用该方法分析滚动轴承振动及摩擦力矩的动态特征，发现同一批次的滚动轴承尽管有不同的实验数据，却有相似的动态特征，有相同的时间延时和嵌入维数。这从一定角度可分析出滚动轴承特性的动态特性。

通过分析滚动轴承性能时间序列的 Lyapunov 指数来判定滚动轴承性能时间序列的混沌现象和最大可预测周期，得出滚动轴承性能时间序列物理空间的中位数和相空间的估计关联维数为非线性与非单调性的内在运行机制，为研究复杂滚动轴承性能的动态特性提供了基础。

6.5　本 章 小 结

本章提出以中位数估计和 Huber M 估计两种稳健化处理相融合的方法，对滚动轴承振动与摩擦力矩数据进行稳健化处理。经处理后，轴承性能数据的最大值小于原数据的最大值，最小值大于原数据的最小值，表明稳健化处理后数据的连续性增强、离散性减弱；原数据列经过数据稳健化处理后，数据的方差减小，说明稳健化处理后的数据稳定性较好；同时，经过数据稳健化处理后，数据的平均值更接近于中位数，说明数据的可信度提高。

通过混沌方法分析滚动轴承的动态性能，发现相同型号的滚动轴承振动有相同的时间延迟、嵌入维数和 Lyapunov 指数，即同一类型的滚动轴承振动有相似的可预报周期；同一类型的滚动轴承摩擦力矩有相似的时间延迟、嵌入维数和 Lyapunov 指数，而同一型号的滚动轴承摩擦力矩有非常相近的时间延迟、嵌入维数和 Lyapunov 指数。但是，滚动轴承振动与摩擦力矩的时间延迟、嵌入维数和 Lyapunov 指数有较大差异，说明滚动轴承同一性能的动态特性相近，可以进行借鉴和预测。

根据滚动轴承振动的吸引子动态特性分析，发现该批轴承具有相似的"蝴蝶"吸引子；而滚动轴承摩擦力矩呈现单调递增的吸引子特征，对于相同类型不同型号的轴承，其摩擦力矩吸引子动态特性也有很大差异；滚动轴承振动及摩擦力矩动态性能符合混沌特征，是相似性与多样性的综合反映。

滚动轴承振动和摩擦力矩性能时间序列物理空间的中位数和相空间的估计关联维数之间存在非线性与非单调性的内在运行机制；相同类型的轴承物理空间中

位数和相空间的估计关联维数关系相似，不同型号的轴承物理空间中位数和相空间的估计关联维数关系有很大差异。

　　本章把数据的稳健化处理理论与混沌理论融合分析滚动轴承性能动态特征，采用稳健化理论对实验数据进行稳健化处理，采用混沌理论对滚动轴承性能稳健数据进行动态分析，分析滚动轴承性能的预测周期，揭示滚动轴承性能的物理空间参数与相空间参数的关系，发现类型相同的轴承有相似的动态特征，具体每套轴承性能又有差异；得出滚动轴承振动和摩擦力矩有不同的动态特性，吸引子不同；中位数与估计关联维数的关系差异很大。

第7章 滚动轴承振动性能变异评估

本章研究滚动轴承性能变异问题。根据近代统计学理论，采用数据稳健化处理方法分离出变异数据，获取变异率、中位数、平均值、本征区间等参数，以描述滚动轴承振动性能变异特征，并揭示服役期间滚动轴承运行性能的内在变异机制。

7.1 概　　述

滚动轴承性能主要包括振动、噪声、摩擦力矩、温升、旋转精度等，这些性能对机械系统的运行性能有重要影响。振动是滚动轴承的一个重要性能指标，综合反映了轴承的制造、安装、润滑等因素，影响轴承的动态特性、寿命与可靠性。

合理评估滚动轴承振动性能变异具有很重要的应用价值，可以及时发现轴承的失效隐患，提前采取措施，避免发生重大安全事故。为此，基于近代统计学的数据稳健化原理，本章提出一种评估滚动轴承振动性能变异的方法，以检测滚动轴承服役期间的性能退化状况。

根据近代统计学的数据稳健化原理，数据的稳健性是数据分析的最基本条件之一，数据越稳健，获得的评估结果越可靠。因此，数据的稳健化处理方法就显得非常重要。Huber M 估计和中位数估计是近代统计学中数据稳健化处理极小极大化原则下的两种最优估计。Huber M 估计可以反映总体数据势态，具有临界值，并以数据零为中心，是关于零中心对称的奇函数，实际工程技术问题很难满足该条件，缺乏实用性。中位数估计只是一个稳健数据，可以反映数据位置特征，但不能反映总体数据势态。本章将这两种最优估计进行有机融合，优势互补，提出一种既能反映数据位置特征又能反映总体数据势态的数据稳健化处理方法，用于评估滚动轴承振动数据的变异性。

在数据稳健化处理过程中，中位数是最稳健估计，平均值是不稳健估计，因为平均值很容易受离群值影响。平均值越接近中位数，说明该数据越稳健。本章把平均值与中位数的接近程度作为评判要素，用于检测滚动轴承服役期间的性能退化状况，属于稳健估计。

在本章中，滚动轴承性能变异是指在实验与服役期间滚动轴承性能发生变化与退化的程度；中位数是指将滚动轴承振动数据取绝对值，然后按从小到大的顺序排序，得到绝对值排序序列，再根据统计学获得的绝对值排序序列的中位数；平均值是指根据 Huber M 估计原理获得的改进数据序列的平均值；平均值与中位数的接近程度，用改进数据序列平均值与绝对值排序序列中位数的绝对差表征。

本章提出的滚动轴承振动性能变异的评估方法，评估要素有变异率和总体本征区间。滚动轴承性能变异用变异率来表征，变异率是变异数据个数与总数据个数的比值，变异数据是指不在总体本征区间的数据；总体本征区间是数据的本征反映，是稳健化处理后的数据分布区间。

目前，研究滚动轴承振动性能的方法主要有轴承振动信号数据的时域特征和神经网络法，轴承振动信号的光谱分析法，轴承振动数据的灰自助法，基于 Hilbert-Huang 的轴承振动特性分析法，基于相空间的滚动轴承振动特征参数的分析法等。这些方法需要事先假设特定的性能退化模型、分布律、概率密度函数和阈值，且没有涉及滚动轴承振动数据的稳健性问题。

本章提出的滚动轴承性能变异的评估方法，不需要事先假设性能退化模型、分布律、概率密度函数和阈值，对实际测量的轴承振动数据进行稳健化处理后直接获取总体本征区间，进而实施性能退化评估。

7.2　主　要　步　骤

评估滚动轴承振动性能变异的主要步骤如下：

(1) 对服役期间滚动轴承在不同时间阶段的振动进行测量，得到不同时间阶段的滚动轴承振动数据序列。

(2) 将滚动轴承振动数据取绝对值，按照从小到大的顺序排序，得到绝对值排序序列；根据统计学，找出绝对值排序序列中位数。

(3) 根据 Huber M 估计原理，获得改进数据序列；根据统计学，获得改进数据序列平均值。

(4) 获得改进数据序列平均值与绝对值排序序列中位数的绝对差。

(5) 由改进数据序列平均值与绝对值排序序列中位数的绝对差，得到局域本征区间。

(6) 由局域本征区间获得总体本征区间。

(7) 由总体本征区间得到滚动轴承振动性能变异率。

(8) 由变异率检测滚动轴承振动性能的退化状况。

7.3 数 学 模 型

7.3.1 绝对值排序序列的获取

对服役期间滚动轴承在不同时间阶段的振动进行测量，得到不同时间阶段的滚动轴承振动数据，构成 m 个时间阶段的数据序列，其中第 i 个时间阶段的数据序列为

$$X_i = \{x_i(n)\}, \quad n = 1, 2, \cdots, N; i = 1, 2, \cdots, m \tag{7-1}$$

式中，X_i 为第 i 个时间阶段的滚动轴承振动数据序列，i 为时间阶段序号，n 为数据序号，$x_i(n)$ 为第 i 个时间阶段的第 n 个数据，N 为第 i 个时间阶段获得的数据个数，m 为时间阶段数。

将滚动轴承振动数据取绝对值，按照从小到大的顺序排序，得到绝对值排序序列 Y_i：

$$Y_i = \{y_i(n)\}, \quad i = 1, 2, \cdots, m; n = 1, 2, \cdots, N \tag{7-2}$$

式中，Y_i 为绝对值排序序列，i 为时间阶段序号，n 为数据序号，N 为第 i 个时间阶段获得的数据个数，m 为时间阶段数，$y_i(n)$ 为绝对值排序序列中的第 n 个数据。

至此，得到滚动轴承振动数据的绝对值排序序列，为寻求局域本征区间奠定了基础。

7.3.2 局域本征区间的获取

1. 绝对值排序序列中位数

根据统计学，找出绝对值排序序列中位数 β_i。当 N 为奇数时，中位数 β_i 为

$$\beta_i = y_i\left(\frac{N+1}{2}\right), \quad i = 1, 2, \cdots, m \tag{7-3}$$

当 N 为偶数时，中位数 β_i 为

$$\beta_i = \frac{1}{2}\left(y_i\left(\frac{N}{2}\right) + y_i\left(\frac{N}{2}+1\right)\right), \quad i = 1, 2, \cdots, m \tag{7-4}$$

式中，β_i 为绝对值排序序列中位数，i 为时间阶段序号，N 为第 i 个时间阶段获得的数据个数，m 为时间阶段数，$y_i(n)$ 为绝对值排序序列中的第 n 个数据，n 为数据序号。

2. 改进数据序列

假设 $y_i(b)$ 和 $y_i(e)$ 分别是绝对值排序序列中的第 b 个数据和第 e 个数据，b 和 e 为 $1,2,\cdots,N$ 中的两个数据，且有

$$y_i(b) \leqslant \beta_i$$
$$\beta_i \leqslant y_i(e)$$

定义从小到大的顺序 $y_i(b),\cdots,\beta_i$ 的排序序列为左序列；左序列的数据个数为 n_1；$y_i(b)$ 为左序列首数据。

定义从小到大的顺序 $\beta_i,\cdots,y_i(e)$ 的排序序列为右序列；右序列的数据个数为 n_2；$y_i(e)$ 为右序列尾数据。

根据 Huber M 估计原理，如果

$$y_i(n) \leqslant y_i(b)$$

那么

$$y_i(n) = y_i(b), \quad i = 1,2,\cdots,m ; n = 1,2,\cdots,N \tag{7-5}$$

即用 $y_i(b)$ 代替 $y_i(n)$；如果

$$y_i(n) \geqslant y_i(e)$$

那么

$$y_i(n) = y_i(e), \quad i = 1,2,\cdots,m ; n = 1,2,\cdots,N \tag{7-6}$$

即用 $y_i(e)$ 代替 $y_i(n)$。

在式(7-5)和式(7-6)中，$y_i(n)$ 为绝对值排序序列中的第 n 个数据，i 为时间阶段序号，m 为时间阶段数，n 为数据序号，N 为第 i 个时间阶段获得的数据个数。

于是，得到改进数据序列 $Z_i(n_1,n_2)$：

$$Z_i(n_1,n_2) = \left\{ z_i(n;n_1,n_2) \right\}, \quad i = 1,2,\cdots,m ; n = 1,2,\cdots,N \tag{7-7}$$

式中，$Z_i(n_1,n_2)$ 为改进数据序列，$z_i(n;n_1,n_2)$ 为改进数据序列的第 n 个数据，i 为时间阶段序号，n 为数据序号，N 为第 i 个时间阶段获得的数据个数，m 为时间阶段数，n_1 为左序列的数据个数，n_2 为右序列的数据个数。

3. 改进数据序列平均值

根据统计学，获得改进数据序列平均值 $\eta_i(n_1,n_2)$：

$$\eta_i(n_1,n_2) = \frac{1}{N} \sum_{n=1}^{N} z_i(n;n_1,n_2), \quad i = 1,2,\cdots,m \tag{7-8}$$

式中，$\eta_i(n_1,n_2)$ 为改进数据序列平均值，$z_i(n;n_1,n_2)$ 为改进数据序列的第 n 个数据，

i 为时间阶段序号，n 为数据序号，N 为第 i 个时间阶段获得的数据个数，m 为时间阶段数，n_1 为左序列的数据个数，n_2 为右序列的数据个数。

4. 改进数据序列平均值与绝对值排序序列中位数的绝对差

根据式(7-3)和式(7-8)，可以获得改进数据序列平均值与绝对值排序序列中位数的绝对差 $D_i(n_1, n_2)$：

$$D_i = D_i(n_1, n_2) = | \beta_i - \eta_i(n_1, n_2) |, \quad i = 1, 2, \cdots, m \tag{7-9}$$

式中，D_i 为改进数据序列平均值与绝对值排序序列中位数的绝对差，β_i 为绝对值排序序列中位数，$\eta_i(n_1, n_2)$ 为改进数据序列平均值，i 为时间阶段序号，m 为时间阶段数，n_1 为左序列的数据个数，n_2 为右序列的数据个数。

5. 局域本征区间 $[K_{i1}, K_{i2}]$

在式(7-9)中，n_1 和 n_2 是变化的量。根据近代统计学中位数的稳健特点，若 N 为偶数，则取

$$n_1 = n_2 = 1, 2, \cdots, \frac{N}{2} \tag{7-10}$$

若 N 为奇数，则取

$$n_1 = n_2 = 1, 2, \cdots, \frac{N+1}{2} \tag{7-11}$$

且有

$$\frac{n_1 + n_2}{N} \leqslant 0.1 \tag{7-12}$$

式中，N 为第 i 个时间阶段获得的数据个数，i 为时间阶段序号，n_1 为左序列的数据个数，n_2 为右序列的数据个数。

由式(7-9)～式(7-12)中，取不同的 n_1 和 n_2 值，可以得到不同的改进数据序列平均值与绝对值排序序列中位数的绝对差 D_i。

根据近代统计学的数据稳健性理论，对于稳健数据，其显著性水平为

$$\alpha = \frac{n_1 + n_2}{N} \tag{7-13}$$

显著性水平的取值范围为 0～0.1，极限值为 0.1。

通过计算，找到 $D_i(n_1, n_2)$ 的最小值 $D_{i\min}$，$D_{i\min}$ 所对应的左序列首数据 $y_i(b)$ 和右序列尾数据 $y_i(e)$ 分别为 K_{i1} 和 K_{i2}，即

$$K_{i1} = y_i(b), \quad i = 1, 2, \cdots, m \tag{7-14}$$

$$K_{i2} = y_i(e), \quad i = 1, 2, \cdots, m \tag{7-15}$$

于是，可以得到第 i 个时间阶段的局域本征区间：

$$[K_{i1}, K_{i2}] = [y_i(b), y_i(e)] \tag{7-16}$$

式中，K_{i1} 为局域本征区间下界值，K_{i2} 为局域本征区间上界值，i 为时间阶段序号，$i=1,2,\cdots,m$，m 为时间阶段数。

由局域本征区间，可以得到总体本征区间。

7.3.3　总体本征区间的获取

由第 i 个时间阶段的局域本征区间 $[K_{i1}, K_{i2}]$，得到总体本征区间 $[K_{\min 1}, K_{\min 2}]$。其中，$K_{\min 1}$ 是 K_{i1} 的最小值，$K_{\min 2}$ 是 K_{i2} 的最小值，即有

$$K_{\min 1} = \min(K_{11}, K_{21}, \cdots, K_{i1}, \cdots, K_{m1}) \tag{7-17}$$

$$K_{\min 2} = \min(K_{12}, K_{22}, \cdots, K_{i2}, \cdots, K_{m2}) \tag{7-18}$$

式中，i 为时间阶段序号，$i=1,2,\cdots,m$，m 为时间阶段数。

由总体本征区间 $[K_{\min 1}, K_{\min 2}]$，可以计算出变异率并构建出稳健化分布。

7.3.4　变异率

在第 i 个时间阶段，若某个振动数据的绝对值不在总体本征区间 $[K_{\min 1}, K_{\min 2}]$ 内，则称该振动数据为变异数据。变异数据表示滚动轴承性能发生了变异，变异程度用变异率 v_i 表征：

$$v_i = \frac{n_{vi}}{N} \times 100\%, \quad i = 1, 2, \cdots, m \tag{7-19}$$

式中，v_i 为滚动轴承振动性能变异率，n_{vi} 为第 i 个时间阶段轴承振动数据绝对值不在总体本征区间 $[K_{\min 1}, K_{\min 2}]$ 内的数据个数，$K_{\min 1}$ 为总体本征区间下界值，$K_{\min 2}$ 为总体本征区间上界值，i 为时间阶段序号，m 为时间阶段数，N 为第 i 个时间阶段获得的数据个数。

变异率为滚动轴承振动性能变异的评判指标，变异率越大，滚动轴承振动性能变异越大，性能变得越差，性能退化越严重，失效的可能性越大。因此，由变异率可以检测出滚动轴承振动性能的退化状况。

7.3.5　稳健化分布

稳健化分布 $P_i(n)$ 为

$$P_i(n) = \begin{cases} K_{\min 1}, & y_i(n) \leqslant K_{\min 1} \\ y_i(n), & K_{\min 1} < y_i(n) < K_{\min 2}, \quad i = 1, 2, \cdots, m; n = 1, 2, \cdots, N \\ K_{\min 2}, & y_i(n) \geqslant K_{\min 2} \end{cases} \tag{7-20}$$

式中，$P_i(n)$ 为第 i 套轴承的振动稳健化分布，$y_i(n)$ 为绝对值排序序列中的第 n

个数据，K_{min1} 为总体本征区间下界值，K_{min2} 为总体本征区间上界值，i 为时间阶段序号，m 为时间阶段数，n 为数据序号，N 为第 i 个时间阶段获得的数据个数。

7.4 实 验 案 例

7.4.1 实验条件与实验数据

在实验案例中，将本章提出的方法用于沟道表面磨损引起滚动轴承振动加速度发生变异的情形，即将变异根源具体到滚动轴承内圈沟道损伤。

实验数据来自美国 Case Western Reserve University 的轴承数据中心网站，该中心拥有一个专用的滚动轴承故障模拟实验台。实验台由电动机、扭矩传感器/译码器和功率测试计等组成。待检测的 SKF6205 滚动轴承支撑着电动机的回转轴。用加速度传感器测量滚动轴承振动加速度。轴承转速为 1797r/min，采样频率为 12kHz，滚动轴承内圈沟道损伤直径 d_i(i 为序号，i=1,2,3,4)分别为 d_1=0mm，d_2=0.1778mm，d_3=0.5334mm 和 d_4=0.7112mm。

本实施案例分别将 4 种损伤直径 d_1=0mm，d_2=0.1778mm，d_3=0.5334mm 和 d_4=0.7112mm 下获得的滚动轴承振动数据序列模拟为 4 个时间阶段中获得的滚动轴承振动数据序列 X_1，X_2，X_3 和 X_4。每个振动数据序列有 N=1600 个数据。所获得的滚动轴承振动数据序列如图 7-1 所示。可以看出，损伤直径越大，滚动轴承振动越剧烈，性能退化越严重。因此，可以通过分析振动性能的变异来评估滚动轴承内部零件损伤与磨损情况。

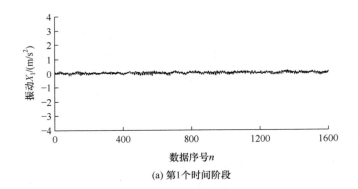

(a) 第1个时间阶段

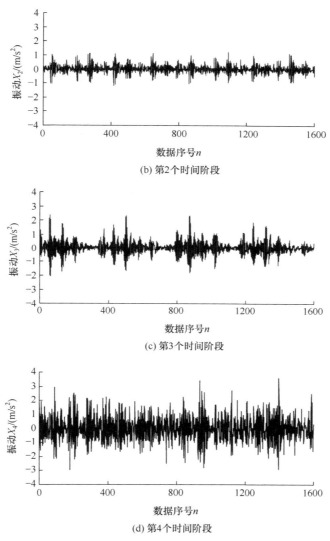

(b) 第2个时间阶段

(c) 第3个时间阶段

(d) 第4个时间阶段

图 7-1　第 1～4 个时间阶段滚动轴承的振动

7.4.2　实验数据的稳健性分析

根据近代统计学的假设，理想的滚动轴承振动性能数据应当服从正态分布。因此，当数据不服从正态分布或者偏离正态分布较远时，认为滚动轴承振动性能发生变异。

下面分析滚动轴承振动性能数据的频数分布，结果见图 7-2。

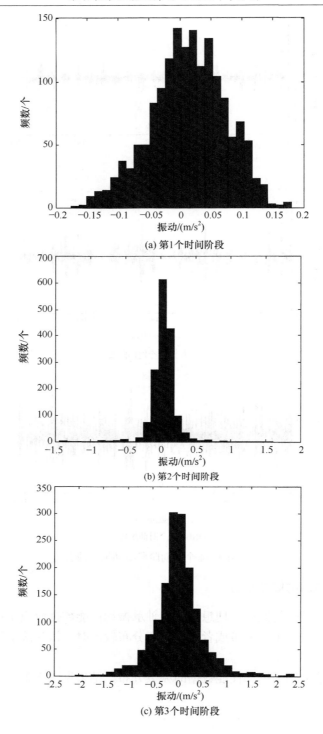

(a) 第1个时间阶段

(b) 第2个时间阶段

(c) 第3个时间阶段

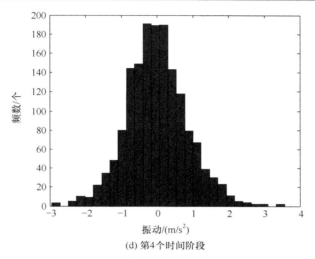

(d) 第4个时间阶段

图 7-2 滚动轴承振动数据频数直方图

根据图 7-2 中不同时间阶段滚动轴承振动频数直方图可以看出，不同时间阶段，滚动轴承振动数据有的呈单峰，有的呈双峰；有的偏左、有的偏右。这种多样性与复杂性说明实际的滚动轴承振动性能数据不服从正态分布。

下面进一步分析滚动轴承振动数据与正态分布的对比，结果见图 7-3。

根据图 7-3 可以看出，滚动轴承振动性能数据中取值较小和较大的数据明显偏离正态分布。具体特征为有的偏上，有的偏下；有的较小数据多，有的较小数据少；有的较大数据多，有的较大数据少。变化多样，呈现变异的复杂性。可见，滚动轴承振动性能数据具有离散性，从滚动轴承性能退化的角度来说，就是轴承性能出现了变异，下面对数据的变异进行分析。

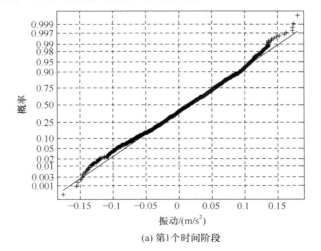

(a) 第1个时间阶段

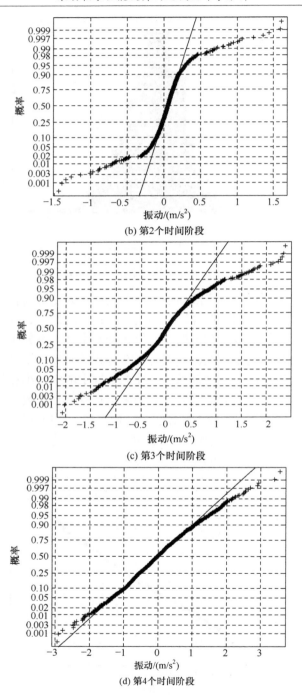

(b) 第2个时间阶段

(c) 第3个时间阶段

(d) 第4个时间阶段

图 7-3   第 1～4 个时间阶段滚动轴承振动数据的正态性检验

7.4.3 数据的变异分析

1. 本征区间

根据滚动轴承振动性能退化的数学模型，将滚动轴承振动数据取绝对值，按照从小到大的顺序排列，再由排列数据找到数据的中位数，结果见图 7-4。

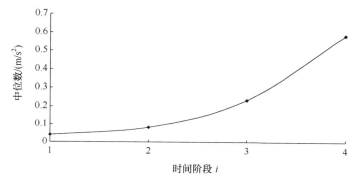

图 7-4 第 1～4 个时间阶段滚动轴承振动性能数据的中位数

根据图 7-4 可以看出，滚动轴承振动性能数据中位数随着服役时间阶段的增加而增加，说明滚动轴承振动性能数据的中位数可以反映损伤直径对振动性能的影响。

根据图 7-3 可知，滚动轴承振动性能数据中取值较大与较小的数据偏离理想的正态分布，下面对这些数据进行稳健化处理，以分析这些离散数据对轴承性能的影响。

改进数据序列平均值与绝对值排序序列中位数的绝对差 D_i 是表征离散数据对总体数据影响程度的参数，其值越大，说明该数据越不稳健，从而揭示出轴承振动性能发生变异的程度。

下面分析 D_i 的变化情况，D_i 随显著性水平变化的计算结果见图 7-5。

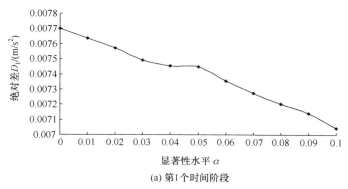

(a) 第1个时间阶段

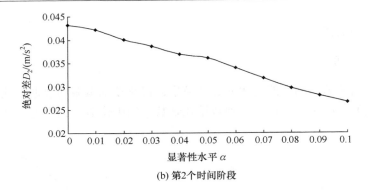

(b) 第2个时间阶段

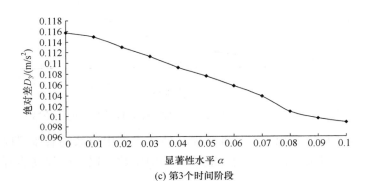

(c) 第3个时间阶段

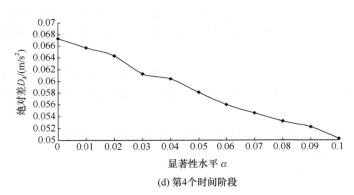

(d) 第4个时间阶段

图 7-5　第 1~4 个时间阶段滚动轴承振动性能数据的 D_i 值

　　根据图 7-5 可以看出，在显著性水平 0~0.1 范围内，随着显著性水平的增加，绝对差 D_i 值逐渐减小，说明数据的稳健性随着显著性水平的增加而提高。由图 7-5 可以得到滚动轴承振动性能在不同时间阶段的显著性水平、局域本征区间、总体本征区间，结果见表 7-1。

表 7-1 滚动轴承振动性能的局域本征区间与总体本征区间

时间阶段序号	显著性水平	局域本征区间		总体本征区间
		K_{i1}/(m/s²)	K_{i2}/(m/s²)	$[K_{min1}, K_{min2}]$/(m/s²)
1	0.1	0.002921	0.120788	
2	0.1	0.010721	0.327307	
3	0.1	0.017056	1.106589	[0.002921, 0.120788]
4	0.1	0.037842	1.765539	

2. 分布函数

根据表 7-1 中滚动轴承振动性能的总体本征区间,对滚动轴承振动性能数据进行替代,可以得到滚动轴承振动性能在不同时间阶段的稳健化分布函数,见图 7-6。

由图 7-6 可以发现,不同时间阶段的振动性能稳健化分布形状类似,最大值与最小值呈平行直线,中间数据形状近似呈斜线;随着时间阶段的增加,最大值的直线逐渐变长,在第 3 个和第 4 个时间阶段尤为明显。这说明随着服役时间的增加,滚动轴承性能退化情况越来越严重,而且呈加剧的趋势。

下面具体分析不同时间阶段滚动轴承振动性能的退化情况。

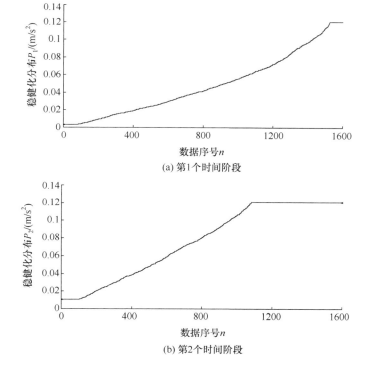

(a) 第1个时间阶段

(b) 第2个时间阶段

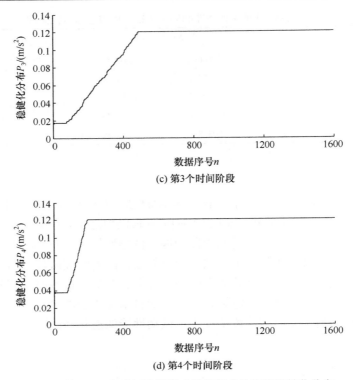

(c) 第3个时间阶段

(d) 第4个时间阶段

图 7-6　第 1～4 个时间阶段滚动轴承振动性能的稳健化分布

3. 稳健化实验数据的中位数及平均值

稳健化实验数据的中位数及平均值见图 7-7。

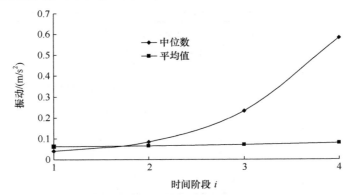

图 7-7　第 1～4 个时间阶段滚动轴承振动性能的中位数及平均值

根据图 7-7 可以看出，随着时间的增加，中位数与平均值增加，说明不同时间阶段的中位数与平均值可以反映不同时间阶段滚动轴承的性能。从中位数与平均值的结果来看，中位数的结果比平均值的结果更显著、更接近滚动轴承性能退化结果，说明滚动轴承振动数据的中位数比平均值结果好。

下面分析不同时间阶段滚动轴承振动性能的变异率。

4. 变异率

不同时间阶段和不同损伤直径下滚动轴承振动性能的变异率见图 7-8 和图 7-9。

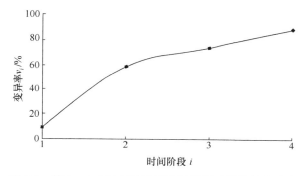

图 7-8　第 1～4 个时间阶段滚动轴承振动性能的变异率

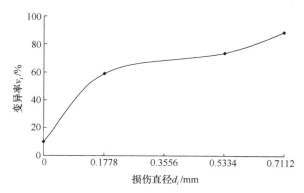

图 7-9　不同损伤直径下滚动轴承振动性能的变异率

由图 7-8 和图 7-9 可以看到，当沟道损伤直径为 0mm 时(第 1 个时间阶段)，变异率很小，只有 10%，表明滚动轴承服役性能处于正常状态，没有性能退化迹象，轴承几乎没有失效的可能;当沟道损伤直径为 0.1778mm 时(第 2 个时间阶段)，变异率增大很多，达到 59%，表明滚动轴承服役性能进入非正常状态，性能开始退化，轴承有失效迹象，应密切关注轴承运行状况或者更换轴承;当沟道损伤直径为 0.5334mm 时(第 3 个时间阶段)，变异率逐渐增大，达到 74%，表明滚动轴承服役性能的非正常状态逐渐加剧，性能退化现象逐渐恶化，轴承失效隐患加剧，必须停止运行，更换轴承；当沟道损伤直径为 0.7112mm 时(第 4 个时间阶段)，变异率迅速增大，达到 89%，表明滚动轴承服役性能的非正常状态迅速加剧，性能退化现象迅速恶化，轴承性能几乎失效，可能会发生重大安全事故。

5. 评估体系

根据上述计算得到滚动轴承振动性能退化评估体系，见表 7-2。

表 7-2 滚动轴承性能退化评估体系

运行状况	总体本征区间 /(m/s²)	特征参数			损伤直径/mm
		变异率/%	中位数/(m/s²)	平均值/(m/s²)	
正常运行		[0, 59]	0.041515	0.048468	[0, 0.1778]
退化时期	[0.002921, 0.120788]	[59, 74]	0.14798	0.092323	[0.1778, 0.5334]
加剧时期		[74, 89]	0.23147	0.10038	[0.5334, 0.7112]
失效时期		[89, 100]	0.532836	0.111156	>0.7112

7.5 本章小结

本章提出的评估滚动轴承振动性能变异的方法，不需要事先假设性能退化模型、分布律、概率密度函数和阈值，对实际测量的振动数据进行稳健化处理后可直接获取总体本征区间，从而有效地检测滚动轴承服役期间的性能退化状况，及时发现失效隐患，避免发生重大安全事故。

第8章 滚动轴承性能参数贝叶斯区间评估

本章研究滚动轴承性能参数贝叶斯区间评估问题。提出滚动轴承性能参数评估的贝叶斯方法，用稳健化实验数据构建先验密度函数，进而计算后验密度函数；根据后验密度函数，实现滚动轴承性能参数区间的贝叶斯评估。

8.1 贝叶斯理论概述

贝叶斯评估是近代统计学研究的重要内容之一。贝叶斯学派在考虑参数的评估时，认为应对参数有一定的认识。这些认识可以来自某种理论，或者来自对同类问题研究时所积累的经验。这些知识称为验前知识或者先验信息。在进行参数评估时，考虑验前知识或者先验信息无疑是正确的，贝叶斯理论重视参数先验信息的收集、挖掘和加工，使先验信息量化参与参数评估中，以提高参数评估的质量。

例如，某学生经过物理实验来确定当地的重力加速度，测得数据为(单位：m/s^2)
$$9.80, 9.79, 9.78, 7.81, 7.80$$

如果采用平均值 8.996m/s^2 作为重力加速度，会认为结果很差，因为对重力加速度有一定的认识；如果认为重力加速度服从正态分布 N(9.80,0.01)，这样评估的结果就好得多。

目前，很多学者对贝叶斯先验信息进行了研究，主要分为无信息先验分布和共轭分布。

对于无信息先验分布，可以知道参数的取值范围，假设取值均匀地分布在其取值范围内，提出贝叶斯假设，但是这种方法会出现结论与假设相矛盾的问题。为了解决这个问题，费歇尔提出费歇尔信息阵确定无信息先验密度函数，但是这样增加了计算难度，因此很少使用。

对于共轭分布，要求知道先验密度函数族，离开指定的方法来计算共轭先验密度函数是无意义的。

尽管贝叶斯先验密度函数的研究有了长足的发展，但对先验信息的建立并没有成熟的方法与手段。近代统计学中数据的稳健化处理可以有效去除离散值，得到实验的原数据的稳健数据。该稳健数据可以反映出原数据的特征。因此，本章用稳健化实验数据构建先验密度函数，提出滚动轴承性能参数贝叶斯区间评估方法，原理如下：

(1) 根据近代统计学，假设样本来自方差已知而均值未知(根据评估参数而定)的正态分布，其中均值的先验密度函数为已知。

(2) 当原数据中有离散数据时，数据偏离正态分布或渐近正态分布；当对数据进行稳健化处理后，离散数据的影响明显降低，可以假设稳健化处理后的数据服从正态分布或渐近正态分布。

(3) 利用稳健数据得到第(1)步均值的先验密度函数，可以认为该先验密度函数服从正态分布。

(4) 利用先验密度函数及第(1)步理论进行贝叶斯后验密度函数推导，得到贝叶斯后验密度函数。

(5) 利用原数据及稳健化处理数据得到后验密度函数的统计量。

(6) 利用后验密度函数以及置信水平，求出样本的参数评估区间。

8.2 滚动轴承性能贝叶斯区间评估

1. 滚动轴承性能点估计

在滚动轴承性能点估计中，假设估计参数为 θ，未知参数 θ 的一个估计量可以记为

$$\hat{\theta}(X_1, X_2, \cdots, X_n) \tag{8-1}$$

对应于一个滚动轴承性能的实验值 $(x_1, x_2, \cdots, x_n)$，就有一个点估计值，记为

$$\hat{\theta}(x_1, x_2, \cdots, x_n) \tag{8-2}$$

一个点估计量可以给出一个明确的数量，如果给出一套滚动轴承性能的实验数据，根据点估计量就可以得出一个滚动轴承性能数据参数的点估计值。然而，只给出一个数据还很不够，因为滚动轴承性能实验数据只是样本的近似，那么这个点估计也只是滚动轴承性能参数的近似。因此，应该有个估计的范围、精度。为了弥补点估计在这方面的不足，可以采用滚动轴承性能参数的区间估计。

2. 滚动轴承性能区间估计

假设滚动轴承性能的分布函数为 $F(X; \theta)$，θ 为待估计量，$X_1, X_2, \cdots, X_n$ 为总体的一个样本，如果存在两个统计量：

$$\hat{\Theta}_1 = \hat{\theta}_1(X_1, X_2, \cdots, X_n) \tag{8-3}$$

$$\hat{\Theta}_2 = \hat{\theta}_2(X_1, X_2, \cdots, X_n) \tag{8-4}$$

对于给定的显著性水平 $\alpha(0<\alpha<1)$，得到滚动轴承性能参数的区间估计：

$$P(\hat{\Theta}_1 < \theta < \hat{\Theta}_2) = 1 - \alpha \tag{8-5}$$

式(8-5)为参数 θ 的置信水平为 $1-\alpha$ 的区间估计。

在贝叶斯评估中，后验密度函数占有很重要的地位。通常，先由先验密度函数以及实验数据计算出后验密度函数，再根据后验密度函数求得参数 θ 的区间即贝叶斯评估区间。针对贝叶斯先验密度函数很难确定的这一问题，本章利用稳健数据建立贝叶斯先验密度函数，根据先验密度函数以及实验数据的分布律求出贝叶斯后验密度函数，再根据贝叶斯后验密度函数求出一定置信水平下的参数区间估计。

8.3 滚动轴承性能贝叶斯区间评估的数学模型

8.3.1 基本定义

将连续的时间变量 t 离散化，在设定时间间隔下，按一个时刻一套轴承，采集到滚动轴承某性能的数据序列 X：

$$X = \left\{x(n)\right\}, \quad n = 1, 2, \cdots, N \tag{8-6}$$

式中，X 为滚动轴承某性能的数据序列，$x(n)$ 为第 n 个数据，n 为数据序号，N 为数据个数。

从数据序列 X 中，第 i 套轴承的性能数据构成数据序列 X_i：

$$X_i = \left\{x_i(n)\right\}, \quad n = 1, 2, \cdots, N; i = 1, 2, \cdots, m \tag{8-7}$$

式中，X_i 为第 i 套轴承的性能的数据序列，$x_i(n)$ 为第 i 套轴承的第 n 个数据，i 为轴承序号，m 为轴承套数，n 为数据序号，N 为数据个数。

计算轴承性能数据序列 X_i 的均值 A_i 及标准差 S_i：

$$A_i = \frac{1}{N} \sum_{n=1}^{N} x_i(n), \quad n = 1, 2, \cdots, N; i = 1, 2, \cdots, m \tag{8-8}$$

式中，A_i 为 X_i 中数据的均值，$x_i(n)$ 为第 i 套轴承的第 n 个数据，i 为轴承序号，m 为轴承套数，n 为数据序号，N 为数据个数。

$$S_i = \sqrt{\frac{\sum_{n=1}^{N}(x_i(n) - A_i)^2}{N}}, \quad n = 1, 2, \cdots, N; i = 1, 2, \cdots, m \tag{8-9}$$

式中，A_i 和 S_i 为 X_i 中数据的均值和标准差，$x_i(n)$ 为第 i 套轴承的第 n 个数据，i 为轴承序号，m 为轴承套数，n 为数据序号，N 为数据个数。

假设 X_i 是来自正态分布总体 $N_i(\xi_i, S_i^2)$ 的一个样本，其中 S_i^2 已知，ξ_i 未知，同

时 ξ_i 是性能研究中关键性参数之一，本章主要研究 ξ_i 的区间估计。

8.3.2 贝叶斯后验密度函数推导

设 ξ_i 的先验信息为正态分布 $N_i(\eta_i, v_i^2)$，那么 ξ_i 的先验密度函数为

$$\lambda_i(\xi_i) = \frac{1}{\sqrt{2\pi} v_i} \exp\left\{-\frac{1}{2v_i^2}(\xi_i - \eta_i)^2\right\}, \quad -\infty < \xi_i < +\infty; i = 1, 2, \cdots, m \quad (8\text{-}10)$$

式中，$\lambda_i(\xi_i)$ 为 ξ_i 的先验密度函数，η_i 为先验密度函数的平均值，v_i^2 为先验密度函数的方差，i 为轴承序号，m 为轴承套数。

由此可求得样本 X_i 与 ξ_i 的联合密度函数为

$$f_i(x_i(n), \xi_i) = k_1 \exp\left\{-\frac{1}{2}\left[\frac{1}{\sigma_i^2}\left(N\xi_i^2 - 2N\xi_i A_i + \sum_{n=1}^{N} x_i(n)\right) + \frac{1}{v_i^2}(\xi_i^2 - 2\eta_i\xi_i + \eta_i^2)\right]\right\},$$
$$n = 1, 2, \cdots, N; i = 1, 2, \cdots, m \quad (8\text{-}11)$$

式中，$f_i(x_i(n), \xi_i)$ 为 X_i 与 ξ_i 的联合密度函数，ξ_i 和 σ_i^2 为 $N_i(\xi_i, \sigma_i^2)$ 的均值和方差，其中 σ_i^2 已知、ξ_i 未知，A_i 和 S_i 为 X_i 的均值和标准差，η_i 为先验密度函数的平均值，v_i^2 为先验密度函数的方差，$x_i(n)$ 为第 i 套轴承的第 n 个数据，i 为轴承序号，m 为轴承套数，n 为数据序号，N 为数据个数，k_1 见式(8-12)：

$$k_1 = 2\pi^{-\frac{N+1}{2}} v_i^{-1} S_i^{-N}, \quad i = 1, 2, \cdots, m \quad (8\text{-}12)$$

式中，v_i 为先验密度函数的标准差，S_i 为 X_i 的标准差，i 为轴承序号，m 为轴承套数。

记

$$\sigma_0^2 = \frac{S_i^2}{N}, \quad i = 1, 2, \cdots, m \quad (8\text{-}13)$$

$$A = \sigma_0^{-2} + v_i^2, \quad i = 1, 2, \cdots, m \quad (8\text{-}14)$$

$$B = A_i \times \sigma_0^{-2} + \eta_i v_i^{-2}, \quad i = 1, 2, \cdots, m \quad (8\text{-}15)$$

$$C = S_i^{-2} \sum_{n=1}^{N} x_i^2(n) + \eta_i v_i^{-2}, \quad n = 1, 2, \cdots, N; i = 1, 2, \cdots, m \quad (8\text{-}16)$$

式中，S_i 为 X_i 的标准差，η_i 为先验密度函数的平均值，v_i^2 为先验密度函数的方差，$x_i(n)$ 为第 i 套轴承的第 n 个数据，i 为轴承序号，m 为轴承套数，n 为数据序号，N 为数据个数。

由式(8-11)~式(8-16)，有

$$f_i(x_i(n), \xi_i) = k_1 \exp\left\{-\frac{1}{2}(A\xi_i^2 - 2\xi_i B + C)\right\}, \quad i = 1, 2, \cdots, m; n = 1, 2, \cdots, N \quad (8\text{-}17)$$

式中，$f_i(x_i(n), \xi_i)$ 为 X_i 与 ξ_i 的联合密度函数，ξ_i 为待估计参数，$x_i(n)$ 为第 i 套轴承的第 n 个数据，i 为轴承序号，m 为轴承套数，n 为数据序号，N 为数据个数，

k_1 见式(8-12)。

如果记

$$k_2 = k_1 \exp\left\{ -\frac{1}{2}\left(C - B^2/A\right) \right\} \tag{8-18}$$

那么

$$f_i(x_i(n), \xi_i) = k_2 \exp\left\{ -\frac{1}{2 \times A^{-1}}\left(\xi_i - \frac{B}{A}\right)^2 \right\}, \quad i = 1,2,\cdots,m; n = 1,2,\cdots,N \tag{8-19}$$

式中，$f_i(x_i(n),\xi_i)$ 为 X_i 与 ξ_i 的联合密度函数，ξ_i 为待估计参数，$x_i(n)$ 为第 i 套轴承的第 n 个数据，i 为轴承序号，m 为轴承套数，n 为数据序号，N 为数据个数。

X_i 的边缘分布为

$$m_i(x_i(n)) = \int_{-\infty}^{+\infty} f_i(x_i(n), \xi_i)\mathrm{d}\xi_i = k_2\left(\frac{2\pi}{A}\right)^{1/2}, \quad i = 1,2,\cdots,m; n = 1,2,\cdots,N \tag{8-20}$$

式中，$f_i(x_i(n),\xi_i)$ 为 X_i 与 ξ_i 的联合密度函数，ξ_i 为待估计参数，$x_i(n)$ 为第 i 套轴承的第 n 个数据，i 为轴承序号，m 为轴承套数；n 为数据序号，N 为数据个数。

ξ_i 的后验密度函数为

$$h_i(\xi_i \mid x_i(n)) = \frac{f_i(x_i(n), \xi_i)}{m_i(x_i(n))} = \left(\frac{A}{2\pi}\right)^{1/2} \exp\left\{ -\frac{(\xi_i - B/A)^2}{2/A} \right\} \tag{8-21}$$

记

$$\eta_1 = \frac{B}{A} = \frac{A_i S_i^{-2} + \eta_i v_i^{-2}}{S_i^{-2} + v_i^{-2}}, \quad i = 1,2,\cdots,m \tag{8-22}$$

式中，η_1 为第 i 套轴承性能后验密度函数的均值，A_i 和 S_i 为 X_i 的均值和标准差，η_i 为先验密度函数的平均值，v_i^2 为先验密度函数的方差，σ_0 见式(8-13)，i 为轴承序号，m 为轴承套数。

$$\sigma_1^2 = \frac{1}{A} = \frac{\sigma_0^2 v_i^2}{\sigma_0^2 + v_i^2}, \quad i = 1,2,\cdots,m \tag{8-23}$$

式中，σ_1 为第 i 套轴承性能后验密度函数的标准差，A_i 和 S_i 为 X_i 的均值和标准差，η_i 为先验密度函数的平均值，v_i^2 为先验密度函数的方差，σ_0 见式(8-13)，i 为轴承序号，m 为轴承套数。

据此可知后验密度函数为正态分布 $\mathrm{N}(\eta_1, \sigma_1^2)$ 的密度函数，在一定置信水平下得到

$$P\left(\left| \frac{\xi_i - \eta_1}{\sigma_1} \right| \leqslant \mu_{\alpha/2} \right) = 1 - \alpha \tag{8-24}$$

即

$$P(\eta_1 - \sigma_1 \mu_{\alpha/2} \leqslant \xi_i \leqslant \eta_1 + \sigma_1 \mu_{\alpha/2}) = 1 - \alpha \tag{8-25}$$

故可得到 ξ_i 的置信水平为 $1-\alpha$ 的贝叶斯置信区间为

$$\left[\eta_1 - \sigma_1 \mu_{\alpha/2} , \eta_1 + \sigma_1 \mu_{\alpha/2} \right] \tag{8-26}$$

8.3.3 贝叶斯先验密度函数建立

将滚动轴承性能数据按照从小到大的顺序进行排序，得到滚动轴承性能数据次序序列 Y_i：

$$Y_i = \{ y_i(n) \}, \quad i = 1, 2, \cdots, m; n = 1, 2, \cdots, N \tag{8-27}$$

式中，Y_i 为第 i 套滚动轴承性能数据次序序列，$y_i(n)$ 为第 i 套轴承性能数据的第 n 个数据，i 为轴承序号，m 为轴承套数，n 为数据序号，N 为数据个数。

找出各个序列的性能数据中位数 β_i：

$$\beta_i = y_i \left(\frac{N+1}{2} \right), \quad i = 1, 2, \cdots, m \tag{8-28}$$

式中，β_i 为性能数据中位数，N 为数据个数（N 为奇数），i 为轴承序号，m 为轴承套数。

$$\beta_i = \frac{1}{2} \left(y_i \left(\frac{N}{2} \right) + y_i \left(\frac{N}{2} + 1 \right) \right), \quad i = 1, 2, \cdots, m \tag{8-29}$$

式中，β_i 为性能数据中位数，N 为数据个数（N 为偶数），i 为轴承序号，m 为轴承套数。

假设 $y_i(b)$ 和 $y_i(e)$ 分别是绝对值排序序列中的第 b 个数据和第 e 个数据，b 和 e 为 $1, 2, \cdots, N$ 中的两个数据，且 $y_i(b) \leqslant \beta_i$，$\beta_i \leqslant y_i(e)$。

定义从小到大的顺序 $y_i(b), \cdots, \beta_i$ 的排序序列为左序列，左序列的数据个数为 n_1，$y_i(b)$ 为左序列首数据。

定义从小到大的顺序 $\beta_i, \cdots, y_i(e)$ 的排序序列为右序列，右序列的数据个数为 n_2，$y_i(e)$ 为右序列尾数据。

根据 Huber M 估计原理，当 $y_i(n) \leqslant y_i(b)$ 时，用 $y_i(b)$ 代替 $y_i(n)$；当 $y_i(n) \geqslant y_i(e)$ 时，用 $y_i(e)$ 代替 $y_i(n)$。于是得到改进数据序列 $Z_i(n_1, n_2)$：

$$Z_i(n_1, n_2) = \{ z_i(n; n_1, n_2) \}, \quad i = 1, 2, \cdots, m; n = 1, 2, \cdots, N \tag{8-30}$$

式中，$Z_i(n_1, n_2)$ 为改进数据序列，$z_i(n; n_1, n_2)$ 为改进数据序列的第 n 个数据，i 为轴承序号，n 为数据序号，N 为数据个数，m 为轴承套数，n_1 为左序列的数据个数，n_2 为右序列的数据个数。

根据统计学，获得改进数据序列平均值 $\eta_i(n_1, n_2)$：

$$\eta_i(n_1, n_2) = \frac{1}{N} \sum_{n=1}^{N} z_i(n; n_1, n_2), \quad i = 1, 2, \cdots, m \tag{8-31}$$

式中，$\eta_i(n_1, n_2)$ 为改进数据序列平均值，$z_i(n; n_1, n_2)$ 为改进数据序列的第 n 个数据，i 为轴承序号，n 为数据序号，N 为数据个数，m 为轴承套数，n_1 为左序列的数据个数，n_2 为右序列的数据个数。

获得改进数据序列平均值与绝对值排序序列中位数的绝对差 D_i：

$$D_i = D_i(n_1, n_2) = |\beta_i - \eta_i(n_1, n_2)|, \quad i = 1, 2, \cdots, m \tag{8-32}$$

式中，D_i 为改进数据序列平均值与绝对值排序序列中位数的绝对差，β_i 为绝对值排序序列中位数，$\eta_i(n_1, n_2)$ 为改进数据序列平均值，i 为轴承序号，m 为轴承套数，n_1 为左序列的数据个数，n_2 为右序列的数据个数。

根据近代统计学中位数的稳健特点，N 为偶数时取 $n_1=n_2=1,2,\cdots,N/2$，N 为奇数时取 $n_1=n_2=1,2,\cdots,(N+1)/2$，$N$ 为第 i 套轴承获得的数据个数，i 为轴承序号，n_1 为左序列的数据个数，n_2 为右序列的数据个数。

取不同的 n_1 和 n_2 值，得到不同的改进数据序列平均值与绝对值排序序列中位数的绝对差 D_i。

根据近代统计学的数据稳健性理论，对于稳健数据，显著性水平为 $\alpha=(n_1+n_2)/N=0\sim0.1$，极限值为 0.1。

找到 D_i 的最小值 $D_{i\min}$，$D_{i\min}$ 所对应的左序列首数据 $y_i(b)$ 和右序列尾数据 $y_i(e)$ 分别为 K_{i1} 和 K_{i2}，得到稳健化实验数据 $Z_i(n_1, n_2)$，即为先验密度函数 $f_i(x_i(n), \xi_i)$。

计算先验密度函数的平均值 η_i 及标准差 v_i：

$$\eta_i = \frac{1}{N} \sum_{n=1}^{N} z_i(n; n_1, n_2), \quad i = 1, 2, \cdots, m; n = 1, 2, \cdots, N \tag{8-33}$$

式中，η_i 为第 i 套轴承先验密度函数的平均值，$z_i(n; n_1, n_2)$ 为第 i 套轴承稳健化处理数据中第 n 个数据，i 为轴承序号，m 为轴承套数，n 为数据序号，N 为数据个数。

$$v_i = \sqrt{\frac{1}{N} \sum_{n=1}^{N} (z_i(n; n_1, n_2) - \eta_i)^2}, \quad i = 1, 2, \cdots, m; n = 1, 2, \cdots, N \tag{8-34}$$

式中，v_i 为第 i 套轴承先验密度函数的标准差，$z_i(n; n_1, n_2)$ 为第 i 套轴承稳健化处理数据中第 n 个数据，i 为轴承序号，m 为轴承套数，n 为数据序号，N 为数据个数。

8.3.4　滚动轴承性能参数区间评估

在一定显著性水平下，根据式(8-21)、式(8-22)、式(8-25)、式(8-32)和式(8-33)计算得到 ξ_i 的置信水平为 $1-\alpha$ 的贝叶斯置信区间为

$$\left[\eta_1 - \sigma_1 \mu_{\alpha/2}, \ \eta_1 + \sigma_1 \mu_{\alpha/2} \right] \tag{8-35}$$

式中，η_1 为第 i 套轴承摩擦力矩后验密度函数的均值，σ_1 为第 i 套轴承摩擦力矩后验密度函数的标准差，i 为轴承序号，m 为轴承套数。

8.3.5　贝叶斯评估流程

贝叶斯区间评估的流程如下：

（1）假设实验数据为平均值未知、方差已知的正态分布；

（2）根据实验数据计算出实验数据的平均值及方差；

（3）根据数据稳健化处理方法对数据进行稳健化处理，得到先验密度函数，计算出先验密度函数的平均值及方差；

（4）在一定置信水平下，根据贝叶斯方法对实验数据平均值进行区间评估，具体方法见图 8-1。

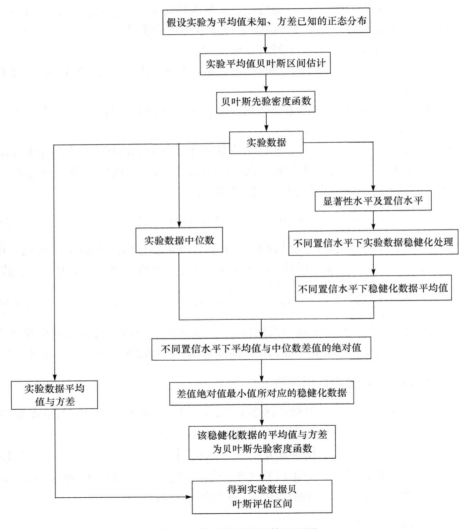

图 8-1　贝叶斯区间评估流程图

8.4　数　据　分　析

8.4.1　A 滚动轴承摩擦力矩数据分析

现以 A 滚动轴承为例分析滚动轴承摩擦力矩平均值的可靠性,摩擦力矩数据见图 3-1,滚动轴承摩擦力矩性能参数见表 8-1。

表 8-1　A 滚动轴承摩擦力矩性能参数

轴承序号	中位数/(μN·m)	平均值/(μN·m)	方差/(μN·m)²
1	0.447674	0.470102963	0.029458058
2	0.470398	0.465615199	0.024227934
3	0.415471	0.503583599	0.024227934
4	0.584584	0.604371047	0.035533887
5	0.55653	0.576635891	0.020059737
6	0.562062	0.581703412	0.023351754
7	0.609279	0.637758498	0.02758667
8	0.543293	0.593404473	0.029314584
9	0.551986	0.582851157	0.017521967
10	0.616786	0.639095702	0.029794658

表 8-1 显示了滚动轴承摩擦力矩的性能参数中位数、平均值、方差的对比情况。从参数中可以看出,滚动轴承摩擦力矩的中位数范围是[0.44774, 0.616786],摩擦力矩平均值范围是[0.465615199, 0.639095702],摩擦力矩的方差范围是[0.017521967, 0.035533887]。另外,这三个参数的变化趋势没有明显的规律,说明滚动轴承摩擦力矩数据的大小、分布、变化趋势具有多样性、复杂性。

为了更好地分析滚动轴承摩擦力矩的特点,利用数据的稳健化处理方法来获取滚动轴承摩擦力矩的先验密度函数。为此,分析改进数据序列平均值与绝对值排序序列中位数的绝对差 D_i,以反映不同显著性水平下,数据是否稳健,结果见图 8-2。

根据图 8-2 可以看出,在显著性水平为 0~0.1 时,随着显著性水平的提高,D_i 值减小,说明摩擦力矩数据中确实存在部分离散数据;在显著性水平为 0.1 时,D_i 值最小,即有 10% 的摩擦力矩数据为离散数据,为此将该部分离散数据进行稳健化处理,得到摩擦力矩稳健数据并利用这些数据得到先验密度函数,稳健数据见图 4-13,有关计算结果见表 8-2。

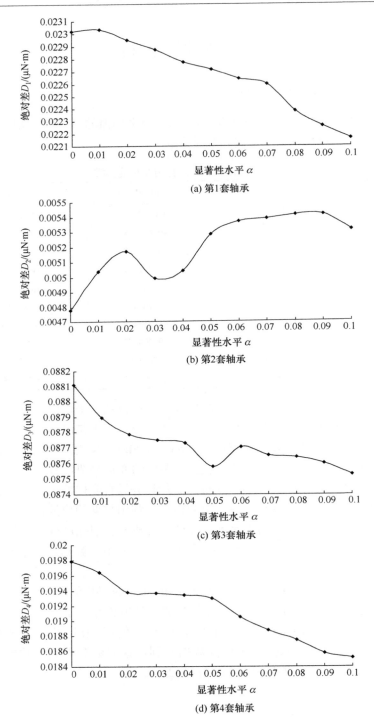

(a) 第1套轴承

(b) 第2套轴承

(c) 第3套轴承

(d) 第4套轴承

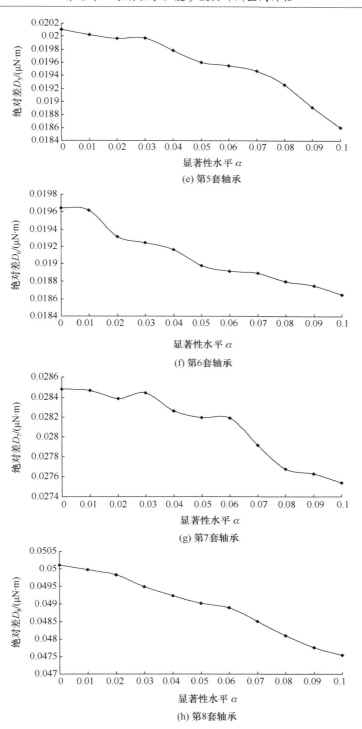

(e) 第5套轴承

(f) 第6套轴承

(g) 第7套轴承

(h) 第8套轴承

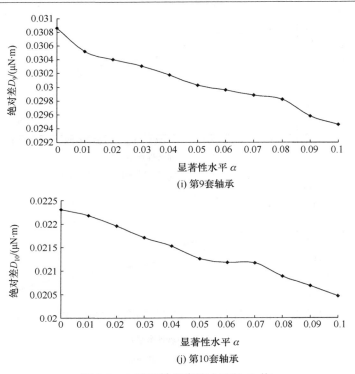

(i) 第9套轴承

(j) 第10套轴承

图 8-2　A 滚动轴承摩擦力矩的 D_i 值

表 8-2　A 滚动轴承摩擦力矩先验密度函数参数

轴承序号	显著性水平 α	平均值/(μN·m)	方差/(μN·m)^2
1	0.1	0.469139	0.025387
2	0	0.468772	0.008533
3	0.1	0.502728	0.074691
4	0.1	0.602863	0.032147
5	0.1	0.574911	0.017044
6	0.1	0.580322	0.020592
7	0.1	0.636478	0.024559
8	0.1	0.589715	0.024243
9	0.1	0.581222	0.015179
10	0.07	0.63671	0.025716

　　根据表 8-1 和表 8-2 数据对比发现，稳健化处理后数据的平均值及方差(即先验密度函数参数)比原数据的平均值及方差小，说明数据稳健化处理确实减小了离散数据对总体数据的影响。

用贝叶斯方法计算滚动轴承摩擦力矩平均值及方差，结果见表 8-3。

表 8-3 A 滚动轴承摩擦力矩后验密度函数参数

轴承序号	平均值/(μN·m)	方差/(μN·m)^2
1	0.470102417	0.0000143757
2	0.465619569	0.0000118137
3	0.503583464	0.0000118282
4	0.604370234	0.0000173412
5	0.5766349	0.00000978917
6	0.581702648	0.0000113959
7	0.637757796	0.0000134627
8	0.593402296	0.0000143053
9	0.582850239	0.00000855083
10	0.639094353	0.0000145399

在置信水平 95%和 99%条件下，贝叶斯区间评估和统计学区间评估的对比结果见表 8-4。

表 8-4 贝叶斯区间评估和统计学区间评估对比

轴承序号	置信水平 95%		置信水平 99%	
	贝叶斯区间评估	统计学区间评估	贝叶斯区间评估	统计学区间评估
1	[0.462671, 0.477534]	[0.133701, 0.806505]	[0.460320, 0.479885]	[0.027289, 0.912917]
2	[0.458883, 0.472356]	[0.16053483, 0.770696]	[0.456752, 0.474487]	[0.064029816,0.867201]
3	[0.496843, 0.510324]	[0.198503, 0.808664]	[0.494710, 0.512457]	[0.102000, 0.905169]
4	[0.596208, 0.612532]	[0.234903, 0.973840]	[0.593626, 0.615114]	[0.118030, 1.090712]
5	[0.570503, 0.582767]	[0.299036, 0.854235]	[0.568563, 0.584707]	[0.211224, 0.942047]
6	[0.575086, 0.588319]	[0.282190, 0.881217]	[0.572993, 0.590412]	[0.187446, 0.975960]
7	[0.6305066, 0.644949]	[0.312217, 0.963300]	[0.628291, 0.647224]	[0.209240, 1.066277]
8	[0.585989, 0.600815]	[0.257823, 0.928986]	[0.583644, 0.603160]	[0.151670, 1.035139]
9	[0.577119, 0.588582]	[0.323405, 0.842297]	[0.575306, 0.590395]	[0.241335, 0.924367]
10	[0.631621, 0.646568]	[0.30077757, 0.977414]	[0.629256, 0.648932]	[0.19375857, 1.084433]

根据表 8-4 中贝叶斯区间评估与统计学区间评估结果可以看出，在相同的置信水平下，贝叶斯评估区间明显要短于统计学评估区间，说明贝叶斯区间评估的误差小，进一步说明用稳健数据作为贝叶斯先验密度函数，可以提高数据评估的精度。

8.4.2　B 滚动轴承摩擦力矩数据分析

现以 B 滚动轴承为例分析滚动轴承摩擦力矩平均值的可靠性，摩擦力矩数据见图 3-4，滚动轴承摩擦力矩性能参数见表 8-5。

表 8-5　B 滚动轴承摩擦力矩性能参数

轴承序号	中位数/(μN·m)	平均值/(μN·m)	方差/(μN·m)^2
1	0.327952	0.330538	0.0597861
2	0.585176	0.541102	0.137332
3	0.278166	0.2726	0.0510863
4	0.279747	0.296969	0.078075
5	0.654718	0.662751	0.0586523
6	0.165359	0.169880	0.0787533
7	0.156864	0.156610	0.0374684
8	0.283698	0.280728	0.0440861
9	0.472961	0.482985	0.0540480
10	0.692649	0.686313	0.0518947

表 8-5 显示了滚动轴承摩擦力矩的性能参数中位数、平均值、方差的对比情况。从参数中可以看出，滚动轴承摩擦力矩的中位数范围是[0.156864, 0.692649]，摩擦力矩平均值范围是[0.156610, 0.686313]，摩擦力矩的方差范围是[0.0374684, 0.137332]。另外，这三个参数的变化趋势没有明显的规律，说明滚动轴承摩擦力矩数据的大小、分布、变化趋势具有多样性、复杂性。

为了更好地分析滚动轴承摩擦力矩的特点，利用数据的稳健化处理方法来获取滚动轴承摩擦力矩的先验密度函数。为此，分析改进数据序列平均值与绝对值排序序列中位数的绝对差 D_i，以反映不同显著性水平下数据是否稳健，结果见图 8-3。

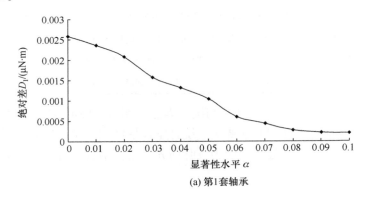

(a) 第1套轴承

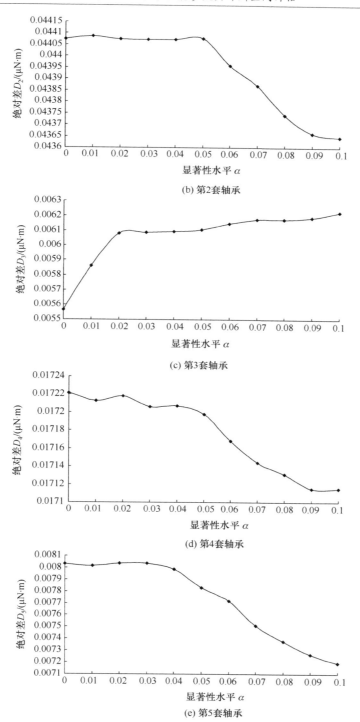

(b) 第2套轴承

(c) 第3套轴承

(d) 第4套轴承

(e) 第5套轴承

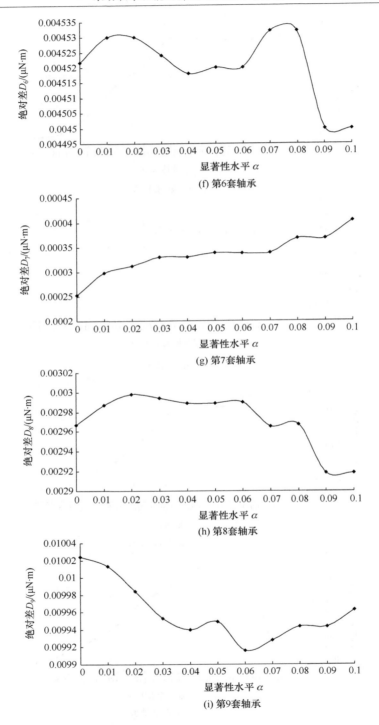

(f) 第6套轴承

(g) 第7套轴承

(h) 第8套轴承

(i) 第9套轴承

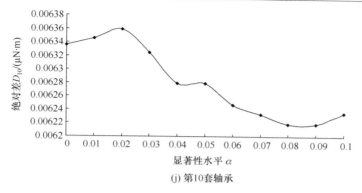

(j) 第10套轴承

图 8-3　B 滚动轴承摩擦力矩的 D_i 值

根据图 8-3 可以看出，在显著性水平为 0～0.1 时，随着显著性水平的提高，D_i 值减小，说明摩擦力矩数据中确实存在部分离散数据；在显著性水平为 0.1 时，D_i 值最小，即有 10% 的摩擦力矩数据为离散数据，为此将该部分离散数据进行稳健化处理，得到摩擦力矩稳健数据并将其作为滚动轴承摩擦力矩贝叶斯估计的先验信息，稳健数据见图 4-17，有关计算结果见表 8-6。

表 8-6　B 滚动轴承摩擦力矩先验密度函数参数

轴承序号	显著性水平 α	平均值/(μN·m)	方差/(μN·m)²
1	0.1	0.328146	0.039837
2	0.1	0.541531	0.135031
3	0	0.2726	0.0510863
4	0.1	0.296862	0.076987
5	0.1	0.654718	0.054991
6	0	0.169858	0.077981
7	0	0.156610	0.0374684
8	0.1	0.280780	0.043154
9	0.06	0.482925	0.052847
10	0.08	0.686415	0.050758

根据表 8-5 和表 8-6 数据对比发现，稳健化处理后数据的平均值及方差(即先验密度函数参数)比原数据的平均值及方差小，说明数据稳健化处理确实减小了离散数据对总体数据的影响。

用贝叶斯方法计算滚动轴承摩擦力矩平均值及方差，结果见表 8-7。

表 8-7 B 滚动轴承摩擦力矩后验密度函数参数

轴承序号	平均值/(μN·m)	方差/(μN·m)²
1	0.330536248	0.0000291711
2	0.541102213	0.0000670234
3	0.2726	0.0000249323
4	0.296968947	0.0000381037
5	0.662746819	0.0000286239
6	0.169879989	0.0000384348
7	0.15661	0.0000182862
8	0.280728026	0.0000215157
9	0.48298497	0.0000263775
10	0.686313051	0.0000253266

在置信水平 95% 和 99% 条件下，贝叶斯区间评估和统计学区间评估的对比结果见表 8-8。

表 8-8 贝叶斯区间评估和统计学区间评估对比

轴承序号	置信水平 95%		置信水平 99%	
	贝叶斯区间评估	统计学区间评估	贝叶斯区间评估	统计学区间评估
1	[0.319950,0.341122]	[0.213357,0.447719]	[0.316602,0.344471]	[0.176290,0.484786]
2	[0.525056,0.557148]	[0.271931,0.810273]	[0.51998,0.562224]	[0.186785,0.895419]
3	[0.262813, 0.282387]	[0.172471,0.372729]	[0.259717,0.285483]	[0.140797,0.404403]
4	[0.284870, 0.309068]	[0.143942,0.449996]	[0.281043,0.312895]	[0.0955355,0.498403]
5	[0.652261, 0.673233]	[0.547792,0.777710]	[0.648943,0.67655]	[0.511428,0.814074]
6	[0.157729, 0.182031]	[0.0155235,0.324236]	[0.153885,0.185875]	[−0.0333035,0.373064]
7	[0.148229, 0.164991]	[0.0831719,0.230048]	[0.145577,0.167643]	[0.0599415,0.253278]
8	[0.271637, 0.289819]	[0.194319,0.367137]	[0.268761,0.292695]	[0.166986,0.394470]
9	[0.472919, 0.493051]	[0.377051,0.588919]	[0.469734,0.496236]	[0.343541,0.622429]
10	[0.676449, 0.696177]	[0.584599,0.7880266]	[0.673329,0.699297]	[0.552425,0.820201]

根据表 8-8 中贝叶斯区间评估与统计学区间评估结果可以看出，在相同的置信水平下，贝叶斯评估区间明显要短于统计学评估区间，说明贝叶斯区间评估的误差小，进一步说明用稳健数据作为贝叶斯先验密度函数，可以提高数据评估的精度。

8.5　讨　　论

从上述分析可以看出，在相同置信水平下，贝叶斯区间评估的精度明显高于统计学区间评估的精度，可以作为提高区间评估精度的依据。

从表 8-1 和表 8-2、表 8.5 和表 8.6 对比可以看出，稳健化处理后的数据平均值及方差略小于原数据的平均值及方差，说明数据的稳健化处理减小了离散数据对总体数据的影响，可以作为先验信息。

通过对比贝叶斯方法处理后的数据表 8-3、原数据表 8-1、稳健数据表 8-2，以及对比表 8-7、原数据表 8-5、稳健数据表 8-6，可以发现表 8-3、表 8-7 中的平均值进一步减小，而方差大幅度减小，最终产生的贝叶斯评估区间明显短于统计学评估区间，即评估精度明显提高，说明数据的稳健化处理可以作为贝叶斯评估的先验信息，贝叶斯评估可以提高评估精度。

8.6　本　章　小　结

本章把数据的稳健化处理和贝叶斯方法结合起来，提出用稳健数据作为先验信息的贝叶斯评估方法，以实施滚动轴承性能参数的贝叶斯区间评估。该方法评估滚动轴承摩擦力矩可以提高摩擦力矩评估的精度，原因是数据稳健化处理减小了离散数据对整体数据的影响。以此作为贝叶斯评估的先验信息，与原数据一起构建了贝叶斯后验密度函数，通过贝叶斯方法处理，可以减小数据平均值，大大降低数据方差，最终提高了滚动轴承摩擦力矩的评估精度，为贝叶斯评估方法的发展提供了新的思路。

参 考 文 献

[1] 夏新涛, 朱坚民, 吕陶梅. 滚动轴承摩擦力矩的乏信息推断. 北京: 科学出版社, 2010.

[2] 夏新涛, 陈晓阳, 张永振, 等. 滚动轴承乏信息实验分析与评估. 北京: 科学出版社, 2007.

[3] 夏新涛, 刘红彬. 滚动轴承振动与噪声研究. 北京: 国防工业出版社, 2015.

[4] 夏新涛, 章宝明, 徐永智. 滚动轴承性能与可靠性乏信息变异过程评估. 北京: 科学出版社, 2013.

[5] Natarj C, Harsha S P. The effect of bearing cage run-out on the nonlinear dynamics of a rotating shaft. Communications in Nonlinear Science and Numerical Simulation, 2008, 13(4): 822-838.

[6] Gan K G, Zaitov L M. Investigation into the dependence of the friction moment of high-speed self-lubrication ball bearings on the duration of work, rotational speed and load. Soviet Engineering Research, 1990, 10(2): 41-46.

[7] Sinou J J. Non-linear dynamics and contacts of an unbalance flexible rotor on ball bearing. Mechanism and Machine Theory, 2009, 44(9): 1713-1732.

[8] 夏新涛, 徐永智. 滚动轴承质量的乏信息评估. 北京: 科学出版社, 2016.

[9] Sochting S, Sherrington I, Lewis S D, et al. An evaluation of simulated launch vibration on the friction performance and lubrication of ball bearings for space application. Wear, 2006, 260(11-12): 1190-1202.

[10] Ahmad R, Saeed A, Anoushiravan F. Nonlinear dynamic modeling of surface defects in rolling element bearing systems. Journal of Sound and Vibration, 2009, 319(3-5): 1150-1174.

[11] Harsha S P. Nonlinear dynamic response of a balanced rotor supported by rolling element bearings due to radial internal clearance effect. Mechanism and Machine Theory, 2006, 41(6): 688-706.

[12] Lioulios A N, Antoniadis I A. Effect of rotational speed fluctuations on the dynamic behaviour of rolling element bearings with radial clearances. International Journal of Mechanical Sciences, 2006, 48(8): 809-829.

[13] 蔡云龙, 吕琛. 基于混沌理论的滚动轴承早期故障检测. 华中科技大学学报(自然科学版), 2009, 37(S1): 187-189.

[14] 姜维, 杨咸启, 常宗瑜. 高速角接触球轴承动力学特性参数分析. 轴承, 2008, (6): 1-4, 39.

[15] 王黎钦, 崔立, 郑德志, 等. 航空发动机高速球轴承动态特性分析. 航空学报, 2007, 28(6): 1461-1467.

[16] 赵春江. 高速滚珠轴承-外转子系统静动态特性研究. 长春: 吉林大学博士学位论文, 2009.

[17] 何芝仙, 于洪. 计入轴承间隙时轴-滚动轴承系统动力学行为研究. 振动与冲击, 2009, 28(9): 120-124.

[18] 徐志栋，杨伯原，李建华，等. 航天轴承在较高温度下摩擦力矩特性的实验研究. 润滑与密封，2008, 33(3): 66-68.

[19] Douglas W V C, Francis E K, John P C. Rolling sliding wear of UHMWPE for knee bearing application. Wear, 2007, 263(7-12): 1087-1094.

[20] 林冠宇，王淑荣，王立鹏. 氯苯基硅油润滑球轴承在真空环境下摩擦性能与泄露量研究. 摩擦学学报，2009, 29(6): 526-530.

[21] Saad A D, Raja H R I, Mba D. Observations of changes in acoustic emission waveform for varying seeded defect sizes in a rolling element bearing. Applied Acoustics, 2009, 70(1): 58-81.

[22] 黄敦新，百越，黎海文，等. 姿控飞轮用陶瓷球轴承失效特性分析. 摩擦学学报，2008, 28(3): 254-259.

[23] Abbasion S, Rafsanjania A, Farshidianfar A. Rolling element bearing multi-fault classification based on the wavelet denoising and support vector machine. Mechanical Systems and Signal Processing, 2007, 21(7): 2933-2945.

[24] 杨将新，曹冲锋，曹衍龙，等. 内圈局部损伤滚动轴承系统动态特性建模与仿真. 浙江大学学报(工学版), 2007, 41(4): 551-555.

[25] Antoni J. Cyclic spectral analysis of rolling-element bearing signals: Facts and fictions. Journal of Sound and Vibration, 2007, 304(3-5): 497-529.

[26] Ueda T, Mitamura N. Mechanism of dent initiated flaking and bearing life enhancement technology under contaminated lubrication condition. Part II: Effect of rolling element surface roughness on flaking resulting from dents, and life enhancement technology of rolling bearing under contaminated lubrication condition. Tribology International, 2009, 42(11-12): 1832-1837.

[27] 郭磊，陈进，朱义，等. 小波支持向量机在滚动轴承故障诊断中的应用. 上海交通大学学报，2009, 43(4): 678-682.

[28] Guo F W, Yu B L, Zhi G L. Fault classification of rolling bearing based on reconstructed phase space and Gaussian mixture model. Journal of Sound and Vibration, 2009, 323(3-5): 1007-1089.

[29] 贾民平，杨建文. 滚动轴承故障的周期平稳性分析及故障诊断. 机械工程学报，2007, 43(1): 144-151.

[30] 于江林. 滚动轴承故障的非接触声学检测信号特性及重构技术研究. 大庆: 大庆石油学院博士学位论文，2009.

[31] 汪久根，章维明. 滚动轴承噪声影响因素的群分析. 润滑与密封，2006, (7): 39-41.

[32] Sujeet K S, Pang R, Tang X S. Application of micro-ball bearing on Si for high rolling life-cycle. Tribology International, 2010, 43(1-2): 178-187.

[33] 夏新涛. 滚动轴承乏信息试验评估方法及其应用技术研究. 上海: 上海大学博士学位论文，2007.

[34] Xia X T, Wang Z Y. Grey relation between nonlinear characteristic and dynamic uncertainty of rolling bearing friction torque. Chinese Journal of Mechanical Engineering, 2009, 22(2): 244-249.

[35] 朱坚民, 宾鸿赞, 王中宇. 测量数据粗大误差的非统计判别. 华中理工大学学报, 2000, 28(4): 17-19.

[36] 丁振良, 袁锋, 陈中. 非统计方法估计的不确定度分量的自由度. 仪器仪表学报, 2000, 21(3): 310-312.

[37] 高北晨. 附加参数检验与选择的非统计方法. 石家庄铁道学院学报, 1997, 10(2): 62-68.

[38] 王中宇, 朱坚民, 夏新涛. 几种测量不确定度的非统计评定方法. 计量技术, 2001, (4): 48-50.

[39] Xia X T, Wang Z Y, Gao Y S. Estimation of non-statistical uncertainty using fuzzy-set theory. Measurement Science and Technology, 2000, 11(4): 430-435.

[40] Xia X T, Wang Z Y. Detection of gross measurement errors using the grey system method. The International Journal of Advanced Manufacturing Technology, 2002, 19(11): 801-804.

[41] 夏新涛, 陈晓阳, 张永振, 等. 航天轴承摩擦力矩不确定度的灰自助动态评估. 哈尔滨工业大学学报, 2006, 38(增刊): 294-297.

[42] Shannon C E. A mathematical theory of communication. The Bell System Technical Journal, 1948, 27(3): 379-423.

[43] Deng J L. The control problem of grey systems. System & Control Letters, 1982,1(5): 288-294.

[44] Zadeh L A. Fuzzy sets. Information and Control, 1865, 8: 338-353.

[45] Bayes T R. An essay towards solving a problem in the doctrine of chances. Philosoph. Transactions of the Royal Soc. London, 1763, 53: 370-418.

[46] Efron B. Bootstrap methods. The Annals of Statistics, 1979, 7: 1-36.

[47] 夏新涛, 贾晨辉, 王中宇. 滚动轴承摩擦力矩的乏信息模糊预报. 航空动力学报, 2009, 24(4): 945-950.

[48] 夏新涛, 陈晓阳, 张永振, 等. 航天轴承摩擦力矩的最大熵概率分布与 Bootstrap 推断. 宇航学报, 2007, 28(5): 1395-1399.

[49] Xia X T, Chen L. Fuzzy chaos method for evaluation of nonlinearly evolutionary process of rolling bearing performance. Measurement, 2013, 46(3): 1349-1354.

[50] Xia X T, Lv T M, Meng F N. Gray chaos evaluation model for prediction of rolling bearing friction torque. Journal of Testing and Evaluation, 2010, 38(3): 291-300.

附　　表

附表 1　C 滚动轴承振动数据(单位：m/s)

数据序号	第 1 套轴承	第 2 套轴承	第 3 套轴承	第 4 套轴承
001	−0.19616	0.071262	0.071262	0.071165
002	−0.53633	0.015108	0.015108	−0.03068
003	−0.422	−0.23326	−0.23326	−0.11424
004	0.331126	−0.25066	−0.25066	−0.10056
005	0.118024	−0.21774	−0.21774	−0.01597
006	0.313571	−0.22738	−0.22738	0.077597
007	0.29892	−0.06096	−0.06096	0.036823
008	−0.35327	0.220466	0.220466	0.111221
009	−0.29053	0.269978	0.269978	0.235049
010	−0.02883	0.187336	0.187336	0.129385
011	−0.26338	0.286973	0.286973	0.034506
012	−0.02537	0.194771	0.194771	0.015126
013	0.147332	0.012408	0.012408	0.00133
014	0.026579	−0.21703	−0.21703	0.031421
015	0.078408	−0.0762	−0.0762	−0.16611
016	0.033873	−0.22287	−0.22287	−0.09325
017	−0.16718	−0.22228	−0.22228	0.072789
018	−0.00053	−0.00994	−0.00994	0.02985
019	0.127818	0.155561	0.155561	0.028215
020	0.17312	−0.15848	−0.15848	0.141425
021	0.23553	0.195478	0.195478	0.104252
022	0.137455	0.172116	0.172116	0.114834
023	−0.16293	−0.16806	−0.16806	0.129212
024	−0.12962	0.122188	0.122188	0.095612
025	−0.19894	−0.0221	−0.0221	0.01469
026	−0.17431	−0.17666	−0.17666	0.01104
027	0.072242	−0.28867	−0.28867	−0.06904

续表

数据序号	第 1 套轴承	第 2 套轴承	第 3 套轴承	第 4 套轴承
028	0.043366	−0.37651	−0.37651	−0.1369
029	−0.14251	−0.13712	−0.13712	−0.08891
030	−0.04179	0.01601	0.01601	−0.06399
031	−0.17241	−0.05978	−0.05978	−0.11152
032	−0.28742	0.365612	0.365612	−0.20347
033	0.042131	0.179231	0.179231	−0.02592
034	0.144225	−0.13168	−0.13168	−0.04211
035	−0.25198	−0.25811	−0.25811	0.000405
036	0.144897	−0.18829	−0.18829	−0.10773
037	0.048297	0.095611	0.095611	0.011722
038	−0.17804	0.017255	0.017255	0.039314
039	0.271756	0.403573	0.403573	0.051071
040	0.034893	0.510697	0.510697	−0.09988
041	−0.12843	0.28967	0.28967	0.095887
042	0.079536	0.110496	0.110496	0.069571
043	−0.15273	−0.0303	−0.0303	0.051661
044	−0.07913	−0.26544	−0.26544	0.036088
045	0.126858	−0.08309	−0.08309	0.048245
046	−0.04902	0.037113	0.037113	0.042354
047	0.071518	0.006279	0.006279	0.085559
048	0.082071	0.109979	0.109979	0.037316
049	−0.09827	−0.06283	−0.06283	0.070713
050	0.025603	−0.25368	−0.25368	0.057426
051	−0.05554	0.037137	0.037137	0.090053
052	−0.23832	−0.21739	−0.21739	−0.00645
053	0.045238	−0.03255	−0.03255	−0.13617
054	0.003618	0.055831	0.055831	0.045508
055	−0.04019	−0.06199	−0.06199	−0.0539
056	0.275926	−0.01712	−0.01712	−0.1332
057	−0.11891	−0.20354	−0.20354	−0.01784
058	−0.31025	−0.00118	−0.00118	0.030751
059	0.055631	0.107169	0.107169	−0.10687
060	−0.01725	−0.06316	−0.06316	0.024569

数据序号	第1套轴承	第2套轴承	第3套轴承	第4套轴承
061	−0.0452	0.091265	0.091265	−0.01392
062	−0.06274	0.056615	0.056615	−0.05789
063	−0.28466	−0.17922	−0.17922	−0.01384
064	−0.26064	−0.26319	−0.26319	−0.02839
065	−0.20791	0.101032	0.101032	0.05833
066	−0.00766	−0.01888	−0.01888	0.07207
067	0.479667	−0.03241	−0.03241	0.029439
068	0.288367	0.189976	0.189976	0.007923
069	0.008984	0.180035	0.180035	0.062089
070	−0.03188	0.194763	0.194763	0.072409
071	−0.31573	−0.08872	−0.08872	−0.03549
072	−0.32651	−0.01726	−0.01726	0.047664
073	0.183661	0.171683	0.171683	0.126515
074	0.074777	−0.14038	−0.14038	0.023362
075	0.066735	−0.11418	−0.11418	0.019458
076	0.345026	0.124981	0.124981	−0.02522
077	0.006105	0.036171	0.036171	−0.08355
078	−0.33482	−0.0098	−0.0098	0.063188
079	−0.04802	0.328346	0.328346	−0.00191
080	−0.23469	0.287923	0.287923	−0.02412
081	0.120912	−0.13482	−0.13482	0.036819
082	0.245039	−0.08131	−0.08131	0.089944
083	0.211573	−0.15999	−0.15999	−0.02387
084	0.092136	−0.26852	−0.26852	−0.02568
085	−0.33606	−0.42843	−0.42843	−0.07329
086	−0.47776	−0.08305	−0.08305	0.059691
087	−0.19111	0.103329	0.103329	0.019474
088	0.090121	0.022725	0.022725	−0.02236
089	0.343155	−0.0459	−0.0459	−0.03349
090	0.144849	0.043319	0.043319	0.077403
091	−0.11352	0.034166	0.034166	0.023746
092	−0.41026	−0.01651	−0.01651	0.032119
093	−0.54173	−0.10957	−0.10957	−0.04626

数据序号	第 1 套轴承	第 2 套轴承	第 3 套轴承	第 4 套轴承
094	−0.0417	−0.03767	−0.03767	−0.06855
095	0.224553	−0.06117	−0.06117	−0.01859
096	0.075845	−0.32167	−0.32167	−0.0131
097	−0.01379	0.170567	0.170567	−0.12397
098	−0.19117	0.356678	0.356678	−0.07222
099	−0.1985	−0.2903	−0.2903	−0.08564
100	0.117833	0.461053	0.461053	−0.07306
101	0.047969	0.139337	0.139337	−0.12083
102	0.054763	−0.06187	−0.06187	−0.10394
103	0.117229	−0.03287	−0.03287	0.032806
104	−0.07543	−0.04615	−0.04615	0.059219
105	−0.20198	−0.24944	−0.24944	−0.00916
106	−0.00935	−0.07671	−0.07671	−0.0683
107	0.027131	0.344825	0.344825	0.041038
108	0.197277	−0.16553	−0.16553	0.121343
109	0.171253	0.418281	0.418281	0.068622
110	−0.04878	0.433546	0.433546	−0.01806
111	0.009744	−0.38753	−0.38753	0.078243
112	−0.0172	−0.06601	−0.06601	0.119728
113	−0.08995	−0.1426	−0.1426	0.087186
114	0.081099	−0.54472	−0.54472	0.051011
115	0.05939	−0.19187	−0.19187	−0.05746
116	0.039635	0.538095	0.538095	−0.16114
117	−0.20549	−0.25705	−0.25705	−0.03077
118	−0.22312	0.330198	0.330198	0.001427
119	0.022928	0.168687	0.168687	−0.1112
120	0.163107	−0.10517	−0.10517	−0.00268
121	0.079892	−0.14069	−0.14069	0.114802
122	0.242568	−0.28012	−0.28012	−0.06276
123	0.010064	−0.24884	−0.24884	−0.06508
124	−0.43599	−0.36376	−0.36376	0.081586
125	−0.44389	0.236476	0.236476	−0.00013
126	−0.22649	0.131741	0.131741	−0.1507

数据序号	第 1 套轴承	第 2 套轴承	第 3 套轴承	第 4 套轴承
127	−0.20507	−0.16813	−0.16813	−0.00371
128	0.027655	0.285663	0.285663	−0.05922
129	0.184117	0.077104	0.077104	−0.05372
130	0.339492	−0.06288	−0.06288	0.153872
131	0.075441	−0.30838	−0.30838	0.028946
132	−0.16668	0.241897	0.241897	0.061476
133	−0.20777	−0.05408	−0.05408	0.103885
134	−0.31307	0.043044	0.043044	0.04688
135	−0.1535	0.104986	0.104986	−0.01671
136	0.117117	0.03877	0.03877	−0.05584
137	0.263858	−0.05349	−0.05349	0.020593
138	0.197993	0.073946	0.073946	0.013991
139	0.029798	0.165591	0.165591	0.123971
140	−0.04242	−0.32814	−0.32814	0.093937
141	−0.22064	0.081825	0.081825	−0.03433
142	−0.01291	0.141767	0.141767	−0.07994
143	0.21596	0.080176	0.080176	−0.00858
144	0.048185	0.233064	0.233064	−0.04991
145	−0.05527	−0.11248	−0.11248	0.042366
146	0.196885	−0.10085	−0.10085	0.00846
147	−0.01667	0.057363	0.057363	−0.01046
148	−0.06985	−0.16431	−0.16431	0.01962
149	0.134652	−0.37036	−0.37036	0.008807
150	−0.08734	0.207032	0.207032	−0.04701
151	−0.25108	−0.34519	−0.34519	−0.06735
152	−0.24098	−0.24841	−0.24841	−0.05381
153	−0.2941	0.532952	0.532952	−0.03814
154	−0.00334	−0.52206	−0.52206	0.059227
155	0.098118	0.412593	0.412593	0.008121
156	−0.04978	0.288906	0.288906	0.070774
157	0.048905	−0.44422	−0.44422	−4.7E−05
158	−0.11557	0.547623	0.547623	−0.12165
159	−0.32499	−0.35039	−0.35039	−0.06457

数据序号	第 1 套轴承	第 2 套轴承	第 3 套轴承	第 4 套轴承
160	−0.02098	−0.25539	−0.25539	0.045399
161	0.166018	−0.04616	−0.04616	0.172307
162	0.064192	0.231467	0.231467	0.157877
163	0.322517	−0.21789	−0.21789	−0.02086
164	−0.10426	0.436623	0.436623	0.089988
165	−0.42563	0.32656	0.32656	0.084227
166	−0.3163	0.173939	0.173939	−0.13688
167	−0.2125	0.187603	0.187603	−0.18317
168	0.139506	−0.03515	−0.03515	−0.01651
169	0.384231	−0.24141	−0.24141	0.029673
170	0.164287	−0.05162	−0.05162	−0.02256
171	0.15317	−0.1285	−0.1285	−0.06682
172	0.03177	−0.28283	−0.28283	−0.09441
173	0.007509	0.060908	0.060908	0.111285
174	0.042506	−0.08065	−0.08065	0.056219
175	0.012595	0.084037	0.084037	−0.00719
176	−0.01419	0.26395	0.26395	0.15122
177	0.047217	−0.36244	−0.36244	0.112767
178	0.141878	0.00841	0.00841	0.059392
179	0.118532	0.054416	0.054416	0.059897
180	0.025112	−0.25587	−0.25587	−0.03673
181	−0.04394	−0.03581	−0.03581	0.035446
182	−0.15172	0.54293	0.54293	0.051883
183	−0.01134	−0.0965	−0.0965	−0.11084
184	0.111862	−0.09207	−0.09207	−0.11684
185	−0.00505	0.335336	0.335336	−0.00529
186	−0.25283	−0.4979	−0.4979	−0.01025
187	−0.30452	−0.06992	−0.06992	−0.03001
188	−0.28658	0.17142	0.17142	−0.0485
189	−0.09099	−0.05813	−0.05813	0.070184
190	−0.03647	0.151502	0.151502	0.068691
191	0.009388	−0.01197	−0.01197	0.098939
192	−0.06741	0.136095	0.136095	0.003175

数据序号	第 1 套轴承	第 2 套轴承	第 3 套轴承	第 4 套轴承
193	−0.07983	−0.06858	−0.06858	0.00777
194	0.115169	−0.04719	−0.04719	−0.02112
195	0.135915	0.169601	0.169601	0.061807
196	0.260879	−0.08056	−0.08056	−0.05292
197	0.052548	−0.04019	−0.04019	−0.00197
198	−0.17296	−0.0131	−0.0131	0.111467
199	−0.12979	0.026958	0.026958	0.038382
200	−0.09288	−0.08186	−0.08186	−0.02942
201	0.164339	0.216941	0.216941	−0.03777
202	−0.00472	−0.10712	−0.10712	0.063656
203	−0.08404	0.095219	0.095219	−0.21098
204	0.050648	0.109882	0.109882	0.203234
205	−0.09652	−0.11615	−0.11615	−0.1737
206	−0.05395	0.076036	0.076036	0.106747
207	−0.05059	−0.14394	−0.14394	0.151494
208	0.094959	−0.1929	−0.1929	−0.18573
209	0.329831	0.105399	0.105399	0.259819
210	0.229868	0.015606	0.015606	0.031058
211	0.034133	−0.15692	−0.15692	−0.05635
212	−0.09145	−0.00766	−0.00766	0.072546
213	−0.20828	0.148126	0.148126	−0.18769
214	−0.32681	−0.0484	−0.0484	−0.01509
215	−0.09974	0.048619	0.048619	0.142725
216	−0.04426	0.182978	0.182978	−0.20835
217	0.11806	0.1165	0.1165	0.041745
218	0.1891	−0.27314	−0.27314	0.066143
219	−0.30036	−0.15807	−0.15807	0.025228
220	−0.39986	−0.1168	−0.1168	0.074856
221	−0.20326	−0.00026	−0.00026	−0.06181
222	−0.08358	−0.00947	−0.00947	−0.02918
223	0.176915	0.147055	0.147055	0.1202
224	0.159364	0.244565	0.244565	−0.05254
225	−0.12498	0.102645	0.102645	−0.00237

数据序号	第1套轴承	第2套轴承	第3套轴承	第4套轴承
226	−0.10769	0.016135	0.016135	0.121113
227	−0.29142	−0.13828	−0.13828	−0.12168
228	−0.2356	−0.06755	−0.06755	0.105463
229	0.184281	−0.18616	−0.18616	0.017254
230	0.239457	−0.00879	−0.00879	−0.25705
231	0.106496	0.130435	0.130435	0.199951
232	0.453271	0.125212	0.125212	−0.00331
233	0.166658	0.232967	0.232967	0.016147
234	−0.08801	0.006247	0.006247	0.084218
235	0.077332	0.016515	0.016515	0.003139
236	−0.15879	−0.04078	−0.04078	0.107046
237	0.024084	−0.07707	−0.07707	0.016454
238	0.239657	−0.02325	−0.02325	−0.26959
239	−0.14476	−0.19389	−0.19389	0.014173
240	−0.20259	−0.0837	−0.0837	−0.07715
241	−0.23526	0.01977	0.01977	−0.07614
242	−0.15959	−0.18961	−0.18961	0.057261
243	0.188376	−0.19357	−0.19357	−0.07841
244	0.153542	0.077407	0.077407	0.184621
245	−0.02895	−0.09314	−0.09314	0.030081
246	−0.11899	−0.03766	−0.03766	−0.06018
247	−0.25205	0.045012	0.045012	−0.01983
248	−0.18146	0.096424	0.096424	0.032233
249	0.096231	0.150709	0.150709	−0.08789
250	0.098546	0.129772	0.129772	0.155511
251	−0.20978	−0.00849	−0.00849	0.010168
252	−0.09365	0.157687	0.157687	0.060119
253	−0.0629	−0.21002	−0.21002	0.15644
254	0.050672	−0.21426	−0.21426	−0.05667
255	0.06446	0.005232	0.005232	−0.06436
256	−0.10779	0.059376	0.059376	−0.04145
257	−0.05862	0.147002	0.147002	−0.1036
258	0.091652	0.107824	0.107824	−0.00218

数据序号	第 1 套轴承	第 2 套轴承	第 3 套轴承	第 4 套轴承
259	−0.06119	−0.0214	−0.0214	−0.01075
260	0.069791	0.1616	0.1616	0.009474
261	0.026755	−0.19099	−0.19099	0.103235
262	−0.16217	−0.1347	−0.1347	0.07425
263	−0.08466	0.085302	0.085302	0.065234
264	0.02354	0.086523	0.086523	−0.07166
265	−0.11095	0.11221	0.11221	0.090767
266	0.021493	−0.14912	−0.14912	0.027565
267	0.055995	0.052588	0.052588	−0.06149
268	0.002382	−0.12164	−0.12164	−0.02818
269	0.303067	−0.17009	−0.17009	0.012611
270	0.224757	0.015448	0.015448	0.049666
271	0.014219	0.058701	0.058701	0.00217
272	−0.13239	0.092619	0.092619	−0.0582
273	−0.25893	0.113937	0.113937	0.057495
274	−0.4141	−0.24313	−0.24313	−0.07516
275	−0.00031	−0.08743	−0.08743	0.011646
276	0.387126	−0.03375	−0.03375	0.08572
277	0.391877	−0.05363	−0.05363	0.068816
278	0.193139	−0.12589	−0.12589	0.081853
279	−0.0884	0.161503	0.161503	0.053457
280	−0.50533	−0.03329	−0.03329	−0.03011
281	−0.40953	0.118388	0.118388	−0.16356
282	−0.14862	0.035176	0.035176	−0.05055
283	0.048617	0.0128	0.0128	−0.16742
284	0.378313	0.293672	0.293672	0.044607
285	0.252289	0.041406	0.041406	−0.0592
286	−0.46502	−0.14304	−0.14304	−0.03219
287	−0.30339	0.152432	0.152432	0.117043
288	−0.30958	−0.10876	−0.10876	−0.06132
289	−0.22089	−0.19523	−0.19523	−0.04458
290	0.124938	0.092688	0.092688	−0.04032
291	0.329847	−0.03117	−0.03117	0.113938

数据序号	第 1 套轴承	第 2 套轴承	第 3 套轴承	第 4 套轴承
292	0.336541	0.104085	0.104085	−0.05108
293	0.356747	0.142798	0.142798	0.081562
294	0.025943	−0.01484	−0.01484	0.083908
295	0.012679	0.027358	0.027358	0.039278
296	−0.27113	−0.10253	−0.10253	0.031869
297	−0.50933	−0.21464	−0.21464	0.00095
298	0.008244	−0.05776	−0.05776	−0.06512
299	0.362677	−0.2158	−0.2158	−0.12293
300	0.261091	−0.12248	−0.12248	0.016571
301	0.214376	−0.03692	−0.03692	0.039217
302	−0.10851	−0.05984	−0.05984	0.028086
303	−0.37749	0.091855	0.091855	−0.02325
304	−0.33459	0.121181	0.121181	0.099141
305	0.206187	0.053106	0.053106	−0.07652
306	0.102037	0.053146	0.053146	−0.03996
307	−0.27683	−0.0133	−0.0133	−0.13826
308	−0.18635	−0.07249	−0.07249	0.043085
309	−0.02823	−0.04881	−0.04881	−0.08223
310	−0.12658	−0.12692	−0.12692	0.037792
311	0.20739	−0.07263	−0.07263	0.069486
312	0.194082	0.015666	0.015666	−0.09012
313	0.045098	0.148785	0.148785	0.140961
314	−0.11509	0.248911	0.248911	0.031958
315	−0.1352	0.15702	0.15702	−0.03927
316	−0.10157	−0.01233	−0.01233	−0.04468
317	0.149559	−0.12409	−0.12409	0.135361
318	0.063368	−0.06841	−0.06841	−0.00922
319	−0.14142	−0.00217	−0.00217	0.1025
320	−0.2227	−0.00044	−0.00044	−0.06586
321	−0.13839	0.112578	0.112578	0.124863
322	0.009572	0.222233	0.222233	0.053877
323	−0.04885	0.141933	0.141933	−0.11351
324	0.040271	−0.02835	−0.02835	−0.05398

数据序号	第1套轴承	第2套轴承	第3套轴承	第4套轴承
325	0.153298	−0.18805	−0.18805	0.039286
326	0.008884	−0.21316	−0.21316	0.161297
327	−0.19576	−0.26234	−0.26234	−0.03933
328	−0.22026	−0.1509	−0.1509	0.003425
329	−0.08572	0.125426	0.125426	−0.03237
330	−0.10935	0.10816	0.10816	0.008246
331	−0.09815	−0.04768	−0.04768	−0.03537
332	0.054427	0.052964	0.052964	−0.09582
333	0.031942	−0.18409	−0.18409	0.094449
334	0.062061	−0.16589	−0.16589	0.021772
335	0.289982	−0.13129	−0.13129	0.219808
336	0.222286	−0.1923	−0.1923	−0.02938
337	−0.17489	−0.0512	−0.0512	−0.01529
338	−0.12473	0.037942	0.037942	0.057919
339	0.002526	0.05617	0.05617	0.033714
340	0.02344	0.0715	0.0715	−0.10611
341	0.119056	0.180298	0.180298	−0.05605
342	0.179718	−0.12254	−0.12254	−0.03038
343	0.031066	−0.03386	−0.03386	0.157655
344	0.117916	0.05824	0.05824	0.039508
345	−0.22456	−0.10179	−0.10179	−0.13404
346	−0.53182	0.160379	0.160379	−0.00236
347	−0.2765	0.208892	0.208892	−0.00928
348	0.21668	0.118287	0.118287	−0.07614
349	0.489388	0.213857	0.213857	−0.18656
350	0.268673	0.013346	0.013346	0.026584
351	−0.28306	−0.13247	−0.13247	0.030945
352	−0.5306	−0.08613	−0.08613	0.014972
353	−0.61264	0.076772	0.076772	−0.02698
354	−0.38756	−0.07371	−0.07371	−0.02334
355	0.155002	−0.10661	−0.10661	0.067055
356	0.26407	0.040808	0.040808	0.003102
357	0.121555	0.328827	0.328827	−0.03195

续表

数据序号	第 1 套轴承	第 2 套轴承	第 3 套轴承	第 4 套轴承
358	0.105496	0.078138	0.078138	−0.02792
359	−0.09858	0.158196	0.158196	0.021614
360	0.000907	−0.30042	−0.30042	0.126926
361	−0.06282	−0.34229	−0.34229	0.135922
362	−0.26961	0.076424	0.076424	−0.06542
363	0.14151	−0.15516	−0.15516	0.051148
364	0.201204	−0.15906	−0.15906	−0.06728
365	0.092608	0.00678	0.00678	−0.0497
366	0.17604	−0.23424	−0.23424	−0.11509
367	−0.09431	0.003009	0.003009	−0.11142
368	−0.2385	0.005944	0.005944	0.04705
369	0.03888	−0.03864	−0.03864	0.048693
370	−0.03082	−0.003	−0.003	−0.05624
371	0.050816	−0.07068	−0.07068	−0.01777
372	0.192123	−0.00272	−0.00272	0.186596
373	−0.14546	0.107096	0.107096	−0.0281
374	−0.18219	0.060621	0.060621	0.084695
375	0.090013	0.015404	0.015404	−0.0461
376	0.132376	−0.28181	−0.28181	−0.00731
377	−0.1085	0.226927	0.226927	−0.01476
378	−0.30044	0.142596	0.142596	−0.089
379	−0.39893	0.105318	0.105318	−0.0855
380	−0.19686	0.078292	0.078292	−0.0502
381	0.302295	−0.31121	−0.31121	−0.04938
382	0.148	0.101016	0.101016	0.028841
383	0.072874	0.242677	0.242677	0.084037
384	0.499489	0.053049	0.053049	0.089778
385	0.176263	0.131401	0.131401	0.175307
386	0.09883	−0.037	−0.037	0.176054
387	0.083171	−0.05995	−0.05995	0.026725
388	−0.29258	0.003469	0.003469	−0.07862
389	−0.31649	−0.15689	−0.15689	−0.0755
390	−0.30156	−0.21171	−0.21171	−0.15594

数据序号	第 1 套轴承	第 2 套轴承	第 3 套轴承	第 4 套轴承
391	−0.20435	−0.20138	−0.20138	−0.17771
392	0.135775	−0.19393	−0.19393	−0.21297
393	0.095839	0.189762	0.189762	0.041684
394	0.122291	0.218861	0.218861	0.001217
395	0.109683	−0.03285	−0.03285	−0.09859
396	−0.35473	−0.02209	−0.02209	0.094744
397	−0.30173	−0.12822	−0.12822	−0.04264
398	0.301579	−0.07137	−0.07137	0.065489
399	0.328155	0.168057	0.168057	−0.00845
400	0.171889	−0.24923	−0.24923	0.018001
401	0.108567	−0.25485	−0.25485	0.13851
402	−0.29806	0.166427	0.166427	0.0417
403	−0.6719	0.008632	0.008632	0.102351
404	−0.34427	0.106272	0.106272	0.07987
405	0.00159	0.019632	0.019632	0.048326
406	0.214588	−0.27136	−0.27136	−0.05703
407	0.514021	−0.02342	−0.02342	−0.01583
408	0.304338	0.216933	0.216933	0.047688
409	−0.0868	−0.09265	−0.09265	−0.22433
410	−0.39932	0.147297	0.147297	0.035063
411	−0.29343	−0.06401	−0.06401	0.033262
412	−0.17087	−0.08516	−0.08516	−0.18525
413	−0.14877	0.253095	0.253095	−0.05328
414	0.220383	0.038035	0.038035	0.052912
415	0.483718	−0.08345	−0.08345	0.016434
416	0.130293	−0.15095	−0.15095	0.040319
417	−0.17826	−0.10798	−0.10798	0.060624
418	−0.19854	0.314387	0.314387	0.076386
419	−0.20904	0.221562	0.221562	0.068121
420	−0.13606	0.102961	0.102961	0.037207
421	0.10456	−0.17002	−0.17002	0.004374
422	0.287191	0.125956	0.125956	−0.12368
423	−0.0455	0.0548	0.0548	0.007745

数据序号	第1套轴承	第2套轴承	第3套轴承	第4套轴承
424	−0.33504	0.053078	0.053078	0.01947
425	0.040579	0.246562	0.246562	0.065525
426	0.155398	−0.23128	−0.23128	0.066757
427	−0.10422	−0.09821	−0.09821	0.080149
428	−0.13149	0.153054	0.153054	0.036892
429	−0.2114	−0.02935	−0.02935	−0.01498
430	0.042642	−0.05523	−0.05523	−0.07353
431	0.406624	−0.2841	−0.2841	−0.21657
432	0.326024	−0.17197	−0.17197	−0.00804
433	0.127362	−0.01353	−0.01353	0.005844
434	0.144625	0.127581	0.127581	−0.00459
435	−0.14056	−0.08482	−0.08482	0.148006
436	−0.3323	−0.07126	−0.07126	0.222779
437	−0.19347	0.099593	0.099593	0.118779
438	−0.20783	−0.06364	−0.06364	0.1603
439	−0.16679	0.242511	0.242511	−0.02861
440	−0.04461	−0.14742	−0.14742	−0.08487
441	−0.06985	−0.17197	−0.17197	−0.02407
442	0.0513	0.086842	0.086842	−0.09905
443	−0.14741	0.096141	0.096141	−0.08041
444	−0.40004	0.187563	0.187563	−0.12182
445	−0.11529	−0.06713	−0.06713	0.094377
446	0.258703	−0.12046	−0.12046	−0.0764
447	0.527177	−0.26712	−0.26712	−0.00129
448	0.529417	−0.03581	−0.03581	0.093008
449	0.070298	0.215797	0.215797	0.009901
450	−0.28955	−0.23438	−0.23438	0.105564
451	−0.19604	−0.06438	−0.06438	0.232598
452	−0.07769	−0.03561	−0.03561	0.037279
453	0.039003	0.145337	0.145337	0.006716
454	0.235786	0.015978	0.015978	0.008529
455	0.091604	−0.11772	−0.11772	0.079172
456	0.061073	0.147592	0.147592	−0.10397

数据序号	第1套轴承	第2套轴承	第3套轴承	第4套轴承
457	0.126802	0.107735	0.107735	−0.07288
458	−0.16881	0.325981	0.325981	0.033747
459	−0.39738	−0.04246	−0.04246	−0.16149
460	−0.40883	0.071791	0.071791	0.02394
461	−0.11682	−0.01112	−0.01112	−0.08307
462	−0.02285	−0.05388	−0.05388	−0.05993
463	0.008748	0.263918	0.263918	0.084606
464	−0.01847	0.085136	0.085136	0.140028
465	−0.09062	0.001573	0.001573	−0.02588
466	−0.05108	−0.10066	−0.10066	0.16135
467	0.123559	−0.06133	−0.06133	0.075849
468	0.207626	−0.17601	−0.17601	0.115706
469	0.28548	−0.16895	−0.16895	−0.02235
470	−0.04822	−0.14451	−0.14451	−0.00122
471	−0.38433	−0.04736	−0.04736	−0.09483
472	−0.33653	0.151211	0.151211	−0.03302
473	−0.14113	−0.09635	−0.09635	0.012352
474	0.191075	−0.16985	−0.16985	−0.06751
475	0.421736	−0.03013	−0.03013	0.06838
476	−0.01589	−0.13409	−0.13409	0.130883
477	−0.14014	0.151469	0.151469	−0.00146
478	−0.19423	−0.03229	−0.03229	0.012376
479	−0.37088	0.096464	0.096464	0.033767
480	0.038036	0.253734	0.253734	−0.15772
481	0.247175	0.117167	0.117167	0.006353
482	−0.04325	−0.09391	−0.09391	0.050869
483	0.130873	−0.15105	−0.15105	−0.19684
484	−0.02596	0.111952	0.111952	0.037534
485	−0.10417	−0.0874	−0.0874	0.043291
486	0.167278	−0.11001	−0.11001	0.034594
487	−0.06408	−0.07299	−0.07299	0.111782
488	−0.07245	0.002176	0.002176	0.161713
489	0.193159	0.14834	0.14834	0.10397

数据序号	第 1 套轴承	第 2 套轴承	第 3 套轴承	第 4 套轴承
490	−0.02965	−0.01659	−0.01659	0.006837
491	−0.05756	0.144645	0.144645	−0.01403
492	0.177283	−0.00423	−0.00423	0.054475
493	−0.15149	0.281233	0.281233	−0.1292
494	−0.19145	0.090865	0.090865	0.119861
495	−0.01672	−0.02867	−0.02867	−0.01838
496	−0.0572	−0.26639	−0.26639	0.091821
497	−0.09958	0.127367	0.127367	0.073216
498	−0.15656	−0.00345	−0.00345	0.025922
499	−0.0988	−0.13046	−0.13046	−0.00598
500	−0.15181	0.023558	0.023558	0.045483
501	−0.08933	−0.33551	−0.33551	−0.13761
502	0.120796	0.099609	0.099609	−0.12825
503	0.134784	−0.0164	−0.0164	−0.0159
504	−0.06901	0.266489	0.266489	−0.19137
505	−0.2142	−0.14641	−0.14641	0.0128
506	−0.01101	0.331172	0.331172	0.015631
507	0.308745	−0.20658	−0.20658	0.093985
508	0.260315	−0.20821	−0.20821	0.130213
509	−0.14739	−0.24081	−0.24081	0.053102
510	−0.29121	−0.0335	−0.0335	−0.08383
511	−0.37909	0.154194	0.154194	−0.0783
512	−0.05008	0.182623	0.182623	−0.06535
513	0.294001	−0.0768	−0.0768	0.013907
514	0.361641	−0.29544	−0.29544	−0.0084
515	0.186496	0.120611	0.120611	0.096137
516	−0.1745	−0.0795	−0.0795	−0.00188
517	−0.31277	0.044422	0.044422	−0.00224
518	−0.12646	0.10911	0.10911	−0.05551
519	−0.11802	0.188586	0.188586	−0.05138
520	−0.00266	0.157881	0.157881	0.020847
521	0.153194	−0.04246	−0.04246	−0.01291
522	0.11894	−0.10532	−0.10532	0.1694

数据序号	第1套轴承	第2套轴承	第3套轴承	第4套轴承
523	0.179926	−0.07653	−0.07653	−0.02959
524	−0.03435	0.057589	0.057589	0.123297
525	−0.40392	−0.22777	−0.22777	−0.07203
526	−0.21274	0.170579	0.170579	−0.12633
527	−0.09917	−0.16099	−0.16099	−0.02592
528	−0.19456	0.331059	0.331059	0.089701
529	0.181838	0.227493	0.227493	0.113663
530	0.342947	0.034922	0.034922	−0.06559
531	0.054643	−0.07006	−0.07006	0.092883
532	−0.16131	−0.06397	−0.06397	−0.00408
533	−0.28818	0.060213	0.060213	−0.03212
534	−0.2543	0.185372	0.185372	−0.03725
535	−0.14072	0.112578	0.112578	−0.04131
536	0.062417	−0.13479	−0.13479	−0.01332
537	0.17368	0.051562	0.051562	0.035527
538	0.271536	−0.24236	−0.24236	−0.12708
539	0.157341	−0.15756	−0.15756	0.027388
540	0.017702	−0.31033	−0.31033	0.004128
541	0.035904	0.186754	0.186754	−0.05537
542	−0.17682	0.319024	0.319024	−0.04766
543	−0.21378	0.071419	0.071419	0.009243
544	−0.04259	0.071233	0.071233	0.023758
545	−0.06978	−0.14676	−0.14676	0.019135
546	0.081875	−0.03507	−0.03507	0.087965
547	0.016274	−0.14764	−0.14764	0.078837
548	−0.22373	−0.09612	−0.09612	−0.01697
549	−0.08965	0.071181	0.071181	0.086597
550	−0.04988	0.131422	0.131422	−0.07073
551	−0.08835	0.152626	0.152626	−0.12496
552	0.129445	−0.18744	−0.18744	−0.046
553	0.142185	−0.36803	−0.36803	−0.00231
554	0.014663	−0.22559	−0.22559	0.048863
555	0.000075	0.076267	0.076267	0.022684

续表

数据序号	第 1 套轴承	第 2 套轴承	第 3 套轴承	第 4 套轴承
556	−0.12022	0.053591	0.053591	0.173123
557	−0.02439	−0.11691	−0.11691	0.149597
558	0.18013	0.27491	0.27491	0.090779
559	0.225629	−0.04564	−0.04564	0.146787
560	−0.04291	0.070352	0.070352	−0.03299
561	−0.23142	−0.1053	−0.1053	−0.02585
562	−0.10802	−0.02844	−0.02844	−0.01417
563	−0.26066	0.167604	0.167604	−0.08844
564	−0.24504	−0.14748	−0.14748	−0.08783
565	0.013223	−0.18103	−0.18103	−0.07163
566	−0.04122	−0.44484	−0.44484	−0.08986
567	0.10598	−0.11111	−0.11111	−0.02673
568	0.382855	0.041237	0.041237	0.055545
569	−0.15946	0.179619	0.179619	−0.05479
570	−0.40749	0.070037	0.070037	−0.04957
571	−0.0692	0.045061	0.045061	0.069922
572	−0.12295	0.102763	0.102763	0.087307
573	−0.02226	−0.35495	−0.35495	0.067572
574	0.161088	−0.28473	−0.28473	0.098297
575	−0.12615	0.109009	0.109009	0.040501
576	−0.12545	0.45781	0.45781	0.085288
577	−0.08334	0.200645	0.200645	0.099436
578	−0.2424	−0.18569	−0.18569	−0.00117
579	0.004921	−0.44672	−0.44672	0.023564
580	0.109371	−0.28563	−0.28563	0.058722
581	−0.11568	−0.27374	−0.27374	−0.01533
582	0.072446	0.023849	0.023849	−0.07514
583	0.103649	0.25662	0.25662	−0.01733
584	−0.24363	0.640161	0.640161	0.018808
585	0.029594	0.261739	0.261739	−0.03428
586	−0.03685	0.045198	0.045198	0.084465
587	−0.21006	−0.4778	−0.4778	0.044345
588	0.118076	−0.11666	−0.11666	−0.00482

数据序号	第 1 套轴承	第 2 套轴承	第 3 套轴承	第 4 套轴承
589	0.104724	0.116924	0.116924	0.020625
590	−0.12719	−0.18588	−0.18588	−0.01794
591	−0.09943	0.057666	0.057666	−0.08343
592	−0.28093	0.118093	0.118093	−0.06942
593	−0.19037	0.083034	0.083034	0.056748
594	0.022596	−0.00771	−0.00771	−0.00368
595	0.046413	−0.20366	−0.20366	−0.03608
596	0.027359	−0.02677	−0.02677	0.081784
597	0.001334	−0.06619	−0.06619	0.008476
598	0.131624	0.066904	0.066904	−0.03477
599	0.106984	−0.22823	−0.22823	0.068832
600	0.160364	0.207683	0.207683	−0.08179
601	0.259199	0.360199	0.360199	0.014209
602	−0.20619	0.147208	0.147208	0.013035
603	−0.34574	0.319594	0.319594	−0.02284
604	−0.0296	−0.22182	−0.22182	−0.07296
605	0.078544	0.043282	0.043282	0.107761
606	0.303035	−0.19594	−0.19594	0.038705
607	0.430126	−0.19253	−0.19253	−0.04286
608	−0.04658	−0.27373	−0.27373	0.144929
609	−0.0014	0.338635	0.338635	−0.00647
610	−0.01197	0.226369	0.226369	−0.10652
611	−0.61303	0.323083	0.323083	0.032992
612	−0.13973	−0.13478	−0.13478	−0.0437
613	0.225433	−0.35303	−0.35303	−0.00574
614	−0.09487	−0.28537	−0.28537	0.057349
615	0.144229	−0.19914	−0.19914	−0.01862
616	0.178183	−0.10678	−0.10678	0.091466
617	−0.06845	0.20278	0.20278	0.035608
618	−0.11082	0.170822	0.170822	0.093597
619	−0.47113	0.280408	0.280408	0.005816
620	−0.33447	−0.15307	−0.15307	0.063074
621	0.247923	−0.56066	−0.56066	0.002469

续表

数据序号	第 1 套轴承	第 2 套轴承	第 3 套轴承	第 4 套轴承
622	0.431745	0.0249	0.0249	−0.02186
623	0.223282	0.110561	0.110561	−0.06361
624	−0.04624	0.20985	0.20985	−0.08339
625	−0.36227	−0.15801	−0.15801	−0.0131
626	−0.35106	0.149274	0.149274	−0.01828
627	−0.07134	0.128984	0.128984	0.052452
628	0.277726	0.041447	0.041447	−0.0226
629	0.185737	−0.4126	−0.4126	−0.03038
630	−0.15187	0.095441	0.095441	0.066995
631	−0.00212	0.320831	0.320831	0.004697
632	0.086506	0.043804	0.043804	−0.18064
633	−0.16466	−0.02288	−0.02288	−0.02587
634	−0.14819	−0.1717	−0.1717	−0.04252
635	−0.26475	−0.01949	−0.01949	−0.05805
636	−0.04772	0.110286	0.110286	−0.04364
637	0.130921	−0.06622	−0.06622	0.038099
638	0.062813	−0.37499	−0.37499	0.029487
639	0.209018	0.202565	0.202565	−0.02638
640	−0.12683	0.133503	0.133503	0.133463
641	−0.05093	−0.01563	−0.01563	0.058811
642	0.118772	−0.00695	−0.00695	−0.06092
643	−0.40504	0.06633	0.06633	0.158705
644	−0.06569	0.319566	0.319566	0.050696
645	0.309349	−0.18708	−0.18708	0.042144
646	0.027215	−0.29101	−0.29101	0.05632
647	0.343087	−0.45371	−0.45371	−0.05565
648	0.237938	0.093008	0.093008	0.186632
649	−0.31628	−0.14124	−0.14124	−0.22133
650	−0.14328	0.338623	0.338623	−0.04049
651	−0.22506	0.264265	0.264265	−0.02196
652	−0.41223	0.386351	0.386351	−0.00733
653	0.253681	0.249817	0.249817	0.053473
654	0.184989	−0.13567	−0.13567	0.03973

数据序号	第1套轴承	第2套轴承	第3套轴承	第4套轴承
655	−0.01478	−0.13098	−0.13098	0.034441
656	0.342367	−0.35532	−0.35532	0.077004
657	−0.20189	0.44757	0.44757	−0.18603
658	−0.33578	0.03548	0.03548	−0.03599
659	0.215768	0.043682	0.043682	0.074508
660	0.198681	−0.19964	−0.19964	−0.0802
661	−0.16494	0.096238	0.096238	0.079063
662	0.102629	−0.13991	−0.13991	−0.03987
663	0.134828	−0.08586	−0.08586	−0.00969
664	−0.08241	0.038479	0.038479	−0.06175
665	0.141334	−0.03177	−0.03177	0.083992
666	−0.35107	0.321324	0.321324	0.017597
667	−0.39692	−0.19501	−0.19501	−0.00435
668	0.188692	−0.04381	−0.04381	0.061661
669	0.183569	−0.02679	−0.02679	−0.11573
670	0.374178	0.014231	0.014231	−0.05947
671	0.258532	0.116019	0.116019	−0.03177
672	−0.59619	0.197839	0.197839	−0.1378
673	−0.49678	−0.0721	−0.0721	0.157974
674	−0.02965	−0.08754	−0.08754	−0.04599
675	−0.1582	0.201631	0.201631	0.173139
676	0.207582	−0.3984	−0.3984	0.337911
677	0.391977	0.007354	0.007354	0.168843
678	0.124555	−0.20736	−0.20736	0.167692
679	0.28374	0.015266	0.015266	0.065913
680	0.155949	0.074589	0.074589	−0.02001
681	0.002498	0.051355	0.051355	−0.12693
682	−0.22941	−0.13797	−0.13797	−0.16647
683	−0.48473	−0.01668	−0.01668	−0.09312
684	−0.18623	0.09152	0.09152	−0.11884
685	−0.06133	−0.0625	−0.0625	−0.04559
686	0.051908	0.096315	0.096315	0.107615
687	0.22083	−0.25171	−0.25171	0.138805

数据序号	第 1 套轴承	第 2 套轴承	第 3 套轴承	第 4 套轴承
688	−0.09183	−0.1328	−0.1328	0.098329
689	−0.07752	0.148906	0.148906	0.113421
690	0.033549	0.082513	0.082513	0.197957
691	0.158349	0.263158	0.263158	−0.18295
692	0.110491	0.022943	0.022943	0.038551
693	−0.04191	0.180359	0.180359	−0.14137
694	−0.14757	0.018432	0.018432	−0.12543
695	−0.05628	−0.05582	−0.05582	0.023092
696	−0.04296	−0.09199	−0.09199	−0.21068
697	0.095707	−0.15499	−0.15499	0.204695
698	0.222262	0.057848	0.057848	−0.00763
699	−0.18493	0.038807	0.038807	0.085571
700	−0.43319	0.197552	0.197552	0.071182
701	−0.25992	−0.01515	−0.01515	0.049509
702	0.265026	0.070603	0.070603	0.064847
703	0.256832	0.00792	0.00792	0.063595
704	−0.02393	−0.07178	−0.07178	−0.12251
705	0.214252	−0.11639	−0.11639	−0.02531
706	0.020897	−0.38999	−0.38999	0.121876
707	−0.09203	0.135654	0.135654	−0.1136
708	0.109719	0.109684	0.109684	0.103215
709	−0.24675	0.170555	0.170555	0.077533
710	−0.31041	−0.03994	−0.03994	0.14499
711	0.012243	−0.11079	−0.11079	0.095883
712	0.093728	0.0983	0.0983	0.062295
713	0.324368	−0.02446	−0.02446	−0.03564
714	0.408584	0.203515	0.203515	−0.02701
715	−0.49173	−0.07477	−0.07477	−0.15144
716	−0.33589	−0.13291	−0.13291	0.021105
717	0.11147	−0.11019	−0.11019	−0.00096
718	−0.17502	−0.04432	−0.04432	0.045794
719	0.538246	0.033511	0.033511	0.234956
720	0.122523	−0.09621	−0.09621	0.019099

数据序号	第 1 套轴承	第 2 套轴承	第 3 套轴承	第 4 套轴承
721	-0.51777	0.328124	0.328124	0.000858
722	0.075697	0.3531	0.3531	-0.11226
723	-0.22949	0.152573	0.152573	-0.1658
724	-0.16536	0.059251	0.059251	-0.03698
725	0.378345	-0.1286	-0.1286	-0.04013
726	-0.00418	-0.00236	-0.00236	-0.02995
727	0.117529	-0.01901	-0.01901	0.106473
728	0.496874	0.152933	0.152933	-0.00922
729	0.094179	-0.1144	-0.1144	-0.082
730	-0.07464	-0.16578	-0.16578	0.042463
731	0.065068	0.159353	0.159353	0.006603
732	-0.31173	-0.05304	-0.05304	0.129236
733	-0.26682	0.220042	0.220042	0.047841
734	-0.00789	-0.14709	-0.14709	0.02568
735	-0.19095	0.078624	0.078624	-0.04687
736	0.166998	0.045991	0.045991	0.04984
737	0.154706	-0.25275	-0.25275	-0.0315
738	-0.1561	-0.20279	-0.20279	0.06276
739	0.099414	-0.26116	-0.26116	-0.023
740	-0.10276	-0.14997	-0.14997	0.048633
741	-0.53458	0.175924	0.175924	0.086746
742	0.03728	0.023978	0.023978	0.061669
743	0.098414	0.092482	0.092482	0.050667
744	-0.27477	-0.33046	-0.33046	0.078441
745	0.242928	0.091415	0.091415	0.075833
746	0.148943	0.012367	0.012367	-0.03646
747	-0.00179	-0.00412	-0.00412	0.129276
748	0.289682	0.204894	0.204894	-0.0506
749	-0.03579	-0.10325	-0.10325	0.10013
750	-0.06908	0.077253	0.077253	0.09109
751	0.123807	0.056987	0.056987	-0.08621
752	0.10494	-0.07439	-0.07439	0.023843
753	0.144997	0.158722	0.158722	0.014104

续表

数据序号	第 1 套轴承	第 2 套轴承	第 3 套轴承	第 4 套轴承
754	0.115233	−0.16605	−0.16605	−0.07174
755	−0.29696	0.257623	0.257623	−0.11225
756	−0.3678	0.072568	0.072568	−0.03867
757	−0.33073	0.040913	0.040913	−0.0109
758	−0.32885	−0.10587	−0.10587	−0.05954
759	0.072062	−0.14087	−0.14087	0.011206
760	0.463928	0.101481	0.101481	0.003603
761	0.266053	0.06331	0.06331	0.129801
762	0.19525	0.285781	0.285781	0.031667
763	0.103181	−0.01319	−0.01319	0.008719
764	−0.34722	−0.03887	−0.03887	−0.01706
765	−0.29516	−0.08278	−0.08278	−0.00679
766	0.127338	−0.29636	−0.29636	−0.06754
767	−0.00415	0.053866	0.053866	−0.00243
768	−0.05361	−0.31522	−0.31522	0.020144
769	−0.0161	−0.06041	−0.06041	0.029172
770	−0.19515	0.245964	0.245964	0.176308
771	−0.08045	0.169237	0.169237	0.033137
772	0.071778	0.058705	0.058705	0.07278
773	−0.15915	0.026885	0.026885	−0.11123
774	−0.32837	−0.2678	−0.2678	−0.01845
775	0.126962	−0.06474	−0.06474	0.033936
776	0.267753	−0.22286	−0.22286	−0.13449
777	0.043746	0.129772	0.129772	0.1232
778	0.106208	−0.21249	−0.21249	−0.01495
779	−0.09857	0.126364	0.126364	0.037449
780	−0.0381	0.428497	0.428497	−0.03613
781	0.224785	0.287386	0.287386	0.089253
782	−0.27152	0.334281	0.334281	−0.01911
783	−0.44638	−0.19101	−0.19101	0.100715
784	−0.09072	−0.29056	−0.29056	0.066171
785	0.133992	−0.16987	−0.16987	0.025898
786	0.334177	−0.27863	−0.27863	0.015045

数据序号	第1套轴承	第2套轴承	第3套轴承	第4套轴承
787	0.356783	−0.01891	−0.01891	−0.05758
788	−0.09164	0.066188	0.066188	−0.01177
789	−0.18284	0.336052	0.336052	−0.04081
790	−0.28586	0.435596	0.435596	0.032188
791	−0.13314	0.277529	0.277529	−0.01072
792	0.548747	0.060896	0.060896	−0.05521
793	0.191663	−0.3679	−0.3679	−0.09527
794	−0.54333	−0.17103	−0.17103	−0.1216
795	−0.1857	−0.27702	−0.27702	−0.05845
796	−0.14109	−0.06461	−0.06461	−0.02579
797	−0.30113	0.020651	0.020651	0.009562
798	0.150027	−0.03808	−0.03808	0.045847
799	0.131109	0.290325	0.290325	0.144582
800	−0.22564	0.114001	0.114001	0.064156
801	0.009236	−0.02225	−0.02225	0.081489
802	0.126862	−0.12019	−0.12019	0.020891
803	0.063768	−0.46444	−0.46444	0.01689
804	−0.01194	−0.00027	−0.00027	−0.0783
805	−0.3472	0.20341	0.20341	−0.06888
806	−0.06555	−0.14791	−0.14791	−0.06046
807	0.214328	0.112267	0.112267	0.051431
808	−0.19481	−0.3612	−0.3612	0.065856
809	−0.12671	−0.08215	−0.08215	0.164394
810	0.060505	0.157206	0.157206	0.032442
811	0.320709	−0.07666	−0.07666	−0.03968
812	0.478395	0.235505	0.235505	0.04814
813	−0.05495	−0.1504	−0.1504	−0.12074
814	−0.3606	0.022139	0.022139	0.123353
815	−0.31208	0.004314	0.004314	0.098027
816	−0.27655	−0.06164	−0.06164	0.012098
817	0.103321	0.052734	0.052734	0.043299
818	0.688854	−0.20545	−0.20545	−0.01226
819	0.294529	0.09308	0.09308	0.05437

数据序号	第 1 套轴承	第 2 套轴承	第 3 套轴承	第 4 套轴承
820	0.013631	0.328868	0.328868	0.038212
821	−0.28192	0.199052	0.199052	0.164511
822	−0.27119	0.125657	0.125657	0.062707
823	−0.05314	−0.07391	−0.07391	0.036032
824	0.037632	−0.21428	−0.21428	−0.0471
825	0.258316	−0.05276	−0.05276	−0.11165
826	0.189552	0.041301	0.041301	−0.08259
827	−0.08229	−0.07599	−0.07599	−0.04815
828	−0.19189	−0.15685	−0.15685	−0.03031
829	−0.28944	0.038338	0.038338	0.025837
830	−0.48574	0.258723	0.258723	0.017605
831	−0.3193	0.120559	0.120559	−0.01384
832	0.088089	0.033511	0.033511	0.032043
833	0.205507	−0.39004	−0.39004	0.076483
834	0.023396	−0.11222	−0.11222	−0.02514
835	−0.08246	−0.11963	−0.11963	−0.11687
836	−0.04676	−0.14682	−0.14682	0.101442
837	−0.04739	0.123967	0.123967	0.049561
838	0.120808	−0.11265	−0.11265	−0.06866
839	0.164751	0.21154	0.21154	−0.00714
840	0.005769	0.149804	0.149804	0.073806
841	0.093963	−0.05779	−0.05779	−0.07095
842	0.05731	−0.14327	−0.14327	−0.04717
843	−0.01962	−0.21056	−0.21056	0.145353
844	0.051136	−0.17322	−0.17322	−0.04636
845	−0.0344	0.037699	0.037699	−0.00796
846	−0.02892	0.222787	0.222787	−0.10328
847	−0.16871	0.140097	0.140097	0.062768
848	−0.13368	0.243195	0.243195	0.065465
849	0.197157	0.279801	0.279801	0.091054
850	0.08439	0.342714	0.342714	0.078812
851	0.182478	0.118004	0.118004	0.146447
852	0.136051	0.140538	0.140538	0.036508

数据序号	第 1 套轴承	第 2 套轴承	第 3 套轴承	第 4 套轴承
853	−0.1033	−0.17788	−0.17788	−0.16533
854	−0.11276	0.015323	0.015323	−0.05984
855	−0.48197	−0.0339	−0.0339	0.00414
856	−0.3906	−0.32337	−0.32337	−0.09464
857	−0.22933	−0.34399	−0.34399	−0.13527
858	−0.16054	−0.25138	−0.25138	0.011359
859	0.359766	0.007326	0.007326	0.030194
860	0.453635	0.430781	0.430781	−0.13887
861	−0.14592	0.134866	0.134866	−0.03402
862	−0.20271	0.037315	0.037315	0.079741
863	−0.32171	0.060625	0.060625	−0.0844
864	−0.20559	−0.00129	−0.00129	−0.01098
865	0.124906	−0.08268	−0.08268	0.046582
866	−0.02801	0.134587	0.134587	0.016684
867	0.148316	−0.37022	−0.37022	−0.00739
868	0.122767	−0.10596	−0.10596	−0.10861
869	−0.13325	0.233613	0.233613	0.128182
870	−0.01411	−0.1002	−0.1002	0.219711
871	−0.20407	0.032799	0.032799	0.037057
872	−0.26757	−0.31561	−0.31561	0.130984
873	0.151415	−0.63599	−0.63599	0.278524
874	0.064828	−0.20734	−0.20734	−0.00022
875	0.041683	−0.33136	−0.33136	−0.13301
876	0.240545	−0.15646	−0.15646	−0.07023
877	0.230912	−0.01321	−0.01321	−0.13672
878	0.261151	−0.35212	−0.35212	−0.05645
879	0.023568	0.251227	0.251227	−0.06153
880	−0.21603	0.39375	0.39375	0.105149
881	−0.08766	0.175976	0.175976	0.148729
882	0.048393	0.490322	0.490322	−0.04712
883	0.081023	0.135424	0.135424	−0.02718
884	0.198117	0.16192	0.16192	0.050215
885	−0.02279	0.273483	0.273483	−0.02934

数据序号	第1套轴承	第2套轴承	第3套轴承	第4套轴承
886	−0.07623	0.203337	0.203337	−0.03226
887	0.024832	0.115526	0.115526	0.063087
888	−0.16153	0.469462	0.469462	0.122227
889	−0.15691	0.176433	0.176433	0.094288
890	−0.02281	0.127714	0.127714	0.055335
891	−0.0616	0.11673	0.11673	0.124334
892	0.034165	−0.21792	−0.21792	−0.01467
893	0.041855	−0.26006	−0.26006	−0.24075
894	−0.33828	−0.34349	−0.34349	−0.30918
895	−0.55027	−0.29707	−0.29707	−0.0755
896	−0.31019	−0.14295	−0.14295	−0.14568
897	−0.12245	−0.38667	−0.38667	−0.15867
898	0.101405	0.01641	0.01641	0.054196
899	0.375066	0.059134	0.059134	0.151741
900	0.254253	0.005087	0.005087	0.07767
901	0.24216	0.136281	0.136281	0.211878

附表 2   SKF6205 轴承振动数据(单位：m/s^2)

数据序号	损伤直径			
	0	0.1778mm	0.5334mm	0.7112mm
0001	0.064254	0.1697	−0.6083	1.837967
0002	0.063002	−0.1688	1.32	0.523273
0003	−0.00438	0.1111	0.8832	−0.32959
0004	−0.03588	0.1535	−0.3854	−0.48502
0005	−0.02399	−0.0707	−0.5145	−0.9021
0006	0.005215	−0.2607	0.7139	−1.5511
0007	0.030249	−0.2227	0.8873	−1.33626
0008	0.00751	−0.1494	−0.4069	0.0472
0009	−0.01648	0.0672	−0.6713	0.90169
0010	−0.04193	0.1904	0.4244	−0.11637
0011	−0.03108	−0.0076	0.7456	−0.74056
0012	0.006676	0.0099	−0.0264	1.01074
0013	0.021487	0.2066	−0.4126	1.908361
0014	0.016481	0.2177	−0.1145	0.048014

数据序号	损伤直径			
	0	0.1778mm	0.5334mm	0.7112mm
0015	−0.00063	0.0388	0.0629	−0.77596
0016	0.01961	−0.0661	−0.0187	0.676268
0017	0.056743	−0.0333	−0.065	0.709227
0018	0.100344	0.0395	−0.0658	−1.07096
0019	0.110983	−0.0715	−0.136	−1.23169
0020	0.051111	−0.02225	−0.03614	0.436604
0021	0.000626	0.060263	0.2335	1.010333
0022	−0.01064	−0.06903	0.01868	−0.20833
0023	0.01502	−0.04532	−0.34355	−1.06811
0024	0.031084	−0.09649	−0.01503	−0.44352
0025	0.005215	−0.05572	0.337459	0.450845
0026	−0.01314	0.000975	−0.15188	0.080159
0027	−0.00396	−0.14928	−0.64081	−0.69783
0028	0.05883	−0.06481	−0.12386	−0.13916
0029	0.127673	0.188262	0.550249	0.614419
0030	0.159799	0.079593	0.198577	−0.0765
0031	0.1477	−0.06952	−0.42071	−0.5896
0032	0.080734	0.216364	−0.1198	0.719806
0033	0.05278	0.222211	0.521823	1.565344
0034	0.068009	−0.07732	0.349236	0.224202
0035	0.08595	−0.02323	−0.1068	−1.00423
0036	0.076353	0.082842	0.114111	−0.23437
0037	0.017315	0.039472	0.442636	0.882973
0038	−0.01127	0.04467	0.206699	0.341389
0039	−0.00584	0.037198	−0.17868	−0.59367
0040	0.037134	0.457417	0.045482	−0.18311
0041	0.093877	0.104608	0.302535	0.391438
0042	0.090539	−1.03764	−0.07878	−0.10173
0043	0.054657	−0.58737	−0.25827	−0.72713
0044	0.011891	0.235531	0.257866	−0.48177
0045	0.010639	0.167471	0.270454	0.364176
0046	0.041097	0.032325	−0.6672	0.573322

数据序号	损伤直径			
	0	0.1778mm	0.5334mm	0.7112mm
0047	0.051737	−0.01105	−0.59573	−0.2592
0048	0.028163	−0.07196	0.555528	−0.71574
0049	−0.03484	0.370839	0.527508	−0.06429
0050	−0.0532	0.219937	−0.73177	0.752358
0051	−0.02524	−1.02058	−0.60954	0.777586
0052	0.011474	−0.50793	0.441824	−0.01099
0053	0.040889	1.036174	0.085685	−0.45736
0054	0.025451	0.603284	−1.02821	−0.28849
0055	0.000626	−0.5427	−0.16447	−0.59489
0056	−0.01648	0.058477	2.129525	−0.7487
0057	0.005215	0.879749	0.795526	0.312499
0058	0.037551	0.26347	−2.01663	1.139727
0059	0.014186	−0.39212	−0.41259	0.718179
0060	−0.029	−0.35183	2.375614	−0.00041
0061	−0.07051	−0.29579	0.529945	−0.41626
0062	−0.06092	−0.00097	−2.06577	−0.58634
0063	−0.00501	0.444423	−0.28751	−0.70312
0064	0.036925	−0.12637	2.078764	−0.33691
0065	0.051528	−0.3031	0.757354	0.251464
0066	0.016689	0.629111	−1.44852	0.185546
0067	−0.00814	0.46294	−0.61969	0.316975
0068	0.002086	−0.58006	0.855221	1.026202
0069	0.020444	−0.47285	0.482838	0.536701
0070	0.035047	0.378311	−0.53644	−0.82886
0071	−0.00042	0.145867	−0.64893	−0.3007
0072	−0.04297	−0.3723	−0.15269	0.909015
0073	−0.03901	0.095999	0.425986	0.021973
0074	0.002086	0.448483	0.456849	−1.14786
0075	0.062376	0.240242	−0.59492	−0.0769
0076	0.083863	0.195085	−0.89217	1.349687
0077	0.048816	0.257297	0.161623	0.590005
0078	−0.0025	0.017218	0.671669	−0.72062

数据序号	损伤直径			
	0	0.1778mm	0.5334mm	0.7112mm
0079	−0.0338	−0.11322	−0.34436	−0.74178
0080	−0.03463	−0.17835	−0.58152	−0.17334
0081	−0.03985	−0.31285	0.720806	−0.02604
0082	−0.07635	0.011046	0.821922	−0.55054
0083	−0.13789	0.252099	−0.52426	−0.95093
0084	−0.17565	−0.06871	−0.63309	−0.04761
0085	−0.14812	−0.23959	0.922632	1.147458
0086	−0.07781	0.151552	0.846693	0.0118
0087	−0.0121	0.347611	−0.68507	−2.14436
0088	0.009805	0.011695	−0.44467	−0.78979
0089	−0.00209	−0.16422	0.660299	2.908928
0090	−0.00751	−0.05572	0.246901	2.940259
0091	0.005841	−0.05442	−0.71796	−0.10661
0092	0.011474	−0.04402	−0.11695	−1.31185
0093	−0.01815	−0.01819	0.687101	0.12207
0094	−0.09075	−0.05052	−0.06782	1.902258
0095	−0.15292	0.15139	−0.69116	1.416012
0096	−0.14603	0.302454	0.020304	−0.90128
0097	−0.08407	0.030538	0.430453	−2.01538
0098	−0.02441	−0.35054	−0.0934	−0.80159
0099	0.000834	−0.07488	−0.15837	0.463459
0100	−0.00501	0.258434	0.106801	−0.61645
0101	−0.01752	−0.09974	−0.22132	−2.13663
0102	0.013143	−0.13466	−0.34396	−1.21053
0103	0.064879	0.105908	0.320809	0.750324
0104	0.076562	0.123613	0.441824	0.809324
0105	0.025034	0.071471	−0.36223	−0.28727
0106	−0.05549	0.079756	−0.38903	−0.28971
0107	−0.08845	0.152689	0.568523	0.569253
0108	−0.0459	−0.02372	0.512483	1.184079
0109	0.023574	−0.21718	−0.42233	1.126299
0110	0.068634	−0.19947	−0.12548	0.597736

数据序号	损伤直径			
	0	0.1778mm	0.5334mm	0.7112mm
0111	0.061333	−0.15545	0.687913	−0.04761
0112	0.009596	0.010233	0.241216	−0.40527
0113	−0.01878	0.137258	−0.48812	0.054932
0114	−0.00647	0.110943	−0.03574	0.69173
0115	0.010848	0.10542	0.516138	0.205485
0116	−0.00376	−0.21506	0.107613	−0.53833
0117	−0.04569	−0.41908	−0.19492	−0.16805
0118	−0.06342	−0.13482	0.272485	0.180257
0119	−0.03275	0.284099	0.36223	−0.6193
0120	0.041306	0.282312	−0.59248	−1.3151
0121	0.110358	−0.07131	−0.62903	−0.70068
0122	0.134557	0.0307	0.51695	0.124511
0123	0.120788	0.18209	0.571366	0.056152
0124	0.09951	−0.01933	−0.82233	−0.48787
0125	0.103473	−0.40755	−0.67289	−0.48136
0126	0.113278	−0.30245	0.924256	0.685627
0127	0.094503	0.353296	0.350048	1.424557
0128	0.037968	0.365479	−1.39532	0.351155
0129	−0.02086	−0.04743	−0.77806	−0.56722
0130	−0.02524	0.034436	1.760391	0.460611
0131	0.036508	0.216851	1.011159	1.335039
0132	0.128924	0.161136	−1.74699	0.353189
0133	0.179826	0.039634	−0.85441	−0.34709
0134	0.173568	−0.24641	1.720188	0.407307
0135	0.152289	−0.28735	1.01928	0.572101
0136	0.135809	0.241216	−1.42334	−0.61198
0137	0.134974	0.615629	−0.58233	−1.00504
0138	0.120162	0.119715	1.468414	−0.39469
0139	0.071764	−0.37003	0.895424	−0.55054
0140	0.002086	0.07407	−0.5535	−0.72347
0141	−0.05153	0.27549	−0.27736	0.006917
0142	−0.02253	−0.29433	0.495833	0.111084

续表

数据序号	损伤直径			
	0	0.1778mm	0.5334mm	0.7112mm
0143	0.051528	−0.48601	0.148628	−0.59855
0144	0.101178	0.009421	0.00934	−0.36011
0145	0.116407	0.234394	0.118984	0.422362
0146	0.103473	−0.01689	−0.38172	0.204671
0147	0.103265	0.064649	−0.37076	−0.04272
0148	0.110983	0.044345	0.441417	0.551756
0149	0.097841	−0.10558	0.216445	0.812579
0150	0.046104	0.176567	−0.99816	0.540363
0151	−0.05153	0.258434	−0.74883	0.279947
0152	−0.12141	0.04467	0.559589	0.001221
0153	−0.12183	0.021279	0.36223	−0.05208
0154	−0.06154	0.145055	−0.75167	0.207926
0155	0.021696	0.124263	−0.3537	0.223795
0156	0.064879	0.123613	0.697253	−0.15503
0157	0.051737	0.150252	0.261521	−0.35034
0158	0.007927	−0.07862	−0.53604	−0.09033
0159	−0.00438	−0.22026	0.062131	−0.02645
0160	0.027954	−0.0229	0.782937	−0.3182
0161	0.058621	0.113217	0.151471	−0.10213
0162	0.039637	−0.02144	−0.19005	0.008952
0163	−0.02003	−0.07342	0.422737	−0.6722
0164	−0.04673	0.014132	0.408118	−1.02986
0165	−0.0242	−0.06254	−0.20386	−0.37109
0166	0.03171	−0.1561	−0.13238	0.452473
0167	0.06634	−0.04272	0.384971	0.216064
0168	0.040889	0.008447	0.00731	0.042725
0169	−0.00167	0.024528	−0.56203	0.965981
0170	−0.01815	0.303104	−0.17421	0.882566
0171	0.011474	0.297256	0.220912	−0.95825
0172	0.036508	−0.04971	−0.16812	−1.60156
0173	0.009388	0.003736	−0.46497	0.546467
0174	−0.03567	0.158699	−0.07391	2.178543

续表

数据序号	损伤直径			
	0	0.1778mm	0.5334mm	0.7112mm
0175	−0.06425	−0.02323	0.092588	0.759682
0176	−0.03609	−0.21165	−0.20507	−0.93913
0177	0.044018	−0.09762	−0.08487	0.181884
0178	0.099718	0.081542	0.268018	1.514482
0179	0.1235	0.011695	0.154719	−0.62134
0180	0.097006	−0.12491	−0.06416	−2.94107
0181	0.069678	−0.08495	0.191267	−1.70491
0182	0.084072	−0.02615	0.383347	0.975746
0183	0.085532	−0.11906	0.006903	1.917313
0184	0.065088	−0.26428	−0.15675	1.013181
0185	−0.01252	−0.23423	0.175836	−0.03988
0186	−0.08199	0.052791	0.299693	−0.32389
0187	−0.10201	0.266394	−0.06051	0.453287
0188	−0.06738	0.014132	−0.29685	0.725503
0189	0.001043	−0.26851	0.049137	−0.62459
0190	0.023991	0.430128	0.350048	−1.40136
0191	0.021905	0.870327	−0.03898	−0.73486
0192	−0.00584	0.184201	−0.51817	−0.03133
0193	−0.00688	−0.16812	−0.08771	0.239257
0194	0.025034	−0.18891	0.676136	0.122477
0195	0.030875	−0.15025	0.335022	−0.07161
0196	−0.00834	0.216364	−0.56203	−0.14323
0197	−0.07969	0.031512	−0.19249	−0.48258
0198	−0.10326	−0.83264	0.850754	−1.13769
0199	−0.06384	−0.26607	0.486899	−0.3064
0200	0.007302	0.950895	−0.4934	2.330316
0201	0.05278	0.050842	−0.18233	2.501621
0202	0.029415	−0.91906	0.745171	−0.34302
0203	−0.02253	0.084141	0.627406	−0.94848
0204	−0.05132	0.542858	−0.70091	1.322832
0205	−0.04026	−0.30327	−1.01035	1.137692
0206	−0.00355	−0.24966	0.352484	−1.84122

数据序号	损伤直径			
	0	0.1778mm	0.5334mm	0.7112mm
0207	0.007719	0.148141	0.776034	−2.18017
0208	−0.01377	−0.1764	−0.52873	0.982664
0209	−0.05153	0.065949	−1.12771	2.373448
0210	−0.06509	0.63106	0.181521	−0.30884
0211	−0.01773	0.175917	0.804866	−2.0345
0212	0.02253	−0.09811	−0.25015	−0.3182
0213	0.033796	0.409012	−0.61766	0.801593
0214	0.004798	0.175917	0.298881	−0.48014
0215	−0.03609	−0.36126	0.705375	−1.4388
0216	−0.01878	−0.06562	−0.05888	−0.31575
0217	0.01961	0.269642	−0.33583	1.027016
0218	0.052154	−0.17917	0.370352	0.466307
0219	0.041097	−0.23894	0.445884	−0.53914
0220	−0.02065	0.375875	−0.07594	0.561115
0221	−0.05549	0.209541	0.019492	1.739091
0222	−0.03713	−0.32779	0.35289	0.253499
0223	0.01502	−0.14733	0.211978	−1.25936
0224	0.059038	0.084791	−0.15919	−0.29297
0225	0.049025	−0.10331	−0.16974	1.247555
0226	0.017524	−0.04857	0.126293	0.939939
0227	0.021696	0.027127	0.109238	−0.38737
0228	0.052571	0.038497	−0.23025	−0.61361
0229	0.075102	0.280201	−0.38863	−0.20548
0230	0.068217	0.166171	−0.21563	−0.43091
0231	0.02107	−0.09454	0.000812	−0.49154
0232	−0.02816	0.080405	−0.02071	−0.02197
0233	−0.01585	0.138557	−0.31472	0.010173
0234	0.029623	−0.03671	−0.43736	−0.01383
0235	0.074893	0.023553	−0.00812	0.131429
0236	0.075727	0.078456	0.367509	0.087077
0237	0.023782	−0.04824	0.135633	0.053711
0238	−0.00668	−0.10721	−0.21482	−0.16195

数据序号	损伤直径			
	0	0.1778mm	0.5334mm	0.7112mm
0239	−0.01043	0.075857	−0.12954	−0.29378
0240	0.01356	0.054578	0.22213	0.161132
0241	0.018358	−0.11517	0.24812	0.576984
0242	−0.01669	−0.04954	−0.03046	0.155029
0243	−0.058	−0.10542	−0.10274	−0.34383
0244	−0.07573	−0.08853	0.163247	−0.02319
0245	−0.0388	0.176567	0.412179	0.376383
0246	−0.00313	0.193623	0.290353	0.096842
0247	0.004798	−0.12183	0.003655	−0.38533
0248	−0.01565	−0.14099	−0.03167	−0.29134
0249	−0.04277	0.201095	0.291977	−0.0651
0250	−0.0338	0.131897	0.4069	−0.18514
0251	0.002086	−0.18534	−0.07025	−0.03621
0252	0.039428	−0.08934	−0.3667	0.348713
0253	0.032753	0.177054	−0.06619	0.088704
0254	−0.02086	0.249988	0.183552	−0.65674
0255	−0.05549	0.028589	−0.02518	−0.58024
0256	−0.0363	−0.16633	−0.32609	0.392659
0257	0.004381	−0.0424	−0.26233	0.791827
0258	0.022113	0.054578	−0.10599	−0.15666
0259	0.005215	0.012345	−0.16365	−0.71859
0260	−0.03338	−0.05945	−0.14822	0.159098
0261	−0.058	−0.30716	0.075938	0.452473
0262	−0.03463	−0.55001	0.090151	−0.20711
0263	0.016272	0.203206	−0.07878	−0.23641
0264	0.045478	1.034874	0.091776	0.509439
0265	0.037134	0.419408	0.253399	0.729979
0266	0.000209	−0.15106	0.050761	−0.18229
0267	−0.01898	−0.05961	−0.067	−0.73445
0268	−0.00063	−0.39894	0.142537	−0.02604
0269	0.029415	−0.38838	0.329337	0.744627
0270	0.041097	0.374575	0.07472	0.515949

数据序号	损伤直径			
	0	0.1778mm	0.5334mm	0.7112mm
0271	0.014186	−0.35752	−0.08122	−0.19491
0272	0.002921	−0.91207	0.273297	−0.57332
0273	0.02712	1.074346	0.293601	−0.82641
0274	0.065922	1.126325	−0.03005	−1.16251
0275	0.086784	−0.89859	0.027614	−0.83618
0276	0.053823	−0.48698	0.156344	0.451252
0277	0.00459	0.818998	−0.02071	1.880285
0278	−0.03046	−0.09145	−0.03655	2.148025
0279	−0.00855	−1.01684	0.181521	0.278727
0280	0.062167	0.034924	0.046294	−1.89249
0281	0.096798	0.245277	−0.19005	−0.9082
0282	0.083863	−0.37636	0.013807	2.164301
0283	0.046104	0.426067	0.14944	1.939692
0284	0.041097	0.657375	−0.09665	−1.16251
0285	0.07677	−0.51362	−0.16122	−1.66015
0286	0.100761	−0.14993	0.108019	0.373127
0287	0.084698	0.778227	0.137258	0.960691
0288	0.024199	−0.12686	−0.16	−0.86995
0289	−0.01439	−0.73697	−0.10761	−1.75984
0290	−0.01001	0.244627	0.110862	−0.2535
0291	0.022113	0.647791	−0.0532	0.345458
0292	0.05424	−0.3031	−0.22619	−0.84228
0293	0.046104	−0.21961	−0.04386	−0.91593
0294	0.014812	0.515894	0.098679	0.963539
0295	0.002295	0.121826	−0.09096	1.978348
0296	0.035673	−0.0562	−0.05198	0.592853
0297	0.095129	0.178679	0.222536	−0.61361
0298	0.114947	−0.07716	0.151471	−0.00366
0299	0.066966	−0.20288	−0.06457	0.478108
0300	0.001043	0.008122	−0.01299	−0.354
0301	−0.02524	0.033137	0.145786	−0.7369
0302	0.002503	0.046781	0.06538	0.656737

续表

数据序号	损伤直径			
	0	0.1778mm	0.5334mm	0.7112mm
0303	0.045687	0.155126	−0.10924	2.026362
0304	0.067383	−0.00731	0.007716	1.002195
0305	0.035047	−0.20483	0.176242	−1.22355
0306	−0.01419	0.158537	0.019492	−1.65446
0307	−0.03463	0.339489	−0.09705	−0.30924
0308	−0.02211	−0.16227	0.012589	0.528563
0309	0.016272	−0.20483	0.01665	0.026042
0310	0.01502	0.166171	−0.08731	−0.66854
0311	−0.01544	−0.00926	−0.04345	−0.87321
0312	−0.0388	−0.1254	0.056446	−0.43945
0313	−0.02775	0.335753	0.017868	0.511473
0314	0.026286	0.164222	−0.03289	0.612791
0315	0.053197	−0.28881	0.030863	−0.1123
0316	0.040889	0.115979	0.122232	−0.50008
0317	0.005424	0.273378	−0.00041	−0.64697
0318	−0.01794	−0.28686	−0.14335	0.14567
0319	0.015229	−0.23261	−0.0203	1.402991
0320	0.058204	0.427367	0.061725	0.817869
0321	0.065714	0.207105	0.002843	−0.15422
0322	0.016063	−0.31058	0.015431	0.667316
0323	−0.05424	−0.0104	0.024771	1.075844
0324	−0.06697	0.173968	0.027614	−0.20264
0325	−0.01878	−0.20142	0.099898	−0.92285
0326	0.056952	−0.22254	0.017868	−0.33773
0327	0.105142	0.157562	−0.067	0.246175
0328	0.108897	0.0947	0.058071	−0.10254
0329	0.097632	−0.13661	0.138882	−0.8317
0330	0.083863	0.036223	0.066598	−0.85612
0331	0.079274	0.13141	−0.0199	−0.38086
0332	0.069469	−0.07683	−0.00081	0.087077
0333	0.025868	−0.00016	0.075938	−0.00488
0334	−0.02795	−0.01965	0.059289	−0.51676

数据序号	损伤直径			
	0	0.1778mm	0.5334mm	0.7112mm
0335	−0.0582	−0.15253	−0.00609	−0.04435
0336	−0.02837	−0.01738	0.081624	1.08154
0337	0.045061	−0.08479	0.113299	0.600991
0338	0.090956	0.21945	−0.02599	−0.66081
0339	0.073433	0.327632	−0.09218	0.157877
0340	0.008136	−0.15529	−0.12711	1.671952
0341	−0.02816	−0.08869	−0.03533	1.116127
0342	−0.01502	0.089827	0.300505	−0.25716
0343	0.023365	−0.11858	0.134415	−0.61849
0344	0.050902	−0.16016	−0.50314	−0.36743
0345	0.028998	0.097624	−0.22416	−0.07202
0346	−0.01523	0.273053	0.530757	−0.26449
0347	−0.03338	0.258109	0.252993	−0.88745
0348	−0.0025	−0.00666	−0.31756	−0.85246
0349	0.04527	−0.10688	0.006091	0.182291
0350	0.046313	0.065299	0.573802	0.670978
0351	0.010014	−0.06238	0.371976	−0.31087
0352	−0.01523	−0.20012	±0.53604	−0.79834
0353	−0.01627	−0.03801	−0.55187	0.157877
0354	0.004798	0.019655	0.714308	0.635985
0355	0.013351	−0.06562	0.822734	0.034587
0356	−0.00522	0.015919	−0.48852	−0.02279
0357	−0.034	0.032325	−0.59695	0.622964
0358	−0.04777	−0.17007	0.482432	0.863849
0359	−0.00647	−0.45238	0.235531	0.42928
0360	0.051319	−0.10347	−0.76507	−0.10986
0361	0.06634	0.527427	−0.43533	0.185546
0362	0.038385	0.186476	0.263551	0.561522
0363	−0.01857	−0.0843	−0.08406	−0.31535
0364	−0.02795	0.268993	−0.40771	−1.15031
0365	0.025868	0.440524	0.135633	−0.61971
0366	0.075936	0.119227	0.083248	−0.15462

数据序号	损伤直径			
	0	0.1778mm	0.5334mm	0.7112mm
0367	0.095337	−0.20564	−0.55959	−0.77311
0368	0.065297	−0.05685	−0.0268	−1.31876
0369	0.02712	−0.04564	0.843444	−0.49194
0370	0.012308	0.119227	0.328525	1.576738
0371	0.034213	0.470575	−0.45441	2.150873
0372	0.07239	0.11208	0.341926	0.192057
0373	0.068217	−0.30018	1.394912	−1.12874
0374	0.04819	−0.02615	0.42558	−0.06714
0375	0.033587	0.1881	−0.77847	1.40055
0376	0.038177	−0.15399	−0.12711	1.07503
0377	0.061124	−0.46863	0.774816	−0.27344
0378	0.057369	−0.15935	0.180709	−0.82763
0379	0.037551	0.180465	−0.70903	−0.65348
0380	0.001878	0.121501	−0.22132	−0.84513
0381	−0.01523	0.223998	0.295632	−1.41723
0382	0.024825	0.111106	−0.16568	−1.12915
0383	0.057578	−0.05052	−0.467	0.485432
0384	0.062167	0.200607	−0.19289	1.01074
0385	0.03171	0.160323	−0.05929	−0.52246
0386	−0.0194	−0.07131	−0.27898	−0.35238
0387	−0.04861	0.009584	−0.11898	1.706946
0388	−0.05674	0.243815	0.221318	1.264238
0389	−0.0411	0.16341	0.104771	−0.74544
0390	−0.0461	−0.03898	−0.0532	0.286865
0391	−0.07468	−0.05572	0.196547	2.235509
0392	−0.0897	−0.07846	0.402839	0.672606
0393	−0.07093	−0.07862	0.049137	−1.47135
0394	−0.01878	−0.08365	−0.27045	−0.684
0395	0.002086	−0.09584	0.050761	0.637612
0396	−0.00438	−0.01576	0.449133	−0.12126
0397	−0.03526	0.05734	0.248526	−1.11694
0398	−0.06488	0.065136	−0.10518	−0.47689

数据序号	损伤直径			
	0	0.1778mm	0.5334mm	0.7112mm
0399	−0.04652	−0.10363	−0.08568	0.277913
0400	−0.02879	−0.10721	0.048731	−0.43131
0401	−0.02336	0.053116	−0.00406	−1.28377
0402	−0.0582	−0.04857	−0.17949	−0.24292
0403	−0.10723	0.049543	−0.17299	0.798745
0404	−0.1066	0.060101	−0.03086	−0.13468
0405	−0.07594	−0.0039	0.051167	−1.18774
0406	−0.02295	0.148628	0.117765	−0.30924
0407	0.004381	0.137907	0.116547	1.726477
0408	−0.01857	0.042233	−0.04873	2.084956
0409	−0.04527	−0.03915	−0.10152	0.447183
0410	−0.04861	−0.12313	0.140506	−0.57617
0411	−0.02274	0.147166	0.2201	0.281982
0412	0.003338	0.599386	−0.07797	1.054685
0413	0.008345	−0.3122	−0.22619	−0.03011
0414	−0.00814	−1.18123	0.219694	−1.27563
0415	−0.03067	−0.20483	0.461316	−0.61767
0416	−0.0217	0.437925	−0.28467	0.741372
0417	0.007093	0.003249	−0.5673	0.442707
0418	0.030666	−0.06871	0.271673	−0.46712
0419	0.015229	−0.11906	0.400403	−0.15788
0420	−0.02211	0.004386	−0.49015	0.396321
0421	−0.02378	0.854084	−0.41908	−0.11515
0422	0.008136	0.196547	0.46294	−1.0673
0423	0.055283	−1.09286	0.290353	−0.88216
0424	0.072807	−0.13661	−0.71553	0.187581
0425	0.056743	1.076295	−0.65664	0.80851
0426	0.040471	0.21945	1.113493	0.496418
0427	0.044852	−0.67199	1.289329	−0.25594
0428	0.071138	0.259571	−1.10659	−0.24211
0429	0.083238	0.765557	−1.24547	0.549722
0430	0.069052	−0.00097	1.602016	0.583902

数据序号	损伤直径			
	0	0.1778mm	0.5334mm	0.7112mm
0431	0.030666	−0.09779	1.697041	−0.39144
0432	0.009388	−0.06871	−1.1338	−0.69987
0433	0.019193	−0.60556	−1.21664	0.091553
0434	0.055074	−0.23569	1.288517	0.727944
0435	0.102222	0.33689	1.448515	0.559488
0436	0.113695	−0.18095	−0.9474	−0.12736
0437	0.107854	−0.20434	−1.27146	−0.55989
0438	0.09951	0.457905	0.610756	−0.24862
0439	0.114947	0.230495	0.930753	0.325113
0440	0.134557	−0.30587	−0.59167	0.037842
0441	0.107437	−0.07131	−1.00466	−0.92488
0442	0.046313	0.274515	−0.05401	−0.69865
0443	−0.02149	−0.07732	0.289947	0.915932
0444	−0.04381	−0.23261	−0.03898	1.384681
0445	−0.02566	0.378961	−0.4203	−0.40202
0446	0.002921	0.496727	−0.21482	−1.49699
0447	0.031918	0.059289	0.23147	−0.36947
0448	0.029415	0.106395	0.233907	0.585529
0449	0.017106	0.209704	−0.13482	0.243326
0450	0.02566	−0.05831	−0.18558	−0.19816
0451	0.040471	−0.2573	0.456037	0.392659
0452	0.050485	−0.33624	0.667202	1.182858
0453	0.024617	−0.29417	−0.07025	0.448811
0454	−0.02462	0.076345	−0.47553	−0.73974
0455	−0.04652	0.318048	0.407306	−0.14323
0456	−0.02649	−0.04662	0.893799	0.995277
0457	0.020236	−0.2279	−0.02152	0.279947
0458	0.059038	0.15545	−0.48568	−0.95133
0459	0.079065	0.183064	0.172993	−0.90047
0460	0.064462	−0.08739	0.391469	−0.71208
0461	0.041514	−0.00617	−0.33299	−1.18449
0462	0.04068	0.014944	−0.48081	−1.35905

数据序号	损伤直径			
	0	0.1778mm	0.5334mm	0.7112mm
0463	0.033796	−0.06692	0.083248	−0.13631
0464	0.003129	0.152527	0.124669	1.816809
0465	−0.05925	0.300505	−0.26152	1.776932
0466	−0.10681	0.02404	−0.24812	−0.26001
0467	−0.09471	−0.08284	−0.00122	−0.63843
0468	−0.02816	0.245439	−0.07553	1.350908
0469	0.068843	0.119877	0.061725	1.79036
0470	0.126838	−0.23504	0.25949	−0.52978
0471	0.127047	0.017381	−0.10518	−1.6512
0472	0.110983	0.101035	−0.27858	−0.14486
0473	0.114738	−0.25324	0.255835	0.620116
0474	0.125378	−0.10656	0.52629	−0.63476
0475	0.102013	0.137095	−0.13888	−1.47786
0476	0.041723	−0.13368	−0.44954	−0.40161
0477	−0.03818	−0.10282	0.195734	1.099444
0478	−0.07802	0.234069	0.435326	0.461018
0479	−0.05612	0.153339	−0.07797	−1.49739
0480	−0.00751	−0.0281	−0.14254	−0.99853
0481	0.037134	0.071796	0.403651	1.685787
0482	0.04673	−0.13807	0.305784	1.76676
0483	0.043392	−0.32877	−0.23634	−0.75317
0484	0.046313	0.17543	−0.15959	−0.95255
0485	0.065505	0.307327	0.303348	1.138099
0486	0.064879	0.173968	0.136039	1.182451
0487	0.002712	−0.2071	−0.25908	−0.60547
0488	−0.0582	−0.67817	0.218881	−0.6368
0489	−0.09888	−0.31886	0.714715	0.671385
0490	−0.092	0.310251	0.147004	0.637205
0491	−0.02211	0.448159	−0.97014	−0.56925
0492	0.039637	−0.31545	−0.75817	−0.79549
0493	0.073433	−0.20597	0.491366	0.090739
0494	0.049859	0.721862	0.602228	0.560301

数据序号	损伤直径			
	0	0.1778mm	0.5334mm	0.7112mm
0495	−0.00209	0.320485	−0.91532	0.312499
0496	−0.02128	−0.67394	−1.35836	−0.32796
0497	−0.04068	−0.61465	0.22944	−1.01074
0498	−0.06717	0.480646	0.998164	−1.13525
0499	−0.10723	0.72576	−0.8138	−0.64941
0500	−0.14165	−0.09048	−1.5878	0.183919
0501	−0.12934	−0.20613	1.811152	1.202796
0502	−0.07468	0.228546	2.231047	1.505937
0503	−0.00396	0.367266	−1.34131	0.858152
0504	0.037342	0.302942	−1.6946	0.251057
0505	0.041097	−0.19102	1.729934	−0.23193
0506	0.025868	−0.65949	2.312264	−0.39225
0507	0.020444	−0.14034	−1.01197	0.170084
0508	0.042349	0.610756	−1.01035	0.391438
0509	0.036508	0.165521	1.523235	−0.37394
0510	−0.01752	−0.66176	1.41278	−0.51676
0511	−0.09116	−0.09064	−0.84751	0.497232
0512	−0.1381	0.668583	−0.93035	0.528156
0513	−0.10285	−0.01917	0.648522	−0.26693
0514	−0.01794	−0.64276	0.429641	−0.22298
0515	0.080526	−0.16	−0.54294	−0.39917
0516	0.136017	0.357032	−0.55918	−1.30981
0517	0.108063	0.046781	−0.26761	−1.03963
0518	0.068634	−0.10981	−0.25177	0.263671
0519	0.059038	0.234719	0.000812	0.620116
0520	0.056743	0.03005	−0.21441	0.186767
0521	0.01815	0.058477	−0.80487	0.210367
0522	−0.06008	0.412423	−0.38253	0.420328
0523	−0.10827	0.237805	0.552686	−0.01302
0524	−0.10055	−0.15691	0.197359	−0.413
0525	−0.05195	−0.26477	−0.55512	−0.3715
0526	0.021279	−0.08398	0.16609	0.198974

数据序号	损伤直径			
	0	0.1778mm	0.5334mm	0.7112mm
0527	0.055909	0.043208	0.849942	1.480709
0528	0.056743	0.13141	0.089745	1.553951
0529	0.055074	0.07602	−0.50639	−0.25513
0530	0.059247	−0.07033	0.53563	−0.95215
0531	0.073015	−0.04434	1.118366	0.267333
0532	0.050276	0.161136	−0.1003	0.378824
0533	−0.00793	0.146679	−0.51898	−0.87077
0534	−0.07093	−0.14993	0.267206	−0.73486
0535	−0.09596	−0.16942	0.273297	0.397134
0536	−0.04256	0.023553	−0.387	0.140381
0537	0.061333	0.099085	−0.17299	−0.80159
0538	0.125169	0.060913	0.382535	−0.50089
0539	0.114947	−0.0731	−0.0865	0.172933
0540	0.076979	−0.04386	−0.48	−0.37598
0541	0.026703	0.333642	0.042233	−0.91512
0542	−0.00542	0.289135	0.222536	−0.09481
0543	−0.02733	−0.25681	−0.40446	0.584715
0544	−0.06676	−0.23634	−0.32487	0.394693
0545	−0.10222	0.107694	0.336647	0.416259
0546	−0.12496	0.038984	−0.08853	0.519204
0547	−0.08073	−0.12199	−0.63878	0.393879
0548	0.026494	−0.00487	0.134009	0.415038
0549	0.104934	0.064324	0.724055	0.110677
0550	0.114321	−0.05572	−0.04589	−0.23926
0551	0.079274	−0.04191	−0.56	0.121256
0552	0.048399	0.091938	0.230658	0.170084
0553	0.032753	0.095674	0.645274	−0.6307
0554	0.01502	−0.09129	−0.12345	−1.39445
0555	−0.00626	−0.11988	−0.25015	−1.32894
0556	−0.04464	−0.02843	0.53563	−0.53019
0557	−0.09367	−0.01559	0.502737	0.741372
0558	−0.09304	0.06936	−0.37238	1.896968

续表

数据序号	损伤直径			
	0	0.1778mm	0.5334mm	0.7112mm
0559	−0.03275	0.15675	−0.38335	1.516923
0560	0.046104	0.102659	0.412991	0.072428
0561	0.095546	−0.14164	0.327307	−0.40527
0562	0.090748	0.078456	−0.32974	0.286051
0563	0.061542	0.446697	−0.26761	0.162353
0564	0.047773	0.171694	0.179085	−0.86873
0565	0.057369	−0.0679	0.235125	−0.76131
0566	0.061542	−0.12491	−0.03208	0.251871
0567	0.007719	−0.00032	−0.09096	0.190836
0568	−0.0872	0.075857	0.005685	−0.75236
0569	−0.14311	−0.27874	0.126293	−0.58675
0570	−0.11682	−0.53685	0.235531	0.310465
0571	−0.03025	−0.07618	−0.0467	0.171712
0572	0.061542	0.482107	−0.31797	−0.63883
0573	0.113278	0.194922	0.039797	−0.60099
0574	0.111401	−0.14928	0.520199	0.116373
0575	0.093042	−0.02437	−0.15025	0.477294
0576	0.089913	0.18274	−0.90842	0.748696
0577	0.090956	0.132872	−0.19005	1.293942
0578	0.059664	−0.08593	0.564868	1.142575
0579	−0.00396	−0.28507	−0.00528	−0.11515
0580	−0.04527	−0.15594	−0.66395	−1.08439
0581	−0.02483	0.3122	0.15878	−0.48421
0582	0.048607	0.410636	0.839384	0.828448
0583	0.117868	0.219125	0.115735	0.561522
0584	0.139772	0.039634	−0.40568	−0.71574
0585	0.108897	−0.00422	0.252587	−0.38208
0586	0.054866	−0.00731	0.668014	0.642902
0587	0.022739	−0.12036	−0.08731	−0.27751
0588	0.031084	−0.17673	−0.41665	−1.76554
0589	0.041723	−0.14278	0.286698	−0.84269
0590	0.006258	−0.07407	0.570959	1.136472

数据序号	损伤直径			
	0	0.1778mm	0.5334mm	0.7112mm
0591	−0.03922	0.005685	−0.1665	0.854083
0592	−0.05236	0.149928	−0.30822	−0.74748
0593	−0.00063	0.092588	0.315124	−0.57007
0594	0.095129	−0.20905	0.205074	0.638426
0595	0.136226	−0.13758	−0.49989	0.529784
0596	0.114738	0.280201	−0.46172	0.030111
0597	0.064462	0.234881	0.31553	0.986326
0598	0.016689	−0.12832	0.294414	1.587724
0599	0.02107	−0.02469	−0.29847	−0.03255
0600	0.042349	0.228546	−0.35167	−1.69799
0601	0.037759	0.125562	0.10274	−1.17757
0602	0.006884	−0.00292	0.190455	0.788165
0603	−0.03755	0.02404	−0.10802	1.070961
0604	−0.0388	−0.01316	−0.00203	−0.74381
0605	0.001043	0.001137	0.206699	−0.83374
0606	0.044852	0.154638	0.215227	0.830076
0607	0.059247	0.108019	0.198983	0.515542
0608	0.031084	−0.09762	0.226597	−1.36881
0609	0.018358	−0.14944	0.004873	−1.18571
0610	0.03317	−0.11695	−0.30213	0.590005
0611	0.071764	−0.07586	−0.14863	0.521646
0612	0.091374	−0.0908	0.14944	−0.73161
0613	0.043183	−0.17332	0.013401	−0.05046
0614	−0.02962	−0.00942	−0.34274	1.611731
0615	−0.06133	0.149603	−0.0536	1.176348
0616	−0.03213	0.075207	0.41421	−0.19124
0617	0.015229	0.215714	0.233907	−0.20874
0618	0.050068	0.223836	−0.18152	0.183919
0619	0.04068	−0.10461	−0.22172	−0.26367
0620	−0.00834	−0.08024	0.217663	−0.83537
0621	−0.02107	0.157725	0.315124	−0.27344
0622	−0.0025	−0.00081	−0.10436	0.505777

数据序号	损伤直径			
	0	0.1778mm	0.5334mm	0.7112mm
0623	0.004798	−0.22042	−0.22538	0.243326
0624	−0.01669	−0.03525	0.069035	−0.42236
0625	−0.07135	0.180628	0.127512	−0.87768
0626	−0.08741	0.094862	−0.12101	−0.68685
0627	−0.0388	−0.04516	−0.17908	0.163167
0628	0.044226	−0.01332	−0.09462	0.38859
0629	0.114947	−0.02859	−0.07066	0.121256
0630	0.115573	0.006497	−0.09462	0.501301
0631	0.065922	0.195897	−0.02843	0.515542
0632	0.01356	−0.06156	0.092994	−0.41138
0633	−0.00313	−0.35671	−0.08365	−0.82479
0634	0.015855	−0.42119	−0.20142	−0.43253
0635	0.029623	−0.12686	0.015837	0.295003
0636	0.010848	0.805678	−0.09096	1.279701
0637	−0.02691	0.902977	−0.1202	1.24959
0638	−0.03484	0.215551	0.355733	−0.14364
0639	−0.00042	−0.26948	0.417052	−0.87239
0640	0.038594	−0.25356	−0.07147	−0.05737
0641	0.04673	−0.0065	−0.02112	0.532632
0642	−0.00146	−0.04857	0.61766	−0.21566
0643	−0.04819	−0.47252	0.534412	−0.89477
0644	−0.04527	−0.79853	−0.20386	0.196126
0645	−0.0048	0.463103	0.082842	1.48193
0646	0.048607	1.139482	0.875931	0.297851
0647	0.049442	−0.37019	0.58964	−1.58406
0648	0.012308	−0.76897	−0.35492	−1.49007
0649	−0.03046	0.455793	−0.85888	−0.10701
0650	−0.03192	0.436301	−0.07837	0.447997
0651	−0.00188	−0.53084	0.460098	0.139974
0652	−0.00647	−0.52889	−0.29969	0.733234
0653	−0.04068	0.029076	−0.94903	1.58162
0654	−0.09555	0.32016	−0.49665	1.169431

数据序号	损伤直径			
	0	0.1778mm	0.5334mm	0.7112mm
0655	−0.10577	0.390007	0.50964	0.323079
0656	−0.06112	0.383022	0.239998	−0.32878
0657	−0.01377	−0.07391	−0.6534	−1.11002
0658	−0.0096	−0.02566	−0.42477	−1.30371
0659	−0.07093	0.473011	0.307408	−0.71696
0660	−0.13164	−0.10932	0.325276	−0.23397
0661	−0.14019	−0.65851	−0.17259	0.140381
0662	−0.08532	−0.01852	−0.12792	0.491128
0663	−0.00188	0.556015	0.40487	0.399169
0664	0.039428	−0.06221	0.495021	0.146077
0665	0.02712	−0.38773	0.256648	−0.27547
0666	0.001043	0.222211	0.208323	−0.94767
0667	−0.00167	0.224973	0.225785	−0.75195
0668	0.008553	−0.19508	0.208323	0.376383
0669	−0.00188	−0.15772	0.097461	0.907794
0670	−0.05424	−0.04386	−0.05645	0.735268
0671	−0.12538	−0.09909	−0.13157	0.709634
0672	−0.15584	−0.04922	−0.0467	0.564777
0673	−0.12413	0.093563	−0.06579	−0.05412
0674	−0.04089	0.221074	−0.34517	−0.67342
0675	0.025451	0.237805	−0.44629	−0.44556
0676	0.022739	0.038497	−0.12223	0.153808
0677	0.010431	−0.14814	0.052385	−0.05452
0678	0.017106	0.071147	−0.27858	−0.26408
0679	0.044852	0.306028	−0.3338	0.22583
0680	0.073433	0.022254	0.216445	0.19694
0681	0.064462	−0.23342	0.536442	−0.55908
0682	0.025451	−0.06367	0.144161	−0.71736
0683	−0.01565	0.040609	−0.15553	−0.31209
0684	−0.00688	−0.15269	0.183146	−0.25431
0685	0.030458	−0.04126	0.421925	−0.28442
0686	0.054657	0.089014	0.032893	0.182291

数据序号	损伤直径			
	0	0.1778mm	0.5334mm	0.7112mm
0687	0.036925	−0.07505	−0.26802	0.870766
0688	−0.02211	0.099085	0.059695	0.78491
0689	−0.04339	0.143268	0.329337	−0.12126
0690	−0.0146	−0.1496	0.142943	−0.48909
0691	0.045478	−0.11354	−0.15878	0.219319
0692	0.104934	0.23277	−0.1064	0.570474
0693	0.106394	0.078131	0.13807	−0.31046
0694	0.06926	−0.29287	0.071471	−0.91024
0695	0.045895	0.104283	−0.05929	0.281575
0696	0.07239	0.263957	−0.11289	1.515703
0697	0.119537	−0.12589	−0.08162	0.456135
0698	0.135183	0.025665	0.065786	−1.12304
0699	0.120371	0.304891	0.133603	−0.61157
0700	0.096589	0.028264	0.021523	0.869545
0701	0.095129	−0.24398	−0.06863	0.803221
0702	0.127255	−0.01787	0.069847	−0.50863
0703	0.162303	0.01332	0.136446	−1.08195
0704	0.14457	−0.00406	0.043045	−0.36377
0705	0.069469	0.215227	0.051979	0.354817
0706	0.005424	−0.05165	0.15675	0.003662
0707	0.002921	−0.2724	0.139694	−0.83659
0708	0.050902	−0.16032	−0.03289	−0.79752
0709	0.102847	−0.05019	−0.09381	0.193278
0710	0.108271	0.29352	0.025177	0.74422
0711	0.077814	0.297581	−0.02802	0.664468
0712	0.068009	−0.02063	−0.14903	0.337727
0713	0.075519	0.090476	−0.00975	0.020752
0714	0.090122	−0.22107	0.136852	0.266926
0715	0.073224	−0.32325	0.067411	0.54606
0716	0.017732	0.357032	−0.06376	0.006104
0717	−0.02399	−0.10266	−0.01665	−0.49682
0718	−0.03484	−0.44621	0.077157	0.200195

续表

数据序号	损伤直径			
	0	0.1778mm	0.5334mm	0.7112mm
0719	0.005633	0.554878	0.044264	1.051837
0720	0.065714	0.560564	−0.05645	0.432942
0721	0.09638	−0.24918	−0.06051	−0.58146
0722	0.084072	−0.11468	0.069035	−0.39225
0723	0.055074	0.286698	0.084872	−0.22095
0724	0.047147	−0.06627	0.054822	−0.84554
0725	0.064879	−0.4592	−0.00081	−0.83333
0726	0.073641	−0.08723	−0.08244	−0.03215
0727	0.037551	0.04272	0.055228	0.217285
0728	−0.01398	−0.18404	0.149034	−0.05656
0729	−0.05507	0.275328	0.019492	0.171305
0730	−0.0388	0.297256	0.061319	0.677895
0731	0.022113	−0.47366	0.190049	0.566405
0732	0.045895	−0.06367	0.021523	0.032959
0733	0.040471	0.598249	−0.16122	−0.19491
0734	0.012934	−0.14099	−0.08122	0.279947
0735	0.017941	−0.47561	0.019086	0.78491
0736	0.062585	0.292058	−0.09178	0.279947
0737	0.089913	0.493803	−0.14538	−0.17008
0738	0.092417	−0.05588	0.059289	0.597736
0739	0.035047	−0.03882	0.048324	0.479735
0740	−0.01982	0.25681	−0.16974	−1.57185
0741	−0.01252	0.073421	−0.06538	−2.46581
0742	0.023365	0.186476	0.232688	−0.72835
0743	0.053197	0.299206	0.125075	0.984698
0744	0.04068	−0.25827	−0.14903	0.606281
0745	0.003964	−0.30457	0.021523	0.326741
0746	−0.02044	0.243003	0.207917	1.31388
0747	−0.01439	0.113055	−0.00203	0.983884
0748	0.01815	−0.23244	−0.14741	−0.46956
0749	0.027954	−0.09356	0.103552	−0.55094
0750	−0.00292	0.065949	0.174618	0.516356

数据序号	损伤直径			
	0	0.1778mm	0.5334mm	0.7112mm
0751	−0.06551	−0.17088	−0.1535	0.712075
0752	−0.10681	−0.08235	−0.18396	−0.20182
0753	−0.09409	0.316099	0.121826	−0.82397
0754	−0.06738	−0.019	0.089745	−0.40161
0755	−0.03797	−0.13466	−0.19411	0.163574
0756	−0.04715	0.228059	0.014619	−0.42562
0757	−0.0605	0.115816	0.264363	−1.34643
0758	−0.03505	−0.14847	−0.08203	−1.23779
0759	0.000834	0.099735	−0.29644	−0.4952
0760	0.026286	0.208079	0.044264	−0.23031
0761	−0.00897	−0.11029	0.242434	−0.19206
0762	−0.07281	−0.00211	−0.04954	0.793455
0763	−0.12246	0.18209	−0.14051	1.820064
0764	−0.13477	−0.02274	0.18477	1.275225
0765	−0.1041	−0.15707	0.291571	0.180664
0766	−0.08011	0.123938	0.017462	−0.02523
0767	−0.07406	0.077319	0.001218	−0.24455
0768	−0.09492	−0.23975	0.21076	−0.76009
0769	−0.10598	−0.15383	0.101522	−0.24699
0770	−0.06634	0.053441	−0.02558	0.887856
0771	−0.01565	−0.05084	0.086903	0.998126
0772	0.018775	−0.12183	0.167714	−0.18839
0773	0.003964	0.072933	−0.02599	−1.21338
0774	−0.03234	0.016893	−0.09462	−0.65226
0775	−0.02879	0.043857	0.060913	0.262857
0776	−0.00167	0.052304	−0.03614	−0.42602
0777	0.048816	−0.05978	−0.25502	−1.44287
0778	0.066757	−0.01364	−0.11411	−0.8138
0779	0.040054	0.21279	0.165278	0.811359
0780	0.006467	0.210678	0.019086	1.326901
0781	−0.02795	−0.0921	−0.09584	0.349527
0782	0	0.208567	0.077969	−0.06144

数据序号	损伤直径			
	0	0.1778mm	0.5334mm	0.7112mm
0783	0.027746	0.087065	0.170557	0.520832
0784	0.034004	−0.6819	0.127918	0.379231
0785	0.038385	−0.60881	0.198577	−0.2714
0786	0.035673	0.139857	0.162029	−0.15381
0787	0.077188	0.295145	−0.25421	0.534667
0788	0.115156	−0.03103	−0.20223	1.062009
0789	0.134974	0.027939	0.477559	0.640054
0790	0.097006	0.168283	0.407712	−0.44271
0791	0.023574	0.580381	−0.55959	−0.6901
0792	0.011265	0.266394	−0.43857	−0.13509
0793	0.032544	−0.64389	0.534412	−0.22542
0794	0.083446	−0.19411	0.230252	−0.81136
0795	0.105351	0.647791	−0.96974	−0.53019
0796	0.093668	0.334291	−0.63715	0.309651
0797	0.081151	−0.30846	1.163848	0.393065
0798	0.038802	0.007959	1.007504	−0.30314
0799	0.037759	0.42688	−0.96446	−0.62663
0800	0.036925	0.209379	−0.86619	−0.04028
0801	0.009179	−0.12832	1.318161	0.679116
0802	−0.02149	−0.3057	1.167096	0.683185
0803	−0.04402	−0.41096	−1.01887	0.177408
0804	0.017524	−0.24365	−0.86862	−0.17212
0805	0.092417	0.012832	0.942936	−0.15625
0806	0.127047	−0.14424	1.037554	0.312092
0807	0.123083	−0.13612	−0.62984	0.707192
0808	0.07385	0.304728	−0.867	0.45288
0809	0.050485	0.372626	0.428423	−0.11475
0810	0.048399	−0.12881	0.5937	−0.3243
0811	0.063002	−0.00097	−0.52994	0.006917
0812	0.064879	0.373601	−0.98517	0.034587
0813	0.009596	0.008284	0.002437	−0.43172
0814	−0.03192	−0.15334	0.59167	−0.34342

续表

数据序号	损伤直径			
	0	0.1778mm	0.5334mm	0.7112mm
0815	−0.03922	0.196222	−0.05482	0.183919
0816	−0.0121	0.36288	−0.71878	−0.18107
0817	0.028163	0.21409	−0.04629	−1.23738
0818	0.059873	0.03005	0.791465	−1.02457
0819	0.068217	−0.00487	0.077563	0.676675
0820	0.057578	0.052791	−0.73949	1.070147
0821	0.093877	−0.07797	−0.03005	0.124105
0822	0.129342	−0.35687	1.014001	0.249837
0823	0.140607	−0.3403	0.384971	0.463052
0824	0.110983	−0.07976	−0.70294	−0.3422
0825	0.029415	0.009096	−0.11533	−0.5424
0826	−0.01627	−0.04305	0.983139	0.375162
0827	−0.02357	0.007147	0.49096	0.770669
0828	0.017524	0.140831	−0.58192	0.360513
0829	0.06634	0.237967	−0.2802	0.457763
0830	0.075727	0.258109	0.428017	0.994464
0831	0.061124	0.196547	0.131572	0.192464
0832	0.042349	0.04402	−0.32325	−1.49454
0833	0.071764	−0.05572	−0.01299	−1.44612
0834	0.090539	0.096162	0.211572	−0.33895
0835	0.072807	−0.02144	−0.11167	−0.24129
0836	0.024617	−0.10575	−0.22213	−0.70882
0837	−0.02274	0.222861	−0.12629	−0.22664
0838	0.001043	0.121014	−0.24528	1.608883
0839	0.05424	−0.11939	−0.2002	2.248936
0840	0.10243	−0.05864	0.250556	−0.0057
0841	0.105768	0.055878	0.212384	−2.11588
0842	0.059038	−0.1319	−0.50436	−0.77881
0843	0.024408	−0.30814	−0.40974	1.986486
0844	0.010431	−0.13173	0.486899	1.684973
0845	0.03171	0.002761	0.454006	−0.65755
0846	0.046313	0.02469	−0.3805	−1.11816

数据序号	损伤直径			
	0	0.1778mm	0.5334mm	0.7112mm
0847	0.001252	−0.04987	−0.35289	0.24943
0848	−0.04986	0.155938	0.548625	0.403645
0849	−0.07698	0.273703	0.66436	−1.68904
0850	−0.03505	−0.0294	−0.07878	−2.44221
0851	0.035465	−0.15643	−0.06132	0.044759
0852	0.053614	−0.03492	0.564056	1.394853
0853	0.036299	−0.06985	0.327713	−0.21281
0854	−0.01669	−0.01917	−0.38416	−0.48584
0855	−0.03692	0.05734	−0.17827	1.097816
0856	−0.01982	0.246089	0.439387	1.325273
0857	−0.00292	0.496402	0.140506	0.194905
0858	−0.01168	−0.5708	−0.28589	−0.42806
0859	−0.06947	−1.02789	0.165278	−0.12695
0860	−0.10285	−0.16585	0.486087	0.496418
0861	−0.09304	0.339977	−0.39553	0.68644
0862	−0.03901	0.310251	−1.16263	−0.18514
0863	0.016689	−0.04743	−0.06985	−0.86141
0864	0.030666	0.052954	0.977859	0.247395
0865	0.006676	0.42688	−0.21644	1.146237
0866	−0.03692	0.547894	−1.21867	−0.44311
0867	−0.0363	−0.50436	−0.14741	−1.73868
0868	−0.01711	−0.9496	0.710248	−0.58553
0869	−0.01565	0.490879	−0.28792	0.409341
0870	−0.04089	0.976885	−1.25968	0.028483
0871	−0.08595	−0.14002	0.81583	−0.36092
0872	−0.09429	−0.38351	2.275716	−0.58309
0873	−0.04631	0.542371	−0.37766	−0.37353
0874	0.019401	0.600685	−1.83024	0.785724
0875	0.0557	−0.07001	0.999788	1.27319
0876	0.047147	−0.48243	2.341096	0.336913
0877	0.017941	−0.47951	−0.75126	−0.42725
0878	0.011474	−0.1881	−1.72019	−0.01058

数据序号	损伤直径			
	0	0.1778mm	0.5334mm	0.7112mm
0879	0.041306	0.452219	0.976235	0.861
0880	0.069052	0.129298	1.847294	1.016436
0881	0.044852	−0.61092	−0.4268	0.280354
0882	−0.00897	0.305378	−1.39166	−0.60872
0883	−0.04464	0.714552	0.341114	−0.87321
0884	−0.03234	−0.28784	0.882835	−0.19735
0885	0.012308	−0.69344	−0.28101	0.475259
0886	0.047564	0.095999	−0.77725	−0.15666
0887	0.05883	0.418433	−0.29604	−0.76945
0888	0.036925	−0.17056	0.098273	−0.20874
0889	0.025242	−0.02128	0.241622	−0.01017
0890	0.031084	0.403326	−0.07837	−0.39062
0891	0.035673	0.175268	−0.67248	−0.19206
0892	0.021279	0.052954	−0.51208	−0.02523
0893	−0.03317	0.313337	0.385783	−0.39632
0894	−0.07948	0.088852	0.281825	0.098877
0895	−0.06989	−0.24788	−0.58883	1.200762
0896	−0.00668	−0.08154	−0.01096	0.994464
0897	0.072807	−0.02323	0.863749	0.027669
0898	0.113904	−0.03509	0.190049	0.043945
0899	0.088662	0.222699	−0.74517	0.800779
0900	0.039846	0.21409	0.067817	0.810138
0901	0.016272	−0.18826	1.159787	−0.19897
0902	0.015229	−0.13352	0.17746	−0.8671
0903	0.00146	0.217663	−0.79025	−0.41341
0904	−0.04819	0.150252	0.081218	0.247802
0905	−0.10911	−0.17429	0.678573	−0.07284
0906	−0.13727	−0.11143	−0.21035	−1.00708
0907	−0.1066	0.020467	−0.39918	−0.9436
0908	−0.02378	−0.06725	0.592076	0.118001
0909	0.051945	−0.02047	0.356139	0.302327
0910	0.076562	−0.05182	−0.63472	−0.46346

数据序号	损伤直径			
	0	0.1778mm	0.5334mm	0.7112mm
0911	0.062585	−0.05214	−0.3399	−0.27506
0912	0.04965	0.115979	0.429235	0.716551
0913	0.069886	0.189399	0.088121	0.461018
0914	0.075727	−0.13336	−0.39472	−0.60791
0915	0.034004	−0.23001	0.116953	−0.32471
0916	−0.0338	0.096324	0.210353	0.76131
0917	−0.0945	0.038497	−0.53279	0.654702
0918	−0.09575	−0.15431	−0.32528	−0.22339
0919	−0.04172	−0.01657	0.523041	−0.15747
0920	0.016272	0.134984	0.167714	0.642902
0921	0.029623	0.08138	−0.63147	0.663247
0922	−0.00626	−0.00569	−0.07797	−0.17822
0923	−0.04297	0.080081	0.771567	−0.14242
0924	−0.04005	0.111268	0.163653	0.831704
0925	−0.00209	−0.20369	−0.39147	0.367431
0926	0.007927	−0.25226	0.322434	−1.50146
0927	−0.03067	−0.07748	0.666796	−2.18261
0928	−0.0872	−0.04857	−0.15188	−0.9082
0929	−0.12058	0.080243	−0.55431	0.486652
0930	−0.08449	0.352809	0.314718	0.277506
0931	−0.00584	0.242191	0.611568	0.275878
0932	0.061542	−0.32503	−0.19614	1.888423
0933	0.080943	−0.18225	−0.26639	1.455074
0934	0.061333	0.246414	0.419895	−1.32324
0935	0.051319	0.119715	0.236343	−1.66341
0936	0.053614	−0.04126	−0.69969	1.520178
0937	0.049859	0.025177	−0.62781	3.41267
0938	0.011682	0.164547	0.494615	0.692951
0939	−0.06738	0.130435	0.595325	−2.3649
0940	−0.13518	−0.12264	−0.54862	−1.71712
0941	−0.1454	−0.35557	−0.57949	0.356851
0942	−0.09325	−0.13515	0.534818	0.12207

数据序号	损伤直径			
	0	0.1778mm	0.5334mm	0.7112mm
0943	−0.02462	0.234719	0.536442	−1.84041
0944	0.009388	0.150902	−0.70334	−1.81599
0945	0.014603	−0.14782	−0.89096	0.730792
0946	0.016689	−0.03687	0.719182	1.510413
0947	0.049442	0.235856	1.077757	−0.64331
0948	0.098884	0.082192	−0.6002	−1.42741
0949	0.107646	−0.07082	−0.99207	1.030678
0950	0.059247	−0.096	0.734207	2.641188
0951	−0.0217	−0.17446	1.126488	0.339762
0952	−0.05048	0.125562	−0.59776	−1.69637
0953	−0.01064	0.560401	−0.77928	−0.13672
0954	0.053614	0.1868	0.826795	2.027176
0955	0.090122	−0.29303	0.97055	1.2207
0956	0.058412	0.168283	−0.32325	−0.91349
0957	0.020444	0.343713	−0.30944	−0.84066
0958	0	−0.29791	0.54497	1.01196
0959	0.008553	−0.44069	0.209135	0.699054
0960	0.01961	0.082355	−0.38294	−2.20377
0961	−0.02483	0.220587	0.053198	−2.78523
0962	−0.07656	−0.01153	0.220912	0.285644
0963	−0.10014	0.108019	−0.38619	2.55696
0964	−0.05174	0.095025	−0.29279	0.437824
0965	0.04068	−0.12995	0.342738	−2.46866
0966	0.101178	0.133197	−0.04386	−1.28296
0967	0.132262	0.31821	−0.84344	1.410315
0968	0.113904	−0.05117	−0.23228	1.178789
0969	0.086367	−0.25177	0.514513	−0.3304
0970	0.083238	0.099735	−0.03411	0.196126
0971	0.080734	0.233257	−0.66842	1.315915
0972	0.054657	0.009421	−0.12345	0.763751
0973	−0.01669	0.057989	0.633903	−0.22339
0974	−0.06989	0.182902	0.093806	0.089111

数据序号	损伤直径			
	0	0.1778mm	0.5334mm	0.7112mm
0975	−0.07552	−0.00244	−0.28386	0.828042
0976	−0.02378	−0.11939	0.373601	0.149332
0977	0.059873	0.120689	0.57502	−1.4034
0978	0.096589	−0.01608	0.028426	−1.44572
0979	0.095754	−0.23553	−0.08528	0.152181
0980	0.075519	0.035248	0.302942	0.797931
0981	0.069469	0.122801	0.101928	−0.39144
0982	0.096172	−0.14489	−0.25908	−0.86873
0983	0.111818	−0.24138	−0.0065	0.205485
0984	0.087201	0.02534	0.2201	0.518798
0985	0.020653	0.08138	−0.12589	−0.40853
0986	−0.02691	0.070822	−0.38578	−0.66732
0987	−0.01293	0.233257	−0.05442	0.080566
0988	0.030875	0.098923	0.10274	0.746255
0989	0.061542	−0.08495	−0.20304	0.88989
0990	0.057786	0.036223	−0.23066	0.371093
0991	0.044435	0.087228	0.089745	−0.16073
0992	0.050694	−0.12962	0.11208	−0.08341
0993	0.081151	−0.20727	−0.06335	0.055338
0994	0.106811	−0.07423	0.060101	0.159098
0995	0.0799	0.061725	0.175836	0.190429
0996	0.009179	−0.02063	−0.06822	−0.29989
0997	−0.05507	−0.05263	−0.03005	−0.60628
0998	−0.06801	0.080243	0.387408	−0.23315
0999	−0.02566	0.039959	0.260708	−0.01709
1000	0.024199	−0.07423	−0.17949	−0.14893
1001	0.034839	−0.15383	−0.06863	−0.18026
1002	0.006258	0.000812	0.294414	−0.19816
1003	−0.01878	0.048731	0.136852	−0.08382
1004	−0.0194	−0.10899	−0.34111	0.157063
1005	−0.00584	−0.27305	−0.23878	0.159098
1006	−0.01711	0.134821	0.232282	0.203857

数据序号	损伤直径			
	0	0.1778mm	0.5334mm	0.7112mm
1007	−0.0726	0.828582	0.006903	0.154215
1008	−0.12121	0.538148	−0.44426	−0.29378
1009	−0.12538	0.058314	0.123857	−0.30843
1010	−0.06697	−0.32113	0.719994	0.335693
1011	0.018775	−0.42785	−0.00162	0.714516
1012	0.059873	0.07001	−0.51654	0.48299
1013	0.051111	0.116466	0.373601	0.108235
1014	0.013769	−0.74087	0.934002	−0.01424
1015	−0.00522	−0.79138	−0.00365	0.028076
1016	0.003755	0.778389	−0.37847	−0.07975
1017	−0.00396	0.864155	0.622127	−0.19084
1018	−0.03672	−0.74866	1.070041	−0.05981
1019	−0.09826	−0.44247	−0.02193	0.072835
1020	−0.13497	0.742816	−1.49887	0.010579
1021	−0.11286	0.116628	−0.7074	−0.20752
1022	−0.05236	−0.39975	0.98192	−0.72835
1023	0.002503	0.080893	0.414616	−1.11653
1024	−0.00334	0.036873	−1.34781	−0.1416
1025	−0.03943	−0.06335	−1.23288	1.550696
1026	−0.06154	0.568036	0.927505	1.678463
1027	−0.03776	0.494453	0.97989	0.016683
1028	0.009805	−0.25567	−1.02781	−0.94157
1029	0.020027	0.153989	−1.08101	0.330403
1030	−0.01439	0.501925	0.609944	1.66829
1031	−0.0582	−0.24771	1.099686	0.771889
1032	−0.04819	−0.51638	−0.25462	−1.06689
1033	0.00459	0.116953	−0.65299	−1.48193
1034	0.054657	0.190049	0.601822	−0.50578
1035	0.074058	−0.34745	0.907606	0.004883
1036	0.024617	−0.11793	0.02599	−0.66935
1037	−0.02149	0.354433	−0.26071	−1.13159
1038	−0.01523	−0.03639	0.343956	−0.2832

数据序号	损伤直径			
	0	0.1778mm	0.5334mm	0.7112mm
1039	0.016689	−0.25047	0.539691	0.48177
1040	0.037551	0.123288	0.010558	0.050863
1041	−0.00209	0.052954	−0.20792	0.06307
1042	−0.06321	−0.10737	0.095025	0.69702
1043	−0.0968	0.034599	0.215227	0.454914
1044	−0.06488	0.051005	−0.19492	0.247802
1045	0.010639	0.130273	−0.53482	1.047768
1046	0.065297	0.263957	−0.34599	1.192624
1047	0.07239	0.05734	0.094212	0.028076
1048	0.041932	−0.03931	0.026396	−0.3064
1049	0.045895	0.166658	−0.46213	0.591226
1050	0.080734	0.190049	−0.41502	0.533039
1051	0.119328	−0.02729	0.162435	−0.60465
1052	0.116199	−0.0856	0.421113	−0.97941
1053	0.050694	0.028589	−0.02802	−0.57007
1054	0.001252	−0.06903	−0.34639	−0.57292
1055	−0.01335	−0.1038	−0.01015	−0.97249
1056	0.018984	0.103958	0.348829	−0.98185
1057	0.059247	−0.01364	0.153095	−0.12126
1058	0.068009	−0.20353	−0.13523	0.501708
1059	0.050694	−0.00552	0.02071	−0.20996
1060	0.01356	0.052954	0.333398	−0.76823
1061	0.01815	−0.11647	0.385783	−0.08586
1062	0.034004	0.032162	−0.00731	1.021319
1063	0.030249	0.26412	−0.19939	1.204831
1064	−0.00188	0.008447	0.145379	0.194905
1065	−0.06175	−0.08073	0.415834	−0.18962
1066	−0.07218	0.151065	0.227409	0.781655
1067	−0.02691	0.015756	−0.21279	1.164141
1068	0.050068	−0.2456	−0.26071	0.222167
1069	0.095754	−0.06302	0.079999	−0.55664
1070	0.071764	0.221724	0.084872	−0.81706

续表

数据序号	损伤直径			
	0	0.1778mm	0.5334mm	0.7112mm
1071	0.041514	0.058802	−0.29847	−0.68644
1072	0.02566	−0.07894	−0.37157	0.227457
1073	0.049859	0.072609	−0.06173	0.620929
1074	0.078648	0.072609	0.02071	−0.51554
1075	0.053197	−0.03866	−0.1669	−1.06974
1076	0.013143	0.076345	−0.09178	0.032959
1077	−0.02712	−0.07245	0.182333	0.311685
1078	−0.01043	−0.35427	0.147004	−0.84798
1079	0.053823	−0.34647	−0.00975	−0.9611
1080	0.081777	−0.24869	0.11939	0.476887
1081	0.055909	0.241216	0.327307	1.319984
1082	−0.00146	0.716989	0.2335	0.460611
1083	−0.01711	0.305378	0.03533	−0.70841
1084	0.015855	−0.15561	0.141725	−0.20793
1085	0.067174	−0.01559	0.306596	1.524247
1086	0.090539	−0.43776	0.090964	1.312253
1087	0.065922	−0.33981	−0.17259	−0.86995
1088	0.036925	0.446859	−0.06173	−0.9318
1089	0.023574	−0.3533	0.108019	1.172686
1090	0.057786	−0.32601	0.117765	1.054278
1091	0.100135	1.203807	−0.06863	−1.01196
1092	0.10994	0.438575	−0.25787	−1.24878
1093	0.095129	−0.93238	−0.02233	0.010579
1094	0.052988	−0.12215	0.2335	0.451252
1095	0.04527	0.577944	0.048731	−0.3125
1096	0.070512	−0.35525	−0.2668	−1.07462
1097	0.076979	−0.74347	−0.09462	−0.71248
1098	0.050485	0.265581	0.348423	0.664875
1099	−0.00563	0.272079	0.186394	1.153562
1100	−0.03108	−0.21133	−0.21117	−0.08341
1101	−0.01419	0.416809	−0.00081	−0.8667
1102	0.039428	0.268505	0.37685	0.0354

数据序号	损伤直径			
	0	0.1778mm	0.5334mm	0.7112mm
1103	0.111818	−0.56056	0.087715	0.925291
1104	0.124543	0.052791	−0.29238	0.499266
1105	0.097215	0.640319	−0.04954	0.135091
1106	0.080108	−0.19232	0.23878	0.492756
1107	0.105559	−0.4186	0.03736	0.485025
1108	0.130593	0.375712	−0.22457	0.100097
1109	0.084072	0.484382	−0.10883	−0.07039
1110	0.003129	−0.13433	0.019086	−0.18595
1111	−0.05653	−0.0947	−0.09056	−0.22217
1112	−0.05174	0.202881	−0.11452	−0.19206
1113	0.010639	−0.00666	0.112486	−0.80119
1114	0.080108	0.031188	0.154719	−1.08846
1115	0.095546	0.072933	−0.03614	−0.21851
1116	0.04965	−0.17511	0.01665	0.153401
1117	0.00459	−0.20174	0.123857	−0.16764
1118	0.000834	−0.00065	−0.00528	0.585529
1119	0.022113	0.088202	−0.06822	1.804602
1120	0.04214	0.101684	0.007716	0.465901
1121	0.03463	0.063675	−0.00487	−1.92423
1122	0.009596	−0.15171	−0.06579	−0.75928
1123	0.00897	−0.00569	−0.04629	2.539056
1124	0.045478	0.461803	0.08406	2.691237
1125	0.093042	0.206455	0.074314	−0.19613
1126	0.097632	−0.25925	−0.05929	−1.86035
1127	0.057995	0.066761	0.027614	−1.58162
1128	0	0.231632	0.10071	−0.75154
1129	−0.02566	−0.12248	−0.05726	−0.40446
1130	0.00146	0.052791	−0.10436	−0.5485
1131	0.036716	0.310414	0.045482	−0.20426
1132	0.04965	−0.07992	0.090964	0.040283
1133	0.024617	−0.19119	−0.00853	−0.32267
1134	0.004172	0.152202	−0.13482	−0.03906

数据序号	损伤直径			
	0	0.1778mm	0.5334mm	0.7112mm
1135	0.015646	0.042883	−0.10436	0.77962
1136	0.048607	−0.43062	0.11208	0.558674
1137	0.081777	−0.12313	0.150252	0.148519
1138	0.073433	0.472361	0.052385	0.633136
1139	0.044435	0.001787	0.090964	0.693358
1140	0.021905	−0.37393	0.183552	−0.12939
1141	0.02858	0.104283	0.118984	−0.54443
1142	0.042975	0.123613	−0.08325	0.135905
1143	0.016481	−0.19005	−0.10964	0.856118
1144	−0.03067	0.054578	0.08203	0.193278
1145	−0.08282	0.183552	0.154313	−1.01888
1146	−0.10639	−0.03038	−0.04914	−0.84635
1147	−0.07448	0.064487	−0.16853	0.348713
1148	−0.0169	0.173968	−0.01706	0.407714
1149	0.024408	0.044995	0.117765	−0.40609
1150	0.031501	−0.03882	0.029238	−0.30884
1151	0.02566	0.044832	−0.09665	−0.08626
1152	0.051528	−0.0908	−0.06863	−0.73771
1153	0.106185	−0.17917	0.040609	−1.22151
1154	0.129342	0.031512	−0.02152	0.083415
1155	0.09951	−0.07521	−0.08934	2.031245
1156	0.025034	−0.11403	0.045076	1.496578
1157	−0.03922	−0.18485	0.2335	−0.56152
1158	−0.04402	−0.16633	0.302129	−0.73608
1159	−0.02107	0.001462	−0.02558	0.587564
1160	−0.00229	0.017705	−0.13685	0.620929
1161	−0.02649	−0.05945	0.181521	−0.15503
1162	−0.07302	−0.15301	0.254211	−0.12451
1163	−0.08762	0.485843	−0.1604	0.043945
1164	−0.06634	0.715527	−0.12548	0.015055
1165	−0.01627	−0.15188	0.326901	−0.10091
1166	0.027746	−0.29709	0.10071	−0.38167

数据序号	损伤直径			
	0	0.1778mm	0.5334mm	0.7112mm
1167	0.032335	0.297419	−0.40243	−0.36458
1168	0.01815	0.219612	−0.16568	−0.00407
1169	0.023991	−0.32113	0.587609	−0.19775
1170	0.061124	−0.2495	0.304566	−0.69499
1171	0.105351	0.243653	−0.37198	−0.43253
1172	0.100553	0.176729	0.174618	0.15625
1173	0.046938	0.083492	0.770349	0.590819
1174	−0.00897	0.001462	−0.04061	0.788572
1175	−0.0267	−0.25616	−0.68507	0.269775
1176	−0.00855	−0.41129	−0.02152	−0.66406
1177	−0.00271	−0.39374	0.319997	−0.74748
1178	−0.01648	0.062375	−0.4605	0.447183
1179	−0.06008	0.070172	−0.7602	1.214597
1180	−0.09054	−0.01332	0.041827	0.42928
1181	−0.06738	0.321946	0.225379	−0.06104
1182	−0.02211	0.307977	−0.68182	0.742999
1183	0.015855	0.17608	−0.61238	0.735268
1184	−0.00605	0.165359	0.636746	−0.60872
1185	−0.0411	0.014132	0.65502	−1.34033
1186	−0.03797	−0.11029	−0.48081	−0.7841
1187	−0.01147	0.009584	−0.44101	−0.0236
1188	0.031084	0.395205	1.109838	−0.32552
1189	0.034213	0.358007	1.146792	−0.88908
1190	0.005215	−0.1319	−0.4134	−0.26774
1191	−0.02524	0.035248	−0.45685	0.805662
1192	−0.0338	0.226759	0.864967	0.937498
1193	0.007927	−0.0921	1.10862	0.245768
1194	0.039637	−0.32243	−0.32081	−0.1241
1195	0.030041	−0.28524	−0.77075	0.115967
1196	−0.0098	−0.15139	0.232282	0.113118
1197	−0.04235	0.033787	0.448727	−0.02645
1198	−0.03922	0.279876	−0.2132	0.58675

数据序号	损伤直径			
	0	0.1778mm	0.5334mm	0.7112mm
1199	−0.01815	0.104283	−0.49827	0.615233
1200	0.011682	−0.06562	−0.18964	−0.52531
1201	0.003129	0.113705	−0.14051	−0.43782
1202	−0.02357	0.167146	−0.26436	0.678302
1203	−0.01189	0.016081	−0.11127	0.247802
1204	0.025868	−0.0692	−0.12101	−1.00382
1205	0.082403	0.086903	−0.23106	−0.92407
1206	0.104099	0.158212	0.101116	−0.00488
1207	0.062585	0.05669	0.425986	0.182698
1208	−0.00083	0.002274	0.067817	−0.62825
1209	−0.05966	0.044182	−0.26518	−1.10555
1210	−0.07468	−0.03915	0.127918	0.072021
1211	−0.06258	−0.07131	0.523447	1.815588
1212	−0.06488	−0.04321	0.144973	1.947423
1213	−0.07719	−0.0588	−0.37157	0.346679
1214	−0.07969	0.050192	−0.13482	−1.10433
1215	−0.03713	−0.04564	0.279388	−0.49235
1216	0.016063	−0.07001	0.008122	1.076251
1217	0.046104	−0.00747	−0.32853	1.057126
1218	0.043183	−0.13612	−0.10721	0.158284
1219	−0.00083	−0.08983	0.071878	−0.15137
1220	−0.03108	0.058802	−0.0601	−0.60913
1221	−0.02608	0.047756	−0.02152	−1.24878
1222	−0.00209	0.026802	0.253805	−1.19832
1223	0.011682	0.136121	0.27817	−0.80159
1224	−0.00459	0.031837	−0.00569	−0.50944
1225	−0.01815	−0.04499	0.031675	−0.11963
1226	−0.00814	0.096974	0.421113	0.07487
1227	0.026703	0.011208	0.291977	0.143636
1228	0.060707	0.275328	−0.23147	0.850014
1229	0.050276	0.058477	−0.2002	1.070147
1230	−0.00042	−0.83232	0.382129	0.19694

续表

数据序号	损伤直径			
	0	0.1778mm	0.5334mm	0.7112mm
1231	−0.04819	−0.41437	0.357357	0.119629
1232	−0.04756	0.307815	−0.55066	0.773924
1233	−0.00209	0.094375	−0.60223	0.41219
1234	0.041306	0.078456	0.357763	−0.09521
1235	0.071346	0.20142	0.414616	0.282796
1236	0.077188	−0.07001	−0.66639	0.120442
1237	0.068634	0.346961	−0.70416	−0.19368
1238	0.085324	0.284099	0.230252	0.3951
1239	0.106185	−0.87358	0.01868	0.115967
1240	0.116407	−0.26753	−0.86537	−1.04044
1241	0.085741	1.016681	−0.35898	−0.83048
1242	0.025868	0.32487	1.435114	0.018717
1243	−0.00855	−0.63171	0.992885	−0.23682
1244	−0.00042	0.100385	−1.15451	−0.54484
1245	0.032753	0.829394	−0.52548	−0.03174
1246	0.029832	0.050517	1.864755	0.028076
1247	0.010639	−0.40495	1.097249	−0.67261
1248	0.001878	−0.06644	−1.24182	−0.35767
1249	0.013351	−0.33819	−0.37441	1.171465
1250	0.045478	−0.29742	1.62963	1.596269
1251	0.069469	0.23082	0.888114	0.491128
1252	0.067174	−0.17251	−1.04811	−0.44718
1253	0.030875	−0.29238	−0.72487	−0.46061
1254	−0.00229	0.486006	0.542939	−0.09888
1255	0.005424	0.359956	0.338677	0.170491
1256	0.044435	−0.4683	−0.68101	0.157063
1257	0.063836	−0.25031	−0.73664	−0.05697
1258	0.054866	0.4696	−0.11086	0.236409
1259	0.029415	0.004548	0.13076	0.399983
1260	0.012308	−0.43029	0.166902	−0.55827
1261	0.022948	0.233257	−0.27817	−1.33463
1262	0.024408	0.508097	−0.49583	−0.47851

数据序号	损伤直径			
	0	0.1778mm	0.5334mm	0.7112mm
1263	0.010014	0.115816	−0.00162	0.61564
1264	−0.03025	0.175105	0.337865	0.255533
1265	−0.09116	0.375063	−0.19086	−0.55908
1266	−0.11286	−0.01429	−0.35005	0.239257
1267	−0.07051	−0.19232	0.589233	1.278073
1268	0.001669	−0.15919	0.654614	0.059407
1269	0.055492	−0.29872	−0.32406	−1.32812
1270	0.067383	−0.10867	−0.4203	−0.40853
1271	0.054449	0.334129	0.739486	1.416419
1272	0.048607	0.13271	0.875525	1.053464
1273	0.052154	−0.26071	−0.31309	−1.038
1274	0.041097	0.264282	−0.43614	−1.18774
1275	−0.00292	0.454006	0.395123	1.012367
1276	−0.06968	−0.12686	0.35289	1.696773
1277	−0.12997	−0.14051	−0.41665	−0.4541
1278	−0.1331	0.109806	−0.23472	−1.84204
1279	−0.09784	−0.09632	0.351266	−0.6307
1280	−0.06425	−0.08853	0.030863	0.838214
1281	−0.05341	0.100872	−0.35614	0.123698
1282	−0.0703	0.005198	−0.06619	−1.08764
1283	−0.06717	0.075045	0.138882	−0.06348
1284	−0.04235	0.274353	−0.11289	1.446936
1285	−0.00814	−0.02225	0.040203	0.503335
1286	−0.01356	−0.42737	0.233094	−1.63248
1287	−0.06363	0.026477	−0.28995	−1.23779
1288	−0.11286	0.228384	−0.53604	0.997719
1289	−0.12934	−0.35086	0.231876	1.211341
1290	−0.08804	−0.20451	0.61766	−0.09318
1291	−0.03818	0.198333	−0.25787	−0.03662
1292	−0.00522	−0.0908	−0.60873	0.959877
1293	−0.01043	−0.12816	0.243653	0.712075
1294	−0.02983	0.195897	0.534818	−0.44759

数据序号	损伤直径			
	0	0.1778mm	0.5334mm	0.7112mm
1295	−0.01898	0.13271	−0.19533	−0.58594
1296	−0.00271	−0.00374	−0.2136	0.43579
1297	0.001669	0.069522	0.445884	1.005857
1298	−0.03859	−0.0091	0.310251	0.226236
1299	−0.10201	−0.18956	−0.27492	−0.87687
1300	−0.11891	0.182415	−0.07147	−0.89315
1301	−0.08762	0.269317	0.430859	−0.29582
1302	−0.02837	0.077157	0.132791	−0.62215
1303	0.018567	0.141319	−0.04426	−1.41561
1304	0.014603	−0.32438	0.439793	−0.9025
1305	−0.00709	−0.53977	0.389438	0.819497
1306	−0.00751	−0.04499	−0.78091	1.884761
1307	0.023365	0.445884	−0.84141	1.424557
1308	0.035047	0.028426	0.646898	0.075277
1309	−0.01001	−0.23456	0.758166	−0.26123
1310	−0.07781	0.290434	−0.89705	0.783283
1311	−0.12287	0.204831	−1.29704	0.816241
1312	−0.10535	−0.23228	0.321215	−0.30762
1313	−0.04423	−0.44491	0.74842	−0.70312
1314	0.024825	−0.1985	−0.98192	−0.24495
1315	0.068426	0.279064	−1.11715	−0.15544
1316	0.059873	0.266556	1.569529	−0.4362
1317	0.027746	−0.07813	1.500495	−0.63273
1318	0.012308	−0.04093	−1.32872	−0.81828
1319	0.023156	0.209216	−1.07816	−0.58797
1320	0.014186	0.358169	1.656026	−0.20345
1321	−0.02336	0.18745	1.470038	0.032552
1322	−0.06884	−0.29368	−1.00669	0.405272
1323	−0.09617	−0.27549	−0.5072	0.377603
1324	−0.06112	0.297094	1.499276	−0.15422
1325	0.003755	0.466351	0.940905	0.405272
1326	0.068217	−0.1816	−0.76669	1.753332

数据序号	损伤直径			
	0	0.1778mm	0.5334mm	0.7112mm
1327	0.104516	−0.42964	−0.24325	1.310625
1328	0.097423	0.120852	0.708623	−0.59692
1329	0.091374	0.261358	0.011777	−0.7015
1330	0.104934	−0.20808	−0.39228	1.224362
1331	0.110566	−0.41145	−0.19289	1.465247
1332	0.065088	0.066274	−0.34355	−0.64941
1333	−0.00876	0.327469	−0.30172	−1.71549
1334	−0.05487	0.003574	0.168933	−0.54728
1335	−0.03546	−0.01218	−0.22619	0.161132
1336	0.034839	0.008447	−1.13014	−0.99935
1337	0.090956	−0.0359	−0.55675	−2.1228
1338	0.108897	0.312525	0.658268	−0.70719
1339	0.098884	0.367103	0.205074	1.75496
1340	0.096798	0.070497	−0.76263	1.005043
1341	0.115782	−0.05182	0.026802	−1.3802
1342	0.1235	0.01933	1.005067	−0.80281
1343	0.111818	0.110293	0.237155	1.863195
1344	0.069678	0.084791	−0.52832	1.844478
1345	0.021905	−0.02875	0.394717	−0.41138
1346	0.007093	−0.11971	1.084661	−0.47607
1347	0.040054	−0.05961	0.218069	1.236162
1348	0.103682	−0.01771	−0.28304	0.966388
1349	0.133097	−0.03785	0.230252	−1.08276
1350	0.120788	−0.04386	0.358982	−1.25895
1351	0.093042	−0.0817	−0.1799	0.185546
1352	0.091165	−0.13937	−0.19208	0.563963
1353	0.102013	−0.18891	0.099898	−0.34668
1354	0.077396	−0.03119	−0.2802	−0.86955
1355	0.029415	0.092588	−0.43208	−0.12492
1356	−0.01961	−0.0104	0.015837	0.732827
1357	−0.03922	0.160486	0.117359	−0.01587
1358	0.005424	0.454006	−0.23634	−1.32202

数据序号	损伤直径			
	0	0.1778mm	0.5334mm	0.7112mm
1359	0.102222	0.158862	−0.2132	−0.49398
1360	0.172316	−0.1587	0.09137	1.033526
1361	0.17169	0.067411	−0.13279	0.214029
1362	0.118494	0.103146	−0.36467	−1.2972
1363	0.079482	−0.16292	0.07472	−0.63436
1364	0.093042	−0.07196	0.423956	1.153155
1365	0.104099	0.146679	0.034517	1.462399
1366	0.086367	−0.04548	−0.24081	−0.00244
1367	0.032127	−0.06806	0.189643	−0.50293
1368	−0.01815	0.083492	0.348423	0.73771
1369	−0.02441	0.010396	−0.08	0.728351
1370	0.009388	−0.10185	−0.07756	−0.98592
1371	0.06634	−0.13352	0.305378	−1.72566
1372	0.091999	−0.07488	0.22944	−0.32226
1373	0.089496	−0.06465	−0.1267	1.477861
1374	0.080317	0.027127	−0.16203	1.058754
1375	0.098258	0.159024	0.15675	−0.76579
1376	0.134766	0.076345	0.270454	−0.55786
1377	0.131845	−0.21344	−0.06335	0.934242
1378	0.065922	0.161623	−0.33746	0.260823
1379	−0.02879	0.609457	−0.16487	−1.38834
1380	−0.07239	0.181278	0.359794	−0.9729
1381	−0.04089	−0.06351	0.460504	0.933836
1382	0.02566	−0.09665	−0.11939	1.225176
1383	0.057578	−0.05555	−0.28629	−0.38208
1384	0.046521	0.156425	0.380098	−0.72998
1385	0.011474	−0.18729	0.594513	0.896808
1386	−0.00939	−0.77059	−0.22172	1.453447
1387	0.015855	−0.18696	−0.54335	−0.55745
1388	0.049442	0.672157	0.2201	−2.01619
1389	0.041932	0.098761	0.671669	−0.43945
1390	−0.01752	−0.43256	−0.40852	1.64469

数据序号	损伤直径			
	0	0.1778mm	0.5334mm	0.7112mm
1391	−0.06634	0.157725	−1.25319	0.953774
1392	−0.05737	0.300343	−0.03533	−0.72794
1393	0.000417	−0.16227	0.881617	−0.18799
1394	0.061959	−0.06124	−0.1332	1.015216
1395	0.078022	−0.06903	−0.95674	−0.37638
1396	0.053406	−0.27971	0.104771	−2.90689
1397	0.023365	0.232445	0.94253	−2.43163
1398	0.023156	0.662735	0.04467	1.347246
1399	0.036925	0.241379	−0.51492	3.564851
1400	0.020862	−0.01543	0.292789	1.639807
1401	−0.0219	0.244465	0.74111	−0.40812
1402	−0.08303	0.091451	−0.07634	0.355631
1403	−0.09868	−0.29417	−0.43573	1.603186
1404	−0.03463	−0.20418	0.274921	0.336099
1405	0.047773	0.008447	0.506392	−1.59993
1406	0.094503	−0.13141	−0.03249	−1.2089
1407	0.060707	−0.10786	−0.10436	0.257568
1408	0.006884	0.198983	0.304566	0.272216
1409	−0.0096	0.122801	0.303348	−1.02417
1410	−0.00313	−0.26639	−0.15391	−1.49943
1411	0.010848	−0.19817	−0.34111	−0.4659
1412	−0.02253	0.07472	0.031269	0.541177
1413	−0.08741	−0.01267	0.142537	−0.00732
1414	−0.1187	−0.08463	−0.11655	−0.93953
1415	−0.09471	−0.0562	−0.32446	−0.5957
1416	−0.02775	0.133684	−0.26558	0.590412
1417	0.025034	0.236343	0.092994	1.348467
1418	0.021905	0.046781	0.205887	1.069333
1419	−0.02086	−0.00504	−0.09462	0.634357
1420	−0.04777	0.091126	−0.34396	0.599364
1421	−0.03755	0.059451	−0.06051	0.404866
1422	−0.01898	0.117116	0.351672	−0.28768

续表

数据序号	损伤直径			
	0	0.1778mm	0.5334mm	0.7112mm
1423	−0.01606	0.242841	0.247307	−0.70801
1424	−0.04882	0.057502	−0.19411	−0.02197
1425	−0.08157	−0.04288	−0.33543	1.018878
1426	−0.06384	−0.04045	0.114923	0.742999
1427	−0.00772	−0.01299	0.284668	−1.01196
1428	0.060498	0.014294	−0.09015	−1.84488
1429	0.098049	−0.12605	−0.25584	−0.71736
1430	0.074893	−0.1358	0.051167	0.363362
1431	0.027746	0.023878	0.428829	0.064697
1432	0.018775	0.139694	0.291977	−0.45695
1433	0.057995	0.115654	−0.08731	−0.17659
1434	0.077188	0.065624	−0.06416	0.266926
1435	0.043601	−0.07033	0.299693	0.396321
1436	−0.00542	−0.16179	0.330962	0.211181
1437	−0.03359	−0.01771	−0.08771	0.0118
1438	−0.01439	0.010071	−0.30335	0.283609
1439	0.041723	−0.19021	−0.07797	0.649006
1440	0.100135	−0.17462	0.187613	0.26652
1441	0.110983	0.178191	0.043857	−0.3776
1442	0.071138	0.313175	−0.30538	−0.29215
1443	0.050485	−0.01933	−0.28832	0.173746
1444	0.068843	−0.10607	−0.08244	0.278727
1445	0.082194	0.102984	−0.11046	−0.1595
1446	0.0557	0.060101	−0.16893	−0.65796
1447	−0.00396	0.043857	−0.00528	−0.76538
1448	−0.04923	0.061238	0.068223	−0.18433
1449	−0.02733	−0.22822	−0.01299	0.871987
1450	0.039011	−0.6244	0.090151	0.924884
1451	0.087827	0.133197	0.060507	−0.25838
1452	0.083863	1.116417	−0.04345	−0.78003
1453	0.043809	0.603122	0.190455	−0.0175
1454	0.009179	−0.00504	0.460098	0.212809

数据序号	损伤直径			
	0	0.1778mm	0.5334mm	0.7112mm
1455	−0.00417	−0.26753	0.254617	−0.26855
1456	0.014394	−0.36873	−0.03208	−0.20019
1457	0.01961	−0.07228	0.362636	0.395507
1458	−0.01898	0.119877	0.642025	0.995684
1459	−0.05904	−0.70578	0.113299	0.273437
1460	−0.05528	−0.89729	−0.17827	−1.22192
1461	−0.00063	1.024641	0.209135	−0.75399
1462	0.065714	1.037798	0.18274	1.134437
1463	0.088244	−0.89502	−0.33056	1.073402
1464	0.055074	−0.53198	−0.49299	−0.55664
1465	0.015855	0.844013	−0.1937	−0.83943
1466	−0.00355	0.163247	0.015431	0.028483
1467	0.005215	−0.79171	−0.16974	0.363362
1468	0.030666	−0.15529	−0.29401	0.002848
1469	0.032544	0.228871	−0.18558	−0.07812
1470	−0.00313	0.072609	0.019898	0.21525
1471	−0.05862	0.55764	0.026396	0.128174
1472	−0.05966	0.473174	−0.11167	−0.43091
1473	0.002921	−0.40495	−0.08365	−0.74666
1474	0.055492	0.13206	0.057664	−0.12044
1475	0.049442	0.696359	0.218475	0.596109
1476	−0.00501	−0.41194	0.158374	0.236816
1477	−0.03609	−0.8882	−0.02437	−0.35115
1478	−0.01773	0.115816	0.069035	−0.16846
1479	0.020444	0.528726	0.274515	0.161539
1480	0.02107	−0.29758	0.267612	−0.11719
1481	−0.02149	−0.35281	0.157156	−0.31372
1482	−0.0678	0.306515	0.132791	0.380452
1483	−0.08699	0.165359	0.254617	1.260576
1484	−0.04005	−0.0817	0.258678	0.975339
1485	0.018775	−0.05182	0.004061	−0.17741
1486	0.041932	−0.24057	−0.16974	−0.18107

数据序号	损伤直径			
	0	0.1778mm	0.5334mm	0.7112mm
1487	0.030249	−0.2071	−0.08081	0.710854
1488	0.003964	0.059939	−0.01137	0.231526
1489	0.018775	0.13141	−0.16244	−1.40503
1490	0.051319	0.220749	−0.26193	−1.87866
1491	0.064671	0.332342	−0.12548	−0.66081
1492	0.04068	0.10607	0.02802	0.818276
1493	−0.01189	−0.05848	−0.06782	1.474606
1494	−0.04485	0.270942	−0.18477	1.038816
1495	−0.01293	0.221237	−0.03452	0.22583
1496	0.044644	−0.17965	0.136852	−0.39591
1497	0.079691	−0.13141	0.031675	−0.89803
1498	0.08595	0.104933	−0.1133	−0.70231
1499	0.052154	0.003411	0.00731	0.094808
1500	0.038385	−0.11988	0.103552	0.114746